Führung, wohin führst du?

Wie Führungskräfte Unternehmenswerte optimieren – vergüten – bilanzieren

von

Prof. Dr. Wolfgang D. Habelt

Dipl.-Betriebswirt Michael Sonnabend

Oldenbourg Verlag München

Bibliografische Information der Deutschen Nationalbibliothek

Die Deutsche Nationalbibliothek verzeichnet diese Publikation in der Deutschen Nationalbibliografie; detaillierte bibliografische Daten sind im Internet über http://dnb.d-nb.de abrufbar.

Rosenheimer Straße 145, D-81671 München
Telefon: (089) 45051-0
www.oldenbourg-verlag.de

Lektorat: Thomas Ammon
Herstellung: Constanze Müller
Titelbild: thinkstockphotos.de
Einbandgestaltung: hauser lacour
Gesamtherstellung: Beltz Bad Langensalza GmbH, Bad Langensalza

Dieses Papier ist alterungsbeständig nach DIN/ISO 9706.

ISBN 978-3-486-70437-2
eISBN 978-3-486-71482-1

Vorwort

Die Chancen von Führungskräften, im Unternehmen zu scheitern, sind größer geworden! In Zeiten, in denen beispielsweise a) Unternehmensstrategien schwerer einvernehmlich im Führungskreis herzustellen sind, b) Führungskräfte durch die raschen Positionswechsel weniger Orientierung bieten, c) die Profitmaximierung über allen anderen Unternehmenswerten „thront", d) die Entfremdung, vielleicht sogar das Misstrauen, zwischen Mitarbeitern und Führungskräften bzw. Unternehmen zugenommen hat und e) Innovationen sich nur äußerst schwerfällig durchsetzen lassen, steigen die (An-)Spannungen für Führungskräfte an zahlreichen Fronten in mittelständischen Unternehmen und vor allem in Konzernen.

Gerade auch die Finanz- und Wirtschaftskrisen der vergangenen Jahre spiegeln wider, dass Führungskräfte mit ihrer Führungsarbeit immer schlechter zurechtkommen: In zahlreichen Unternehmen scheint eine professionelle, verantwortungsvolle und innovative Führungstätigkeit einer Selbstbedienungsmentalität in Form der „Gier nach Boni" und einer „organisierten Bequemlichkeit" gewichen zu sein. Der Grund hierfür liegt in der „Architektur" solcher Systeme, die sich vorrangig als „politische Organisationen" darstellen, in denen es nur um Macht und Einfluss, um Netzwerke und Lobbyismus, um persönliche Vorteile und persönlichen Nutzen geht. Gerade die Boni dienen eher dazu, ein „systemadäquates Verhalten", jedoch nicht zwingend überdurchschnittliche Leistung und Erfolg zu belohnen.

Das Ziel in Unternehmen ist es nicht, wie oftmals gefordert, ein Malussystem für Führungskräfte zu installieren, sondern die Führungsarbeit wieder so zu organisieren, dass Führungskräfte über die Strategieentwicklung hinaus für die Strategieimplementierung Verantwortung tragen: (Obere) Führungskräfte müssen wieder Teil (Partner) der operativen Arbeit sein! So wie es ursprünglich die Unternehmensgründer gelebt haben. Gerade (Obere) Führungskräfte ohne operativen Bezug verfügen über zu viel Zeit für „bürokratischen Unsinn" oder „angenehme Nebentätigkeiten".

Führungsarbeit in den heutigen Rahmenbedingungen zu gestalten ist nicht einfach: Führungskräfte benötigen einen klaren Kompass für ihre Führungsarbeit bzw. eine „Roadmap", mit der sie mittel- und langfristig überzeugend, nachhaltig und mutig Unternehmens-/Zukunftswerte managen können. Dabei muss ihnen bewusst sein, dass ein kurzfristiges Sichausrichten am „Shareholder Value" mittelfristig zu Schäden bei anderen, vorrangig immateriellen Unternehmenswerten (z.B. Reputation, Qualität, Nachhaltigkeit oder Kundenorientierung) führen kann. Die „Kunst der Führung" besteht jedoch darin, ein Gleichgewicht zwischen allen bilanziell relevanten materiellen und immateriellen Unternehmenswerten herzustellen. Nur ein Gleichgewicht der Unternehmenswertpolitik wird langfristig den Unternehmenserfolg sichern und zu einer höheren Unternehmensbewertung führen. Dazu bedarf es bestimmter Strategien und Instrumente, die in diesem Buch vorgestellt werden.

Für die Informationen danken wir zahlreichen Führungskräften in mittelständischen und größeren Unternehmen, die sich für persönliche Interviews oder die Beantwortung der Fragebögen umfassend Zeit genommen haben.

Für ihre Gastbeiträge danken wir besonders **Prof. Dr. Franz Schultheis** von der Universität St. Gallen, **Vedrana Miljak** vom Forum Nachhaltigkeit e.V. in Berlin, **Peer-Christian Schach** von der Unicredit Business Partner S.C.p.A. in München/Mailand, **Peter Schmidinger** von Babor International in München/Aachen, **Dr. Gunter Reiff** von Deloitte & Touche GmbH in München. Sie haben einzelne Unternehmenswerte beleuchtet und uns hierzu ihre persönlichen Erfahrungen zur Verfügung gestellt.

Dank gilt dem Oldenbourg Verlag, insbesondere Herrn Ammon, Frau Horn und Frau Walter, die uns bei der Entwicklung dieses Buches in hervorragender Weise unterstützt haben.

Wolfgang Habelt (München)

Michael Sonnabend (Stuttgart)

Inhaltsverzeichnis

Abbildungsverzeichnis

Gastbeiträge

Einleitung

Die vorherrschenden Entgelt- und Karrieresysteme in Unternehmen haben dazu beigetragen, dass in den vergangenen Jahrzehnten immer mehr Mitarbeiter in Führungspositionen gelangt sind. Sowohl der Titel „Führungskraft“ als auch das höhere Entgelt wurden in legitimer Weise dankend angenommen: Eigentlich hätte man dafür erwarten können, dass diese gut bezahlten Führungskräfte auch gut führen, d.h. das Unternehmen und ihre Mitarbeiter durch notwendige Veränderungen und manche Krisen sicher bewegen. Doch dies scheint vielfach nicht der Fall: Die Titel- und Entgeltkarrieren haben nicht automatisch dazu beigetragen, dass eine Führungskraft ihre Position kompetent und glaubwürdig ausfüllt.

- Zum Ersten liegt dies daran, dass Führungskräfte das blieben, was sie waren: „hervorragende Manager“, die fachlich ausgewiesen sind und ordentlich planen, organisieren und eventuell gar noch budgetieren. Sie waren jedoch kaum oder gar nicht in der Lage, notwendige Veränderungs- und Innovationsprozesse eigenständig hervorzubringen oder zumindest professionell zu begleiten.

- Zum Zweiten fehlt es vielen Führungskräften an der Fähigkeit, ihren Mitarbeitern wirklich vertrauensvoll und menschlich kompetent zu begegnen. Führungskräfte vermitteln nicht immer eine hohe „emotionale Intelligenz“, sondern geben ihren Mitarbeitern das Gefühl, ausschließlich für die anstehenden, mehr oder weniger sinnvollen Aufgaben – zum günstigsten Preis und mit geringem Motivationsaufwand – instrumentalisiert zu werden.

- Zum Dritten wurden Führungskräfte selbst von Unternehmenskulturen und Unternehmenswerten geprägt, die heutzutage eine geringere Bedeutung haben bzw. unternehmerisch gar als schädigend angesehen werden: So leben Führungskräfte in einem Übermaß tradierte Unternehmenswerte, wie Macht und Hierarchie oder Planung und Kontrolle, obwohl sich ihre gegenwärtigen Unternehmenskulturen (Werte, Normen, Regeln) zumindest sprachlich davon abgrenzen und auf Veränderungen, Innovationen, Teamarbeit und Selbstorganisation setzen. Entweder sind die Führungskräfte mit ihren tradierten Vorstellungen „falsch am Platz“ oder die modern geschriebenen Unternehmensleitbilder sind eine Farce.

Anstatt Innovationen und Veränderungen erfolgreich umzusetzen, stürzen sich Führungskräfte in Aktionismus: Ihr Alltag ist vielfach davon gekennzeichnet, dass sie sich beispielsweise mit einer „PowerPoint-Kultur“ umgeben, um mit Zahlen, Daten und Fakten zu glänzen, wohl wissend, dass über 60 % aller vorgetragenen PowerPoint-Präsentationen kein zweites Mal gelesen werden. Aber: Man bleibt sichtbar bzw. im Gespräch, äußert sich in grundsätzlicher Weise zu Strategiethemen, um Bedeutsamkeit zu demonstrieren. Der heterogene Diskussionskreis „hilft" meist, dass etwas wirklich Neues verhindert wird. Oder Führungskräfte engagieren Beratungsgesellschaften, die ihnen die Veränderungs- und Innovationsprozesse konzipieren und gestalten sollen, durchaus wissend, dass schätzungsweise zwischen 70 und 80 % aller Veränderungsprozesse scheitern. Der Schein des Funktionierens ist jedoch für Führungskräfte wichtig. Wer sich gut positioniert, kann namhafte Beratungsunternehmen für sich beschäftigen; wer zudem gut verdient, kann sich nebenbei auch noch „elitäre Bildungstitel" zulegen. Führungskräfte sind somit immer mehr mit sich selbst bzw. ihrer Selbstvermarktung beschäftigt: **Netzwerke zählen mehr als Leistung**.

Doch Führungskräfte sind auch „Opfer" des vorherrschenden „Drucks von oben" bzw. der zahllosen unkoordinierten und wenig durchdachten Vorgaben des oberen Führungskreises. Gerade hier wird insgesamt mehr geredet als erfolgreich umgesetzt. Die Glaubwürdigkeit von Führungskräften hat abgenommen, da Werte und Taten nicht mehr übereinstimmen: Werte werden zu Interessen und Taten zu politischem Taktieren. Ergebnis: Immer weniger Führungskräfte führen! Sie geben nicht mehr – wie einst die Unternehmensgründer – verlässlich vor, wohin sie wollen bzw. wie sie welche Ziele über welche Strategien mit welchen Instrumenten umsetzen werden. Ein „**Führungs-Cockpit**" mit klarem Navigationssystem fehlt, und dies umso deutlicher, je stärker Führungskräfte in „obere Führungspositionen" gelangen. Je weiter sie in den oberen Führungskreis aufgestiegen sind, desto stärker zeigen sich dort ausgiebige Macht- und Interessenkämpfe, sodass eine visionäre Führung sowie eine werteorientierte Unternehmensführung unmöglich werden. „Werteorientiertes Denken und Handeln" äußern sich allenfalls in „Sonntagsreden". Die meisten visionären und innovativen Führungskräfte werden in den interessenabhängigen Führungskreisen „gescheitert".

Das vorliegende Buch hat zum Ziel, die (angehenden) Führungskräfte dabei zu unterstützen, ihren „**Unternehmens-Kompass**" zu entwickeln und diesen sowohl auf die materiellen als auch auf die immateriellen Unternehmenswerte gleichgewichtig auszurichten. Dabei wird sowohl die Sichtweise der Führung im Management von Unternehmenswerten beleuchtet als auch die Herausforderung betrachtet, wie die materiellen und immateriellen Unternehmenswerte als „ökonomische Werte" zu bilanzieren sind. Wer in den Entscheidungszirkeln seine Ziele und Argumente mit einem Bilanzwert unterlegen kann, festigt seine Position. Vielleicht werden manche dann den Bilanzwert von Qualität und Reputation oder den Bilanzwert von Innovation und Kundenorientierung mehr zu schätzen wissen als nur das kurzfristige Quartalsergebnis bzw. das Profitergebnis, dem sich bisher alles unterzuordnen hat … mit dem für viele fragwürdigen Ergebnis, dass immer mehr Führungskräfte im „Burnout-Bereich", Mitarbeiter im „Demotivations-Bereich" und Unternehmen im „insolvenznahem Bereich" liegen. Das Ziel ist somit, Eckpunkte einer „Strategie-Roadmap" für Führungskräfte herauszuarbeiten, um im Management von Unternehmenswerten sicherer zu werden.

Dabei wird auch ein Blick auf die schwierige und umstrittene „Bilanzierung von immateriellen Unternehmenswerten“ (z.B. „Bemessung eines Human Capital Value“) geworfen, um Führungskräften bewusster zu machen, welche zunehmende Bedeutung die Abbildung von Unternehmenswerten in unterschiedlichen Geschäfts-, Lage- und Segmentberichten für die Unternehmensbewertung hat. Unternehmenswerte werden also nicht nur unternehmensintern geschaffen, sondern auch durch verschiedene „Stake- und Shareholder“ analysiert und bewertet. Roadmaps wiederum richten sich nach diesen Einflüssen, indem sie das Management von Unternehmenswerten auch entsprechend der Stärke ihrer „Share- und Stakeholder“ ausrichten. Zudem hat eine Betrachtung und Bewertung von immateriellen Unternehmenswerten zunehmend auch einen Einfluss auf die Vergütungs- bzw. Anreizsysteme, sodass diejenigen, die ihre Unternehmenswerte „positiv managen“, auch die unternehmerischen Vergütungs- und Anreizsysteme in ihre Richtung lenken können.

1 Die Notwendigkeit zum Management von Unternehmenswerten

Führungskräfte leben von einer emotional inspirierenden und inhaltlich sicheren Kommunikation. Das Ziel ist es, Veränderungen und Innovationen zu initiieren und erfolgreich zu implementieren. Dies setzt voraus, dass Führungskräfte ein scharfes Bild von ihrem Unternehmen haben und sowohl die unternehmensexternen als auch die unternehmensinternen Einflussfaktoren in einer differenzierten Weise beschreiben und bewerten können. Sie müssen die Mission, d.h. den Unternehmenszweck, die Unternehmensziele, die gegenwärtigen Eckpunkte der Unternehmensstrategie, die Werte, Normen und Regeln, welche die Unternehmenskultur tragen, sowie die Strukturen und Prozesse glaubwürdig darstellen können: „Glaubwürdig" heißt, es müssen die tatsächlich existierenden Situationen und Problemfelder, in denen sich die Unternehmensbereiche befinden, offen erläutert werden. Die meisten Führungskräfte verspielen ihre Glaubwürdigkeit, indem sie zum einen schlecht über die operativen Arbeitsprozesse ihres Umfeldes informiert sind und zum anderen abgehobene strategische – im Zeitgeist liegende – Themen in Workshops oder Arbeitskreisen ansprechen, die zu weit von der aktuellen Arbeitsrealität der Mitarbeitenden entfernt liegen. Zwar hört man einer Führungskraft stets „pflichtbewusst" zu, liest die „modernen – meist anglizistisch geprägten – Schlüsselbegriffe" von der PowerPoint ab oder nimmt die inspirierenden Reden, die vielfach keine Umsetzungshilfen für das Tagesgeschäft aufzeigen, zur Kenntnis. Wie man die „Zukunft gestaltet" und hierzu schrittweise Veränderungsprojekte implementiert und wie die Führungskraft in diesem Prozess selbst erfolgreich mitzuwirken hat, bleibt vielfach im Unklaren.

Der Alltag von Führungskräften, aber auch das Verhältnis von Führungskräften zu Mitarbeitern wird immer spannungsgeladener und disparitärer: Aus den vorliegenden Untersuchungsergebnissen aus mittelständischen und größeren Unternehmen ist ersichtlich, dass sich die am Wertschöpfungsprozess eines Unternehmens beteiligten Akteure, wie Kunde, Mitarbeiter und Führungskräfte, in ihren Werten, also dem, was ihnen jeweils wichtig und wertvoll erscheint, immer stärker auseinanderentwickeln: Es besteht ein zunehmendes Werteungleichgewicht – eine „Value Imbalance". So entpersonalisiert sich vielfach das Verhältnis zu den (zunehmend elektronisch geführten) Kunden, das Verhältnis zwischen Mitarbeitern und Führungskräften wiederum entsolidarisiert sich und die Spannungen zwischen den Führungskräften untereinander sind größer geworden.

Letztlich zeigt sich eine zunehmende Überforderung von Führungskräften: Sie sind immer weniger in der Lage, neben den ihnen übertragenen Arbeitsaufgaben auch noch die Mitarbeiter wirklich zu führen bzw. emotional mitzunehmen. Deshalb bleibt den Mitarbeitern meist das Gefühl, für Aufträge nur noch instrumentalisiert zu werden. Von Wertschätzung spüren sie oftmals kaum etwas. Führungskräfte bleiben der Hauptgrund der Mitarbeiter für ihre Kündigung. Derartige Werteverschiebungen führen dazu, dass Mitarbeiter – trotz einer starken Identifikation mit der Arbeit an sich – eine immer geringer werdende Identifikation mit ihrem Unternehmen und mit ihren oberen Führungskräften zeigen. Die Kunden wiederum sehen immer geringer werdende Anstrengungen von Unternehmen bzw. ihren Führungskräften und Mitarbeitern zur Kundenbindung: Sie fühlen sich oftmals dem Grundsatz ausgesetzt: „Kunden mit Produkten und Dienstleistungen bewerben (anhauen)", „Kunden die Produkte und Dienstleistungen verkaufen (umhauen)" und dann „gegenüber dem Kunden keine Verpflichtungen eingehen (abhauen)". Zudem nimmt der „digitalisierte" Kunde", der sich bestmöglich über internetfähige Online-Systeme und Automaten oder standardisierte Kundensysteme selbst zu verwalten hat, kontinuierlich zu. Persönliche Ansprechpartner und Beratung werden immer häufiger gesondert berechnet.

Ebenso nimmt die Polarisierung zwischen Mitarbeitern und ihren Führungskräften zu. So kommt es heutzutage zu einer umfassenden Leistungs- und Kompetenzbewertung bei den Mitarbeitern, kaum jedoch zu Kompetenz-Audits bei den Führungskräften. Während also Mitarbeiter nach dem Grundsatz von Leistung und Kompetenz belohnt werden, scheint dieser Grundsatz bei oberen Führungskräften nicht immer verifizierbar zu sein: Zwar sollen Führungskräfte für ihre erkennbaren und nachweislichen Leistungen „angemessen honoriert und vergütet" werden, aber „unproduktive und vielfach von der vorherrschenden Komplexität überforderte" Führungskräfte dürfen nach Auffassung von Mitarbeitern, Kunden und anderen Führungskräften nicht mit leistungs- und kompetenzunabhängigen Boni, Abfindungs- oder Bleibezahlungen prämiert werden. Den Vernichtern von Kapital- und Unternehmenswerten wird vorgehalten, dass sie in ihren intransparenten, „illuminatihaft" tagenden Gremien ihr Unternehmen im gegenseitigen Eigeninteresse abzocken und sie sich selbst in Krisenzeiten kapitalisieren. Gerade die letzten Finanz- und Wirtschaftskrisen haben mehr denn je zuvor offensichtlich gemacht, dass mitarbeiter- und kapitalstarke Unternehmen wirkliche „Gesellschaften mit beschränkter Haftung" geworden sind, denn je größer und maroder ihr System, so der öffentliche Anschein gerade bei Bankunternehmen, desto stärker besteht die Möglichkeit, dass unternehmensdienliche Politiker die Steuerzahler nutzen, um als Retter für diese „systemrelevanten Unternehmen" einzuspringen, sodass es doch zu einer Ausbezahlung von Boni für „**Unternehmenswertvernichter**" kommen kann [„too big to fail"].

Um diesen Spannungen zu entgehen und wieder mehr Vertrauen zu erreichen, müssen Unternehmenswerte in ein Gleichgewicht („Value in Balance") geführt werden. Ausgangspunkt hierfür ist eine „glaubwürdige Kommunikation" zu den Unternehmenswerten. Damit eine Führungskraft glaubwürdig bleibt, muss sie erstens ein Bild zum „Leben des Unternehmens" produzieren. Sie benötigt ein Navigationssystem, mit dem sie andere bewegt, d.h. zielgerichtet Menschen führt. Zweitens muss sie erläutern können, wie in Wachstums-, Stagnations-, aber auch in Krisenphasen (kurz: in Aufschwung- und Abschwungphasen) zu führen ist. Drittens muss sie zu erkennen geben, dass sie die Anreize und Verhaltensweisen der Kernakteure des Unternehmens (Kunden, Mitarbeiter, Führungskräfte) versteht, z.B.: Was muss getan werden, um den Kunden zufriedenzustellen und zu binden? Wie muss die Motivation der Mitarbeiter „bewirtschaftet" werden, damit leistungsstarke Mitarbeiter erhalten bleiben? Wie muss man als Führungskraft agieren und in Führungskreisen interagieren, um die Unternehmensziele zu erreichen?

Warner W. BURKE (2008) hat eine „Landkarte" entworfen, die auf die vier Merkmale „**Strategie, Struktur, Kultur und Mitarbeiter**" ausgerichtet ist. Damit wird eine „Helikopter-Perspektive" aufgebaut, um sich und anderen einen Blick auf das Unternehmen zu geben. Führungskräfte demonstrieren ihre Führungskompetenz dadurch, dass sie alle vier Merkmale auf das Unternehmen anwenden und anhand von konkreten Zahlen, Daten und Fakten exemplifizieren können. Dabei sind u. a. folgende Fragen zu beantworten:

1. Welches sind die Stärken und Schwächen, Risiken und Chancen im Unternehmensumfeld?
2. Wie definieren wir unsere Unternehmensmission?
3. Welche Unternehmensstrategie verfolgen wir kurz-, mittel- und langfristig?
4. Welche Unternehmensstrukturen helfen, damit wir maximal kundenorientiert, effizient und motivationsfördernd arbeiten?
5. Wie sieht unsere Unternehmenskultur aus bzw. welche Werte, Normen, Regeln und Glaubenssätze bestimmen unser Tun?
6. Wie sehen Anforderungen, Rollen und Verantwortlichkeiten unserer Mitarbeiter und Führungskräfte aus?
7. Welche Anreiz- und Motivationssysteme bieten wir an?
8. Wie messen wir die Leistung und den Unternehmenserfolg unserer Mitarbeiter und Abteilungen?
9. Was sind Besonderheiten, um das Arbeitsklima im Unternehmen zu festigen?
10. Welche „Tools" bzw. Arbeitsinstrumente sind für unseren Unternehmensbereich von zentraler Bedeutung?
11. Welcher Führungsstil trägt unseren Unternehmenserfolg?
12. Wo werden Entscheidungen vereinbart und wie werden sie kommuniziert?

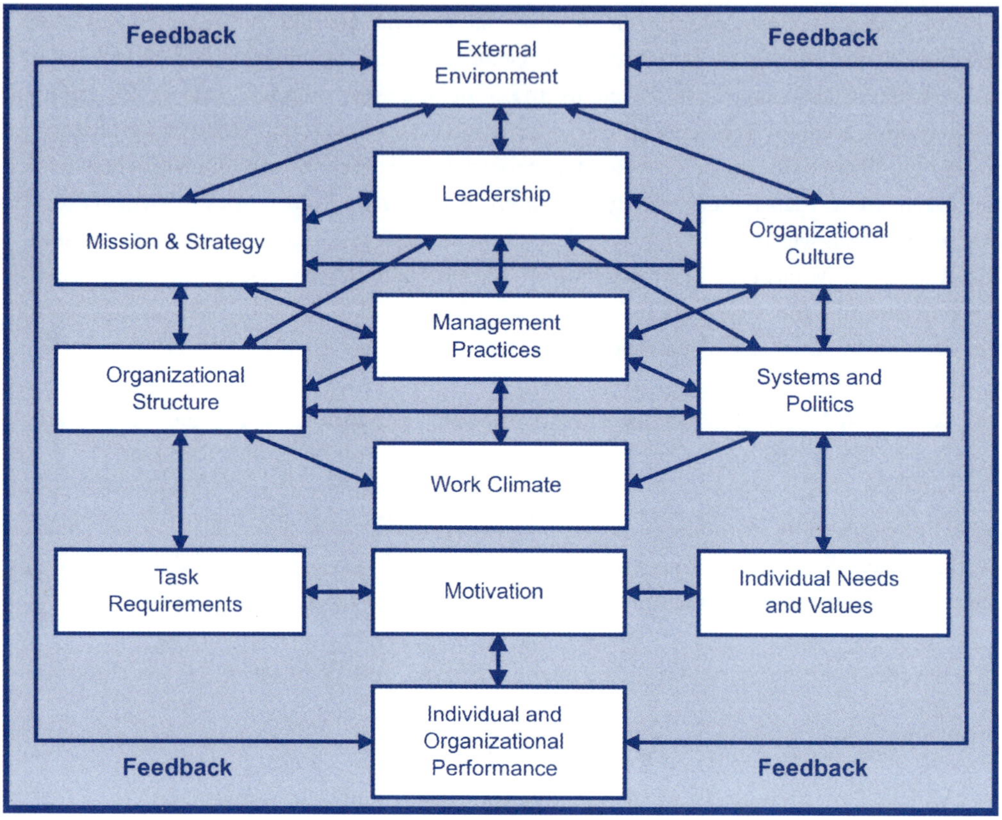

Abb. 1: Bausteine für „Organisationale Leistungs- und Veränderungsfähigkeit"

Quelle: Vgl. Burke, Warner W. (2008): Organization Change – Theory and Practice. 2nd Edition. Thousand Oaks: 187.

1.1 Unternehmenswerte als Navigationssystem für Führungskräfte

Führungskräfte navigieren ihre Aktivitäten entlang eines Ablaufplanes bzw. einer Wertschöpfungskette, die in vier Eckpunkte unterteilt ist: (1) Input, (2) Transformation, (3) Output, (4) Outcome. Das erfolgreiche Management dieser Eckpunkte hängt einerseits von der Fachkompetenz der Führungskraft ab, um die jeweiligen damit verbundenen Aufgaben zu stabilisieren. Es hängt andererseits aber auch von der Veränderungskompetenz der Führungskraft ab.

Ziel 1) Für die „**Shareholder**" trotz einer schwierigen Markt- und Wettbewerbssituation mittelfristig einen Gewinn sowie langfristig einen wachsenden Unternehmenswert herzustellen. Dieser wird dann über die Geschäftsberichte im Sinne eines „Vertrauensberichts" („Annual Report") abgebildet.

Ziel 2) Für die „**Stakeholder**", wie Mitarbeiter, Unternehmensanalysten, potenzielle Investoren, Kunden, Lieferanten, Medien, einen Mehrwert im Vergleich zu anderen Unternehmen zu erzielen. Dies wird abgebildet durch „Sustainable Value Reports", in denen über stakeholderrelevante Themen wie Serviceorientierung, Innovation und Qualität, Arbeitsplatzattraktivität für Mitarbeiter, Reputation durch „Fair Trade", „Compliance" oder Umweltorientierung berichtet wird. Auch diese „Vertrauensberichte" sollen den Unternehmenswert mit beeinflussen.

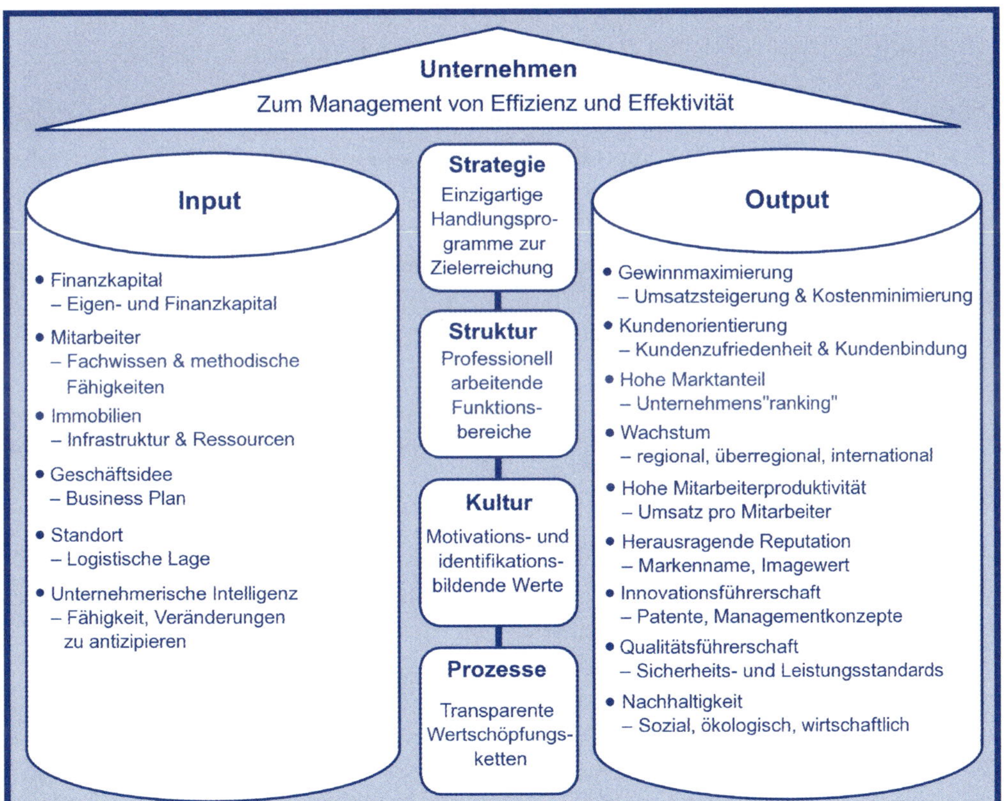

Abb. 2: Unternehmen als „Input-Output-Systeme"

Quelle: Habelt, Wolfgang (2012)

Der Bereich „**INPUT**" umfasst (neben den Grundfragen Standort und Geschäftsidee) vorrangig vier Faktoren, die von den Führungskräften für das Unternehmen gesichert werden müssen:

- Die **Bereitstellung von Kapital,** d.h. die Erhöhung von Eigenkapital oder die Zuführung von Fremdkapital durch Investoren, Banken oder (supra)nationale Fördermittel.

- Die **Bereitstellung von Ressourcen,** wie Immobilien und Infrastruktur, einschließlich aller Materialien wie modernste Computersysteme sowie einer kundenorientierten Serviceorganisation und einer mitarbeitergerechten Arbeitsumgebung.

- Die **Bereitstellung von Humankapital**, d.h. der Zukauf von Mitarbeiterfähigkeiten und –Know-how, wobei dies sowohl unter der Prämisse *anzahlmäßig genügende* als auch *qualitativ herausragende* Mitarbeiter erfolgt. Getragen wird dieser Ansatz von einer variablen Lohnstruktur für die „Mitarbeiterklassen", wie außertariflich, tariflich und zum Niedriglohn Beschäftigte, sowie von einem Kompetenzaudit für die Qualifizierung von Mitarbeitern bzw. für die Identifikation und den Erhalt von „Best Employees".

- Die „**Bereitstellung einer „unternehmerischen Intelligenz**", d.h. von betriebswirtschaftlichen, aber auch innovativen Fähigkeiten durch qualifizierte Führungskräfte. Diese sind in der Lage, auftretende Komplexitäten zu managen, Veränderungen zu antizipieren oder in proaktiver und kontinuierlicher Weise zukunftsweisende Konzepte sowie Visionen und Ziele zu entwickeln und dann in einer neuen Geschäftsstrategie bzw. einem „Business Plan" unternehmensweit umzusetzen.

Der „**TRANSFORMATIONSPROZESS**" (Throughput, Black Box) umfasst wiederum vorrangig vier Faktoren, die von den Führungskräften für das Unternehmen gewährleistet werden müssen:

- Das **Management wertschöpfungssteigernder Strategien**, d.h. von kurz-, mittel- oder langfristig angelegten Handlungsprogrammen bzw. Aktionsplänen, um ein oder mehrere unternehmerische Ziele zu erreichen.

- Das **Management wertschöpfungssteigernder Strukturen** bzw. einer Aufbau- und Ablauforganisation, wobei die Aufbauorganisation die hierarchische Struktur eines Unternehmens betrifft, beispielsweise wie Mitarbeiter in bestimmte Bereiche bzw. Ebenen aufgegliedert sind, welche Verantwortung, Kompetenzen und Entscheidungsbefugnisse sie haben (dürfen) und wie sie in Beziehung miteinander stehen (sollen), im Sinne von „Wer macht wo was?". Hingegen betrifft die Ablauforganisation die Prozesse der Leistungserstellung, d.h. wie Abläufe oder Arbeitsschritte in und zwischen Stellen organisiert sind, welchen Standards die Leistungserbringung folgen muss, inwieweit Arbeitsergebnisse formalisiert werden müssen und die Prozesse der Leistungserstellung insgesamt dazu beitragen, einen vorgegebenen Input in einen Output in effizienter und effektiver Weise zu wandeln.

- Das **Management identifikations- und motivationsfördernder Arbeitsbedingungen** für die Mitarbeiter bzw. einer „gesunden Kultur", wobei man unter Kultur die Grundgesamtheit der von allen Mitarbeitern und Führungskräften gemeinsam getragenen Werte, Normen und Glaubenssätze versteht, die über Jahre hinweg entstehen und das Verhalten der im Unternehmen tätigen Menschen prägen sowie das Erscheinungsbild des Unternehmens in der Öffentlichkeit beeinflussen.

- Die **professionelle Steuerung a) von zeitgemäßen Managementpraktiken**, beispielsweise einer „Balanced oder Value Scorecard", einer Kundenwertanalyse, eines „Benchmarking" oder einer Leistungsbewertung, sowie **b) von Managementstandards**, beispielsweise in Form von Leitbildern, vereinheitlichten Arbeitsanweisungen, Qualitätssicherungshandbüchern oder DIN-Vorschriften.

Der Erfolg dieser Transformationsphase hängt nach den Vorstellungen der Unternehmensleitung davon ab, inwieweit die einzelnen Managementaktivitäten durch qualifizierte Führungskräfte „effizient und effektiv" gestaltet werden: **Effektivität** ist ein Maßstab für die Zielerreichung (Erfolg), d.h. „die richtigen Dinge zum richtigen Zeitpunkt tun", und **Effizienz** ist ein Maßstab für Wirtschaftlichkeit, d.h. die „Dinge richtig tun".

Der Bereich „**OUTPUT**" (Zielerreichung) umfasst – je nach Branche – verschiedene Faktoren, die von den Führungskräften mit unterschiedlicher Priorität angestrebt und erreicht werden müssen:

- Das Ziel der **Profitmaximierung** (bei Nonprofit-Organisationen der Kostendeckung), beispielsweise durch eine Optimierung der Umsatz-/Absatzzahlen oder eine Reduzierung der Kostenentwicklung, wie Personalkosten oder Einkaufskosten.

- Das Ziel der zeitgemäßen **Kundenorientierung**, die heutzutage sowohl über die Kundenzufriedenheit als auch über die Kundenbindung hergestellt wird.

- Das Ziel von **Wachstum bzw. Marktführerschaft**, beispielsweise durch Fusionen oder durch regionale bzw. überregionale Markterweiterungen.

- Das Ziel eines **herausragenden Images** bzw. einer hohen Reputation bei den Kunden.

- Das Ziel der **Innovationsführerschaft** bei Produkten und/oder Dienstleistungen, wobei diese u.a. über Erfahrungswerte bzw. Produktlebenszykluskurven abgebildet werden.

- Das Ziel einer überdurchschnittlichen **Qualitätsführerschaft** (siehe Gastbeitrag von Peer-Christian Schach, nachfolgend). „Qualitas" bezeichnet die Beschaffenheit, die Eigenschaft bzw. die Gesamtheit von Merkmalen einer Einheit (Produkte, Dienstleistungen) bezüglich ihrer Eignung, festgelegte und vorausgesetzte Erfordernisse (Standards) zu erfüllen.

- Das Ziel einer starken **Mitarbeiterproduktivität**, beispielsweise bemessen in Industrieunternehmen am Verhältnis „Menge pro Mitarbeiter", in Dienstleistungsunternehmen am Verhältnis „Umsatz zu Mitarbeitern" oder in Beratungsunternehmen am Verhältnis von „fakturierbaren Manntagen pro Mitarbeiter". Produktivität stellt grundsätzlich das Verhältnis zwischen produzierten Gütern oder erstellten Dienstleistungen und den hierfür benötigten Produktionsfaktoren dar.

Der Bereich „**OUTCOME**" umfasst die Wirkung bzw. Folgen, die durch das Management der Input-Transformation-Output-Wertschöpfungskette erzielt wird, z.B. bei Investoren, Unternehmensanalysten, Medien, (potenziellen) Kunden, Lieferanten oder bei politisch relevanten Interessengruppen. Hierbei sind vorrangig zwei Faktoren durch die Führungskraft für das Unternehmen zu sichern:

- Eine zielgruppenverständliche Unternehmenskommunikation bzw. ein „nachhaltiges Reporting" über die Unternehmenswerte gegenüber unternehmensexternen Stakeholdern bzw. Interessengruppen. Dies geschieht beispielsweise auch im Rahmen des Lobbyismus gegenüber Parteien, Ministerien sowie Parlamentsabgeordneten.

- Eine zielgruppenverständliche Unternehmenskommunikation bzw. ein „nachhaltiges Reporting" über die Unternehmenswerte gegenüber unternehmensinternen Interessengruppen wie Mitarbeitern, Betriebsräten, Führungskräften oder gar den Mitgliedern des Aufsichtsrates oder von Beiräten (vgl. BANZHAF 2006; RUSSLER 2006).

Peer-Christian SCHACH
Qualitätsmanagement-Beauftragter der UniCredit Business Partner S.C.p.A.

UniCredit Business Partner S.C.p.A.

UniCredit ist eine der führenden Bankengruppen in Europa mit einer Präsenz in 22 Ländern. Seit 1. Januar 2009 ist UniCredit Business Partner (UCBP) das globale Abwicklungsunternehmen der UniCredit Group. Mit etwa 7.000 Mitarbeitern erbringt UCBP für konzerninterne Banken spezialisierte Abwicklungsdienstleistungen in sechs Ländern und unterstützt ihre Kunden in den wichtigsten internationalen Märkten. Ihre Ziele sind Kosteneffizienz bei hoher Servicequalität sowie innovative Lösungen.

BESTE QUALITÄT ZUM GÜNSTIGSTEN PREIS: EIN WIDERSPRUCH?

Wer der Meinung ist, „Qualität" sei teuer, der sollte es einfach mal „ohne Qualität" versuchen

Sparen an der Qualität bringt nachweislich kurzfristige Kostenvorteile, jedoch mittelfristig steigen die „Total Costs of Ownership" stärker an als bei einem qualitativ hochwertigen Produkt. Einen gedanklichen Fehler macht hierbei derjenige, der Wartung und Servicing zu einem tragenden Teil des Geschäftsmodells macht, denn diese Aktivitäten, obschon kurzfristig Gewinn bringend, prägen dennoch nachhaltig die Wahrnehmung der Kunden, und eine Abwanderung zu risikoloseren Produkten ist die Folge. Dennoch ist die Kommunikation von Produktqualität zunehmend schwierig. Ein Kernproblem der internen wie externen Kommunikation des Qualitätsmanagements (QM) ist, dass mit zunehmendem Optimierungsgrad der Prozesse der sogenannte „sichtbare Anteil", d.h. der Betriebsaufwand für das QM durch umfassende Maßnahmen wie das Realisieren von Verbesserungsworkshops, das Aktualisieren von Prozessbeschreibungen, das Messen von Prozessleistungen, die Umsetzung von Aktionsplänen gemeinsam mit den „Partnern" (Kunden und Lieferanten) hoch ist. Der sogenannte „unsichtbare Anteil" hingegen, der generierte Nutzen, ist vermeintlich weniger spürbar, in dem Schäden durch fehlerhafte Produkte vermieden, Reklamationen verhindert, strategische Optionen durch gemeinsame Produktentwicklung mit Kunden und Partnern effektiv genutzt und interne oder externe Risiken rechtzeitig erkannt wurden. Würde man Führungskräfte und Mitarbeiter anweisen, den „sichtbaren Anteil" und damit Kernkomponenten von Qualitätssicherung und -management zu vernachlässigen, d.h. Prüfprotokolle, Leistungsmessungen oder Arbeitsanweisungen nicht mehr zu verwenden, dann käme mit den ersten Regressforderungen und Beschwerden rasch die Frage auf: „Wie konnte das passieren?" Eigentlich wäre es konsequent zu sagen: „Jetzt nur nicht Ursachenforschung betreiben, denn QM ist zu teuer."

Der Slogan „Beste Qualität zum günstigsten Preis" ist kein Widerspruch: Wenn Herstellungsprozesse so optimiert werden, dass eine dem Wettbewerber überlegene Produkt- oder Dienstleistungsqualität erzeugt wird, dann sind diese Herstellungsprozesse auch kostengünstiger hinsichtlich des exakteren Zuschnitts des Prozessergebnisses auf die im Vorfeld abgestimmten Kundenwünsche, des optimalen Ressourceneinsatzes, der Vermeidung von Fehlerkorrekturen, eines geringeren Wartungsaufwandes aufgrund einer geringen Anzahl von Ausfällen. Denn: die im gesamten Herstellungsprozess entstehenden Kosten wie z.B. die Verluste durch Schäden werden heute direkt oder indirekt in die Produkte bzw. Dienstleistungen eingepreist. Weniger Fehlerkosten bedeuten in Folge einen höheren Wertschöpfungsanteil, der dann wiederum an Kunden und Anteilseigner weitergegeben werden kann.

QM ist somit nicht nur auf die Prozessabläufe, sondern auch auf alle einflussgebenden Faktoren anzuwenden; und diese Faktoren müssen in ein Qualitätscontrolling eingebunden sein, das aus der richtigen Mischung von Früh- und Spätindikatoren sowie -ergebnissen besteht. Ein Finanzbericht ist ein klassisches Beispiel für *Folgeergebnisse (sog. Lagging Results)*. Sie zeigen, dass irgendwann im Laufe des vorangegangen Berichtszeitraumes irgendetwas „gepasst" oder eben „nicht gepasst" hat. Zum Reagieren, zum Managen, deutlich zu spät. Umso wichtiger ist es in diesem Zusammenhang, den unsichtbaren Anteil (den Nutzen von QM) dergestalt sichtbar zu machen, dass das Management anhand von Frühindikatoren, z.B. aus den Dimensionen Mitarbeiter, Prozesse, strategische Projekte, Kunden und Finanzen, in die Lage versetzt wird, rechtzeitig zu Handeln – *bevor* der Jahresbericht einen Rückgang des Umsatzes anzeigt.

Ein Qualitätsmanager lernt im Lauf seiner Zeit vier Dinge: 1) Lerne mit Widerständen im Hinblick auf Veränderungen umzugehen, 2) Sei beharrlich im Sinne des Qualitätsmanagements, 3) Lerne aus Fehlern und handle entsprechend und 4) Leite das Management an, die Unternehmensabläufe kontinuierlich anzupassen und zu verbessern. Das Management wiederum sollte die bestimmenden Faktoren des Unternehmenserfolges nicht aus den Augen verlieren und ganzheitlich handeln: die Bilanz ist das eine – der Weg dorthin ist die Aufgabe eines umfassenden unternehmerischen Qualitätsmanagements.

1.2 Zum Auf- und Abschwung von Unternehmenswerten

Der von Unternehmen gewünschte Erfolg kann nur dann erzielt werden, wenn ausreichend Führungskräfte in der Lage sind, die *Wertschöpfungsprozesse* mit „unternehmerischer Intelligenz“ erfolgreich zu gestalten. Dies setzt voraus, dass Führungskräfte einerseits über eine Veränderungskompetenz verfügen und diese andererseits auch einsetzen wollen und können, um die Wertschöpfungsprozesse kontinuierlich entsprechend den Markt-/Wettbewerbsbedingungen zu optimieren.

Damit unterscheiden sich jedoch *Führungskräfte, die Veränderungen in Gang setzen*, Richtung bzw. Orientierung vorgeben, Koalitionen für ihre Vision und Zielsetzung aktiv generieren, Mitarbeiter inspirieren und motivieren sowie die Vision und Zielsetzung in konkrete Veränderungsprojekte transformieren, von *Führungskräften, die zugewiesene Aufgaben planen, organisieren, budgetieren und kontrollieren* und den beteiligten Mitarbeitern bei Problemlösungen und Prozessoptimierungen zur Seite stehen. Diese amerikanische Diskussion um „**Leadership vs. Management**“ (Führungskräfte vs. Fachkräfte) greift Gary YUKL auf:

> “Managers value stability, order, and efficiency, and they are impersonal, risk adverse, and focused on short-term results. Leaders value flexibility, innovation, and adaption; they care about people as well as economic outcomes, and they have a long-term perspective with regard to objectives and strategies. Managers are concerned about how things get done, and they try to get people to perform better. Leaders are concerned with what things mean to people, and they try to get people to agree about the most important things to be done … ‘managers are people who do things right, and leaders are people who do the right thing.” (YUKL 2010: 25)

Man kann der Auffassung folgen, dass sich Führungskräfte „zweigleisig“ verhalten können: “Most scholars seem to agree that success as a manager or administrator in modern organizations also involves leading” (YUKL 2010: 26). Dies bedeutet, dass sich die überwiegende Anzahl an Führungskräften sowohl durch eine Fach- bzw. Verwaltungskompetenz als auch durch eine Innovations- und Veränderungskompetenz auszeichnen können. Allerdings wird die Mehrheit der Führungskräfte über einen längeren Zeitraum in einem Unternehmen in „organisationalen Routinen“ gefangen, sodass letztlich Führungskräfte mit Fach- und Verwaltungsverantwortung ein Unternehmen dominieren. Die Konsequenz: Im Unternehmen steht eine hohe Anzahl an Führungskräften mit Fach- und Verwaltungskompetenz einer kleineren Gruppe an Führungskräften mit Innovations- und Veränderungsbereitschaft gegenüber (eventuell im geschätzten Verhältnis von 80 % zu 20 %). Damit werden die Flexibilität und die Innovationsfähigkeit eines Unternehmens begrenzt. Diese Rahmenbedingungen stellen an einen Führungskreis, der die unternehmerische Wertschöpfung langfristig zu sichern hat, zwei Fragen:

1. Inwieweit kann eine Führungskraft mit einem stark ausgeprägten Habitus zur Fach- und Verwaltungsverantwortung – gerade bei Krisen – überhaupt eine Veränderungsleistung erbringen? Besteht nicht die Gefahr, dass sie im Laufe ihrer Tätigkeit das professionelle Management von Veränderungen verlernt bzw. erst gar nicht erlernt? Dies wäre dann ein Grund dafür, dass eine Führungskraft auf externe Berater zugreifen „muss", um ihren unternehmerischen – nicht fachlichen – Dilletantismus zu verdecken.

2. Inwieweit kann eine entwicklungs- bzw. veränderungsorientierte Führungskraft durch die konstante Zunahme an Fach- und Verwaltungstätigkeiten im eigenen Bereich, aber auch im gesamten Umfeld (horizontal und vertikal) noch eine Innovations- und Veränderungsleistung erbringen? Eventuell will sie nach längeren Phasen des Verharrens in Fach- und Verwaltungsaufgaben oder der ständigen Blockierung durch Dritte bei Innovationsinitiativen gar keine Veränderungsleistung mehr einbringen, da sich die kurzfristigen (meist geringfügigen) Anreize in Relation zum Aufwand nicht lohnen.

Charles HANDY (1995) zeigt anhand der sogenannten „**Sigmoidkurve**", einer typischen Lebenszykluskurve, auf, wann es vonseiten der Führungskraft am unternehmerisch intelligentesten ist, in eine neue Idee bzw. eine Innovation, ein neues Produkt bzw. eine neue Dienstleistung zu investieren. Dabei fokussiert er vier relevante Phasen, welche die Führungskräfte und deren Mitarbeiter bzw. die Produkte und Dienstleistungen eines Unternehmens durchlaufen:

- die Phase des Aufschwungs bzw. des Wachstums
- die Phase der optimalen Wertschöpfung bzw. der Innovation
- die Phase der maximalen Wertschöpfung bzw. der Stagnation
- die Phase des Abschwungs bzw. der Krise

In diesen jeweiligen Phasen zeigen Führungskräfte einzigartige Praktiken des Managements und Fähigkeiten zum Umgang mit Veränderungen.

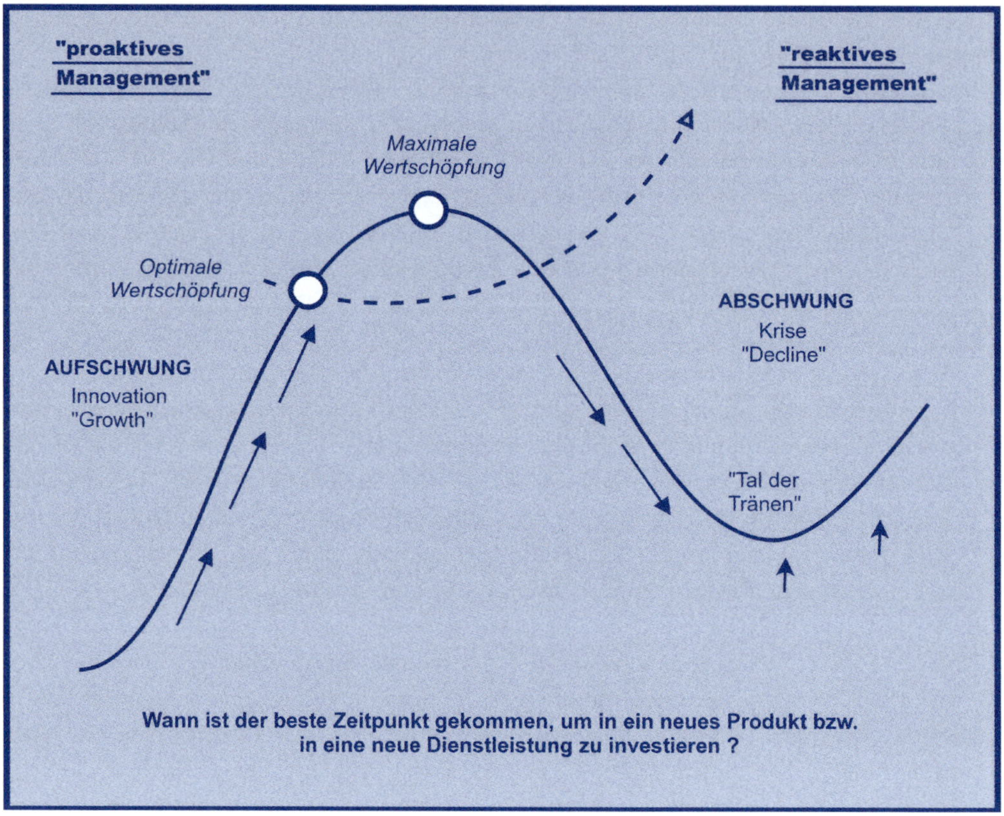

Abb. 3: Die „Sigmoidkurve" als Ansatz zur Unternehmensentwicklung

Quelle: Vgl. Handy, Charles (1994): The Empty Raincoat – Making Sense of the Future. London: 50–64.

1.2.1 Phase des Aufschwungs bzw. des Wachstums

In der Aufschwungphase geben entwicklungsorientierte Führungskräfte mit dem Habitus der unternehmerischen Intelligenz und administrierende Führungskräfte mit dem Habitus der Fach- und Verwaltungsverantwortung ein relativ einheitliches Bild ab. Die Veränderungen der entwicklungsorientierten Führungskräfte fallen in dieser Wachstumsphase auf fruchtbaren Boden: Sie können Innovationen initiieren bzw. dürfen mit ihrer Leidenschaft am Aufbau einer neuen Dienstleistung bzw. eines neuen Produktes und damit als „Change Manager" wirken. Die administrierenden Führungskräfte hingegen zeigen ein hohes Maß an Offenheit und Bereitschaft, diese Veränderungen durch ein professionelles Projektmanagement abzustützen, indem sie mit großer Leidenschaft alle Abläufe optimieren, um den Absatz der Dienstleistung bzw. des Produktes zu festigen und damit als „Support Manager" zu agieren. Der gesamte Führungskreis wirkt relativ harmonisch, da beide Seiten sich nützen und kleinere Differenzen meist auf den Umfang an benötigten Ressourcen beschränkt bleiben. Wenn es die entwicklungsorientierten Führungskräfte anstrengend haben, dann eher untereinander im Wettbewerb um die beste Idee bzw. das beste Konzept.

Erst im weiteren Verlauf der Wachstumsphase nehmen die Konfliktfelder unter den Führungskräften wieder zu: Die entwicklungsorientierten Führungskräfte drängen, beflügelt von den ersten Innovationserfolgen, schneller in die nächsten Innovationsinitiativen. Sie wollen eine höhere Wertschöpfungsdynamik schaffen und zeigen eine höhere Bereitschaft, auch Wertschöpfungsrisiken einzugehen. Dagegen versuchen die Führungskräfte mit Fach- und Verwaltungskompetenz, das Erreichte zu schützen, indem sie sich auf die Optimierung des bisherigen Erfolges konzentrieren und die – um das Produkt bzw. die Dienstleistung herum entwickelten – Erfolgsmuster kontinuierlich weiter in die Zukunft tragen: Die tradierten Managementpraktiken sowie Managementstandards sollen erhalten werden. Führungskräfte mit Fach- und Verwaltungskompetenz sind damit für neue Wege nicht oder sehr selten offen. Sie haben sich selbst frühzeitig in zentrale unternehmerische Positionen gebracht, sich mit Status versehen und die eigene Einflusssphäre erweitert und können nun über die „Verwendungsweise des Inputs“ sowie über die „Planung und Organisation der Transformationsprozesse“ entscheiden und herrschen. Hierdurch fällt es ihnen leichter, Führungskräfte, die weiterhin innovativ sein wollen, auszubremsen. Während sich die entwicklungsorientierten Führungskräfte auf die aufwendige Implementierung der Innovation konzentrieren, haben sich die Führungskräfte mit Fach- und Verwaltungskompetenz darauf konzentriert, ihre Machtbasis auszubauen.

1.2.2 Phase der optimalen Wertschöpfung bzw. der Innovation

Nach den Anstrengungen aus der Phase des Wachstums kommt ein längerer Zeitabschnitt, in dem sich die Veränderungs- und Innovationsergebnisse stabilisieren bzw. diese sich über einen größeren Umsatz bzw. Absatz auszahlen. Sowohl entwicklungsorientierte als auch administrierende Führungskräfte und Mitarbeiter konzentrieren sich auf Routine- und Verwaltungsaufgaben zur Verfeinerung des Erreichten bzw. auf kleinere Optimierungen des Bestehenden („Single-Loop-Learning“).

Zum erfolgreichen Management von Wertschöpfungsprozessen gehört jedoch, die Phasen beginnender Entschleunigung des Umsatzes oder sichtbar sich ändernder Kundenbedürfnisse zum „richtigen Zeitpunkt“ zu erkennen: Eine Führungskraft trägt die Verantwortung dafür, diesen „richtigen Zeitpunkt“ für die Vorbereitung neuer Veränderungen und Innovationen zu definieren und den Bedarf für die Entwicklung neuer innovativer Produkte oder Dienstleistungen offen im Führungskreis zu kommunizieren. Fehlt ihr diese Proaktivität, dieser Sinn zum „Double-Loop-Learning", also neue Denk- und Handlungsmuster zu generieren, leitet sie den ersten Schritt zur Unternehmenswertvernichtung ein.

Für entwicklungsorientierte Führungskräfte ist es nicht nur schwierig, aus den bestehenden und tradierten Rahmenbedingungen der Vergangenheit auszubrechen und gegen die „Betonköpfe" anzukämpfen, sondern es ist auch aufwendig, diese Phase der optimalen Wertschöpfung richtig zu prognostizieren. Nach Charles HANDY (1995) eröffnet die Phase der optimalen Wertschöpfung jedoch vier zentrale Vorteile für die Einführung einer Veränderung:

- Erstens: Der **Gewinn** aus dem laufenden Produkt bzw. der laufenden Dienstleistung kann abgeschöpft und in die Entwicklung des neuen Produktes bzw. in die neue Dienstleistung reinvestiert werden. Es besteht damit eine relativ hohe Unabhängigkeit von Fremdkapitalgebern wie Banken und Investoren und damit die Chance, aus eigener Kraft ein Nachfolgeprodukt zu stemmen.

- Zweitens: Man verfügt über ausreichend **Zeit** für die Entwicklung eines neuen Produktes bzw. einer neuen Dienstleistung und kann auch problematische Entwicklungsphasen wie Umsetzungsschwierigkeiten, Streiks, Lieferschwierigkeiten von Materialien gelassener überwinden.

- Drittens: Die **Mitarbeitermotivation** ist zu diesem Zeitpunkt hoch, da die Mitarbeiter für längere Zeit an der Entwicklung des laufenden Produktes mitwirken konnten, dessen Erfolg bei den Kunden erlebt, Erfahrungen gesammelt bzw. gelernt haben sowie den Erfolg der Vergangenheit feiern konnten („Party Time") und nach all diesen Erfolgserlebnissen nun wieder stärker neue Herausforderungen suchen.

- Viertens: Das **positive Image des laufenden Produkts** überträgt sich auf das neue Produkt, weshalb die mit dem bisherigen Produkt zufriedenen Kunden ein neu auf den Markt gebrachtes Produkt gerne in ihre Kaufüberlegung miteinbeziehen werden. Dies impliziert eine Verringerung der Marketingkosten durch eine höhere Kaufbereitschaft von Stammkunden für nachfolgende Produkte bzw. Dienstleistungen.

Für eine Führungskraft, die eine Veränderung initiieren will, stellt sich die Frage, wie sie den „richtigen Zeitpunkt" bzw. den „Zeitpunkt der optimalen Wertschöpfung" identifizieren oder zumindest prognostizieren kann. Vier „Managementpraktiken" können hierzu einen Beitrag leisten:

- **Controlling der Umsatz-/Absatzzahlen**, ob eine systematisch verfolgbare Entschleunigung des Umsatzes erkennbar ist.

- „**Benchmarking**“, ob im Vergleich des eigenen Unternehmens mit im Ranking stehenden besseren Unternehmen der gleichen Branche Änderungen auftreten.

- **Kundenbefragungen**, ob Änderungen der Kundenbedürfnisse frühzeitig festzustellen sind.

- **Marktbeobachtungen**, ob neue Produkttrends identifizierbar sind.

Der „**Zeitpunkt der optimalen Wertschöpfung**“ wird, trotz dieser nachvollziehbaren Überlegungen, vielfach im Führungskreis übergangen. Die bestehende Mehrheit aus administrativen Führungskräften kommt zu dem Schluss, dass „alles gut läuft“ und keine Veränderungen notwendig sind. Während die entwicklungsorientierten Führungskräfte in der Lage sind, proaktiv zu agieren, können und wollen administrative Führungskräfte nur reaktiv agieren. Entwicklungsorientierte Führungskräfte werden also ausgebremst und blockiert. Sie müssen erfahren, dass es nicht lohnt, sich mit Leidenschaft und Engagement für weitere Veränderungen einzusetzen, da sie bei den meisten ihrer Kollegen und auch bei den meisten oberen Führungskräften kein Gehör für proaktive Veränderungsmaßnahmen finden und ihr Engagement und ihre Leidenschaft auch in keiner Weise zu diesem Zeitpunkt honoriert wird.

Eventuell haben ihre Erfahrungen aus den vergangenen Jahren innovationsorientierte Führungskräfte auch bereits gelehrt, dass ihre proaktive Verhaltensweise und damit die mutige Öffnung zu Neuem „zum richtigen Zeitpunkt“ (wo noch alles gut läuft) mit zu vielen Konflikten mit den Führungskräften aus der Fach- und Verwaltungswelt verbunden ist, die nun gut etabliert sind, oftmals komplett die oberen Führungspositionen bis hin zur Geschäftsführung bzw. zum Vorstand mehrheitlich besetzen. Zudem mussten sie erfahren, dass die wenigen frei werdenden Führungspositionen eher an „gleichgesinnte administrierende Fach- und Führungskräfte vererbt werden“ (Nepotismus) und proaktiv wirkende Führungskräfte eher als störend empfunden werden. Die Mehrheit an Inhabern oberer Führungspositionen sind dann nicht immer mit höherer „unternehmerischer Intelligenz“ ausgestattet, ja es zeigen sich durchaus Anhaltspunkte für das „Peter-Prinzip“: Zeit und Rangstufen in einer Hierarchie vorausgesetzt, steigen manche Beschäftigte bis zur Stufe ihrer Inkompetenz auf. Dies erscheint für obere Führungskräfte jedoch weniger wichtig als die karriereentscheidende Tatsache, dass neue Stelleninhaber in ihrem Umfeld eine „kulturelle Affinität“ (Loyalität) zu ihnen als obere Führungskräfte besitzen sollten: **Man umgibt sich eher mit „Gleichen“ als mit den „Besten“.**

Damit lernen alle Führungskräfte, dass es der Karriere nicht schaden muss, auf eigenständige Veränderungsinitiativen zu verzichten, sich nicht „zum richtigen Zeitpunkt" zu bewegen und abzuwarten: Es ist sinnvoller, zu einem späteren Zeitpunkt – dann auf Anweisung „von oben" – zu handeln. Das Ergebnis: „Nichts tun, im Sinne keine Veränderungsleistung zu erbringen, und die gegenwärtig guten Wachstumszeiten auszusitzen" ist nicht karriereschädlich. Denn schließlich erscheint es für diese Führungskräfte (Fach- und Verwaltungskräfte) „viel sicherer, in guter Gesellschaft falsch zu liegen, als allein das Richtige zu tun". Diese Vorgehensweise des Abwartens hat für alle Führungskräfte den Vorteil, dass Veränderungen ausschließlich von oben initiiert und auch dort mit verantwortet werden müssen. Die oberen Führungskräfte tragen dann die Mitverantwortung bzw. die Haftung für ihre oktroyierten Reorganisationen. Beispielsweise kann man ihnen vorwerfen, dass die Veränderung nicht optimal kommuniziert wurde, dass Ressourcen gefehlt haben oder dass die obere Führung nicht vollständig und nachhaltig hinter der Reorganisation stand. Die Verantwortung für den Misserfolg von Veränderungen wird damit nicht auf einzelne entwicklungsorientierte Führungskräfte in der Linie zurückgeführt, die zu früh, hier „zum richtigen Zeitpunkt", „Unruhe" durch den Ruf nach Innovation gestiftet haben: Schließlich scheinen **„Fehler bei Mitarbeitern und einfachen Führungskräften zu Entlassungen, Fehler bei oberen Führungskräften zu Abfindungen**" zu führen.

Eine der wichtigsten Managementaufgaben für administrierende Führungskräfte ist, in der Phase der optimalen Wertschöpfung die entwicklungsorientierten Führungskräfte im „Standby-Modus" zu halten. Das macht man dadurch, dass man diesen mehr Personalverantwortung gibt und sie damit mit Personalaufgaben zuschüttet oder ihnen aufwendige Sonderprojekte zuführt. Erst zu einem späteren Zeitpunkt, also in der Phase der maximalen Wertschöpfung, gilt es, die entwicklungsorientierten Führungskräfte wieder für wirklich wichtige Veränderungs- und Innovationsprozesse zu instrumentalisieren, da die Zahlen, Daten, Fakten nun einen realen Handlungsbedarf nachweisen. Mit dieser Vorgehensweise hat man als administrierende Führungskraft den besonderen Vorteil, dass man als Initiator einer Veränderung gilt („man rüttelt alle auf"), für die Umsetzung jedoch selbst nicht verantwortlich ist, also bei Erfolglosigkeit die Schuld auf andere schieben, hingegen bei Erfolg die Leistung auf der eigenen Agenda verbuchen kann.

1.2.3 Phase der maximalen Wertschöpfung bzw. der Stagnation

In der Phase der maximalen Wertschöpfung erkennt der obere Führungskreis, dass Absatz und Umsatz von Produkten bzw. Dienstleistungen stagnieren, Gewinne kaum mehr vorhanden sind und letztlich das Unternehmen kein Wachstum mehr verzeichnet. Anhand von Zahlen, Daten, Fakten wird nun nachvollziehbar, dass der Input wertmäßig und dauerhaft den Output übersteigt und eine negative Wertschöpfung („Blindleistung") im Entstehen ist, die für das Unternehmen kurzfristig existenzgefährdend wirken kann. Das Ziel des ökonomischen Handelns, eine unternehmerische Wertschöpfung zu erreichen, ist sichtbar gefährdet. Wichtig ist nun, eine „Blut-und-Tränen-Rede" zu entwickeln bzw. eine „Krisengefahr" durch entsprechendes Zahlen- und Datenmaterial gestützt „herbeizureden". Damit sollen sowohl die noch zufriedenen als auch die bereits enttäuschten Führungskräfte und Mitarbeiter für die notwendigen, schnell umzusetzenden und mit hohem Arbeitsaufwand verbundenen Innovations- und Veränderungsleistungen hinter die Veränderung gebracht werden.

Um gerade dieses Engagement bzw. eine hohe Leistungsbereitschaft von Führungskräften und Mitarbeitern herzustellen, wird eine sogenannte **„künstliche Krise"** durch die Unternehmensleitung konzipiert, d.h., es werden einerseits Zahlen, Daten, Fakten über die schwierige Situation des Unternehmens zusammengeführt und öffentlich präsentiert. Andererseits werden „Überlegungen" vorgestellt, wie mit dieser sich nähernden Krise umgegangen werden soll: Beispielsweise über „Mehrarbeit ohne Lohnausgleich", über „Schließung von bestimmten Standorten", über „sozialverträgliche Kündigungen" sowie über Kürzungen spezifischer betrieblicher Leistungen. Diese Informationen werden vielfach aus dem Kreis der Unternehmensleitung rasch – und ohne Namensnennung – an die Presse weitergegeben, damit alle (Führungskräfte, Mitarbeiter, Betriebs-/Personalrat, Aktionäre, Öffentlichkeit) über die offensichtlich schwierige Situation informiert sind. Die Unternehmensleitung verschafft sich mit dieser Vorgehensweise ihre Legitimation für Handlungs- bzw. Krisenprogramme bzw. „harte Einschnitte".

Die Phase der maximalen Wertschöpfung hilft also, eine Krisenstimmung zu entwickeln, ohne dass das Unternehmen bereits in Liquiditätsschwierigkeiten wäre. Ziel ist es, mithilfe des Instrumentes der **„künstlichen Krise"** – aufbauend auf dem Drohpotenzial „Reorganisation und Effizienzoptimierungen" – zu den von oben verordneten und gewünschten Veränderungen bzw. Innovationen zu kommen. Dabei werden auch zusätzliche, schon länger angedachte Restrukturierungsideen, die mit der aktuellen Stagnation nichts zu tun haben, mit eingebaut. Man nutzt nun die Stunde für gravierendere Einschnitte. Natürlich soll diese Krisenstimmung helfen, auch von den entwicklungsorientierten Führungskräften, die eigentlich durch die Enttäuschungen und Blockierungen aus der Vergangenheit keine Initiativen mehr entwickeln wollten (obwohl sie es könnten), eine Unterstützung zu bekommen. Denn mit dieser künstlichen Krise geht es nun für alle Führungskräfte nicht mehr nur um Karrierethemen und materielle Anreize, sondern um mehr, nämlich um den eigenen Arbeitsplatz. Sollten Führungskräfte und Mitarbeiter nicht „anspringen", so werden Entlassungen durchgesetzt, wobei es das unternehmerische Ziel ist, nicht einfach Personal abzubauen, sondern Personalstellen frei zu machen, um dadurch engagierteres und entwicklungsorientierteres, aber auch kostengünstigeres Personal einzustellen.

1.2.4 Phase des Abschwungs bzw. der Krise

Bleibt das Konzept der „künstlichen Krise" nicht erfolgreich, so steuert das Unternehmen in die Phase des Abschwungs bzw. in das „Tal der Tränen" hinein. Es kommt zu einer unternehmensbedrohenden, ja insolvenznahen Situation. Die Führungskräfte müssen nun zeitlich rasch (von Monat zu Monat stärker) ein „Krisenmanagement" unter Beweis stellen, da die Umsatz- und Absatzzahlen konstant zurückgehen, keine Gewinne mehr erzielt werden und das Image durch die Unternehmensprobleme zunehmend bei den Kunden leidet. Der Druck von Aufsichtsräten, von Gesellschaftern oder von Analysten wird eklatant. Der Führungskreis muss deshalb extrem rasch handeln und a) ein „reaktives Krisenmanagement" und damit einen „Sanierungsplan" installieren, b) ein neues Innovationskonzept über einen „Business Plan" entwickeln und c) für dessen Umsetzung auch genügend Eigen- oder Fremdkapital bei Eigentümern, Banken oder Investoren gewinnen.

Bedrohlich für den bestehenden Führungskreis ist: Je länger die Krisenphase anhält, desto stärker wird die eigene Handlungsfähigkeit und damit die Souveränität über den Wertschöpfungsprozess durch neue Akteure beschränkt, indem beispielsweise Banken oder Investoren sowie Unternehmensberater oder -sanierer ihren Einfluss geltend machen:

- **Banken** werden verstärkt einen *kurzfristig wirkenden Sanierungsplan* einfordern. Eine Sanierung steht für die Wiederherstellung existenzerhaltender Unternehmenswerte, wobei eine Sanierung den Prozess, der eine Struktur erneuert, vervollständigt und wieder funktionstüchtig macht, umfasst. Die Banken werden im Sanierungsplan in der Regel ein Einsparungsvolumen und einen Einsparungszeitraum genannt haben wollen. Dies wird den Führungskreis vielfach dazu veranlassen, Mitarbeiterentlassungen vorzunehmen, da hier kurzfristig, im Rahmen betriebsbedingter Kündigungen, am stärksten Ausgaben bzw. Kosten eingespart werden können. Die Banken werden zudem die von ihnen zu tragende „Risikolast" über *Basel III* (kurz: Kreditwürdigkeitsprüfung) bewerten und dabei a) die *Höhe des Zinssatzes* für den Einstieg in dieses unternehmerische Risiko berechnen (je höher das Risiko, desto höher der Zins) sowie b) den Umfang an Sicherheitsleistungen bewerten bzw. ein *Besicherungsverfahren* in Gang setzen. Die Besicherung ist die Absicherung des Kredites bzw. Darlehens beispielsweise über dingliche Sicherheiten wie Immobilien, Maschinen oder Geschäftsausstattungen. Zudem fordern die Banken ein *Mitspracherecht* im Führungskreis bzw. in der Geschäftsführung, um sich sowohl über die Entwicklung des Sanierungsplanes auf dem Laufenden zu halten bzw. sich als Kreditgeber Gehör zu verschaffen und auch in Monaten nach der ersten Kreditvergabe „Empfehlungen" für die Umsetzung des Sanierungsplanes zu geben. Ferner erfahren sie Näheres über die Wirkung des Business Plans: Ein *Business Plan* (Geschäftsplan) ist eine schriftliche Zusammenfassung eines unternehmerischen Vorhabens. Basierend auf einer Geschäftsidee werden im Business Plan neue Ziele und Strategien vorgestellt, die mit der Produktion, dem Vertrieb und der Finanzierung eines

Produktes oder einer Dienstleistung verbunden sind. Zudem muss er alle betriebswirtschaftlichen und finanziellen Aspekte eines Vorhabens beleuchten. Ein Geschäftsplan ist einerseits ein Managementinstrument, um Ziel und Strategie des Vorhabens für die Initiatoren selbst zu formulieren. Er verhilft ihnen zu einer systematischen Vorgehensweise und durch die schriftliche Fixierung werden konkrete Entscheidungsmaßnahmen festgelegt. Er stellt aber andererseits auch ein „Verkaufspapier" bzw. eine Kommunikationsgrundlage dar, das eine Geschäftsidee nach außen (zu Banken oder anderen Risikokapitalgebern) vermarktet und deutlich macht, dass mit dem beschriebenen zukünftigen Produkt oder der Dienstleistung Umsatz und Gewinn erwirtschaftet werden kann.

- **Investoren** werden bei der Gewährung ihrer Investitionssumme ebenso einen solchen Sanierungsplan einfordern oder diesen gar für einen Einstieg in Gespräche voraussetzen. Zudem werden sie im Rahmen ihrer strategischen Planung genau prüfen, welche Unternehmensstandorte oder welche Unternehmensbereiche für sie als Investor noch wertschöpfend erscheinen und welche vollständig geschlossen werden sollen. Des weiteren haben Investoren ein Interesse daran, dass aus dem Mitspracherecht ein *starkes Mitbestimmungsrecht* sowohl in der Geschäftsführung als auch in allen anderen einflussreichen Führungskreisen wird: Das Ziel ist deshalb, Mitglieder aus der Geschäftsführung und aus dem Führungskreis möglichst rasch abzulösen und Führungskräfte eigenen Vertrauens in die relevanten Führungskreise des Unternehmens zu schleusen. Die hierzu praktizierte „Abfindungskultur" erleichtert diesen Vorgang und führt dazu, dass die derzeitigen Mitglieder des Führungskreises unter Berücksichtigung ihrer bestehenden Vertragslaufzeit und Unternehmenszugehörigkeit eine umfassende Abfindung vom bisherigen Arbeitgeber – also nicht vom Investor – erwarten können. Der bisherige Arbeitgeber ist in dieser Situation bei Abfindungen noch großzügig, da er auf „frisches Kapital" hoffen kann. Deshalb hilft es den Mitgliedern einer Geschäftsführung bzw. eines oberen Führungskreises, „bis zuletzt" im Unternehmen zu verharren und auf eine großzügige Abfindungssumme zu spekulieren.

Wenn das Unternehmen auf die Insolvenz zugeht, werden die Führungsmitglieder versuchen, zumindest auf ihren existierenden Verträgen, die sie sich vorab untereinander „zugehandelt" haben, zu bestehen: Jeder profitiert von ähnlichen Verträgen, egal ob Mitglied der Geschäftsführung, der oberen Führungskräfte, des Vorstandes oder des Aufsichtsrates. Dies ist nach der gegenwärtigen Gesetzeslage legal, da Gerichte die „Vertragstreue" eines Unternehmens auch in insolvenznahen Zeiten zu prüfen haben und nicht zu beurteilen haben, inwieweit und in welchem Umfang Führungskräfte zur Kapital- und Unternehmenswertvernichtung beigetragen haben (ausgenommen das Unternehmen wurde vorsätzlich geschädigt bzw. es wurde nachweislich grob fahrlässig gehandelt).

Fazit: **Selbst von einer Krise profitieren diejenigen Führungskräfte, die das Unternehmen in eine Krise gebracht haben, am stärksten**. Die Führungskräfte wissen somit, dass sie auch in einer Krise durchaus noch Kapital für sich herausschlagen bzw. von hohen Abfindungen profitieren können. Ein Zusammenhang zwischen Vergütung und unternehmerischem Erfolg besteht deshalb nicht zwingend.

- **Unternehmensberater** werden vom Führungskreis bei der Entwicklung des Sanierungsplanes (Reorganisationsprogramms) gerne hinzugezogen: Mit ihnen und anderen vertrauten Führungskräften wird in einem kleinen Zirkel (meist nur 5 bis 15 Personen) ein Konsolidierungs- und Sanierungsprogramm diskutiert und beschlossen. Entwicklungsorientierte Führungskräfte sowie Mitarbeiter und Personalvertretungen bleiben in dieser Phase der Konzeptualisierung von Reorganisationen (Restrukturierungen) ausgeschlossen. Für Sanierungsprogramme werden gerne solche Unternehmensberatungsgesellschaften hinzugezogen, die nicht, wie allgemein unterstellt, die zukünftigen Ziele und Strategien mitbestimmen (Nebeneffekt), sondern maximal als „Sparringspartner“ für bereits getroffene Entscheidungen zur Verfügung stehen. Sie sollen auch nicht helfen, die Reorganisation später umzusetzen. Hauptaufgabe ist, den Namen der Beratungsgesellschaft als „neutraler Gutachter“ hinter das Sanierungs- und Konsolidierungsprogramm zu stellen, weshalb dem Prestige und der Größe der Beratungsgesellschaft eine besondere Bedeutung beizumessen ist. Zudem haben sie die Aufgabe, das Programm auch *professionell auszuformulieren* (dies kann man vielfach eigenen Führungskräften nicht in einer Krise überlassen), also das Konzept „Pro Sanierung“ mit detaillierten Argumenten zu füllen und das beschlossene Programm dann auch präsentierbar zu gestalten sowie in der Öffentlichkeit mit zu vertreten.

Der Aktionsplan wird schließlich als Rettungspaket an einem bestimmten Tag bekannt gegeben („**Bombenwurfstrategie**“), sodass erst von diesem Zeitpunkt an gleichzeitig Öffentlichkeit, Mitarbeiter, Betriebsrat und Führungskräfte informiert sind. Bei dieser Konfrontation mit der Öffentlichkeit hilft der Verweis auf das Beratungsgutachten bzw. auf die „objektive Analyse durch profilierte Beratungsgesellschaften“. Damit erreicht man ebenfalls, dass die „Alleinschuld“ für unangenehme Maßnahmen nicht ausschließlich auf dem Führungskreis lastet, sondern auch „neutrale Analysen“ zu dem Ergebnis gekommen sind, dass Sanierungen unumgänglich sind (**Kollektivierung von Schuld**).

In dieser Phase des Krisenmanagements bekommen die Beratungsgesellschaften ihr Honorar vielfach eben nicht für das in der Öffentlichkeit häufig vorgeschobene Argument, eine objektive und fundierte Bewertung der wirtschaftlichen Lage des Unternehmens vorzunehmen. Dies bleibt meist substanziell arbeitenden Insolvenzverwaltern oder professionell arbeitenden Unternehmenssanierern vorbehalten. Die Beratungsgesellschaften erhalten dieses umfassende Honorar vor allem für ihre Rolle, in Krisenzeiten als „**Buhmann**“ für schlechte Nachrichten einem Führungskreis zur Verfügung gestanden zu haben und damit von dessen unternehmerischer Inkompetenz und kollektivem Dilletantismus abzulenken. Zudem kann der Führungskreis jegliche Verantwortung, falls das Unternehmen noch weiter in das „Tal der Tränen" abrutscht, auf die Berater abwälzen. Und falls das Unternehmen gar nicht mehr zu retten ist, kann einem Führungskreis nicht vorgeworfen werden, nichts zur Krisenbewältigung unternommen zu haben.

Bedrohlich für den Führungskreis werden sogenannte Insolvenzverwalter, die dann, gesetzlichen Standards folgend, eine vollständige Unternehmensprüfung in Gang setzen und dabei relativ rasch den Führungskreis entmachten und eine exaktere Bewertung der Liquidität des Unternehmens durchführen. Bedrohlich sind ebenfalls sogenannte Organisationsentwicklungsberater oder Unternehmensberater mit einem Entwicklungsportfolio, da diese sich eher mit entwicklungsorientierten Führungskräften und Mitarbeitern vernetzen und zurückliegende Handlungsdefizite des Führungskreises schneller gemeinsam aufdecken. Derartige Berater treiben das Ziel, objektiv und problemorientiert die Wirtschaftlichkeit von Abteilungen zu prüfen sowie Analysen und Methoden zur Prozessoptimierung anzuwenden oder die Kosten einer Veränderung, den Umfang, die Dauer vorab genau zu berechnen. Damit stützen sie jedoch die Kritik der entwicklungsorientierten Führungskräfte, dass nicht frühzeitiger gehandelt wurde, sodass man gar nicht in eine solche Krise geraten wäre. Derartige Berater finden deshalb nur in seltenen Fällen eine „kulturelle Affinität" zu den bestehenden oberen Führungskreisen.

Alle drei Akteure, Banken, Investoren und Unternehmensberater, die in der Abschwungphase einbezogen werden (müssen), sind verständlicherweise auf die Optimierung ihrer eigenen Kapitalinteressen ausgerichtet: Zinsen, Honorare, Folgeaufträge, Standortvorteile, Verdrängung von Konkurrenten. Die Motive dieser neu einbezogenen Wertschöpfungsakteure verstehen auch die Mitarbeiter: Sie sind enttäuscht von ihren oberen Führungskräften, zeigen vielfach eine Demotivation und ein Misstrauen gegenüber allen angekündigten Veränderungen. Schließlich schlagen die stärksten Maßnahmen des Krisenmanagements zuerst bei ihnen durch: Kurzarbeit, betriebsbedingte Kündigungen, Lohneinbußen, Standortschließungen. Die Mitarbeiter entwickeln einen Vertrauensverlust in die Führung, der wiederum einen Identifikations-, aber auch Produktivitätsverlust nach sich zieht. Qualifizierte Fach- und Führungskräfte werden prüfen, welche Optionen außerhalb des Unternehmens sich für sie eröffnen (Fluktuationsquote steigt an). Die verbleibenden Mitarbeiter quittieren den zustande gekommenen Identifikationsverlust mit drastischen Verhaltensweisen:

- **Leistungszurückhaltung („Dienst nach Vorschrift")**
- **Sarkastische und ironische Äußerungen zum Führungs- und Unternehmensversagen**
- **Absentismus (Abwesenheit vom Arbeitsplatz)**

- **Verschwenderischer Umgang mit Ressourcen bzw. mit Materialien**
- **Korruption (Unterschlagung, Weitergabe von Insider-Informationen)**
- **Innere Kündigung (Vorbereitung des Arbeitsplatz-/Unternehmenswechsels)**

Auch die Führungskräfte durchlaufen einen ähnlichen Vertrauensverlust und prüfen für sich persönlich, ob sie das „angeschlagene oder sinkende Schiff" nun verlassen oder sich in der Phase der Krise nochmals durch bestimmte Boni, sogenannte „Bleibeprämien", oder andere hochwertige Anreize (neue, aber unsichere Position) gegenüber dem Unternehmen treu und leistungsorientiert verhalten wollen. Wenn sie weiterhin im Unternehmen verbleiben wollen, dann bedeutet dies für sie, dass sie relativ rasch in die Reorganisationsmaßnahmen einzusteigen haben, vielfach jedoch mit geringeren Personal- und Finanzressourcen arbeiten müssen. Ihre Aufgabe ist es nun,

- **eine leitfähige Vision bzw. ein neues Ziel zu formulieren („visionizing"),**
- **eine überzeugende Kommunikation für das Veränderungsprogramm zu entwickeln („communicating"),**
- **Mitstreiter für die Veränderungsidee zu gewinnen („aligning people") und**
- **die Veränderungsschritte kontinuierlich zu begleiten und im Führungskreis abzustützen („commitment").**

Fazit: Wird die Führungsrealität an der unternehmerischen Lebenszykluskurve gespiegelt, so wird deutlich, dass eine Mehrheit von Führungskräften sich zum Zeitpunkt der maximalen Wertschöpfung für eine von oben angeordnete Veränderung am stärksten einsetzt: Hier ist der Kampf gegen den „Mainstream" am geringsten, hier ist der unternehmerische Wunsch nach Entwicklung sehr groß, hier kann man besondere Anreize und Wertschätzung vom Unternehmen erhalten. Wenn die Veränderung ein Fehlschlag sein sollte (und die Chance ist groß), kann man die Schuld für einen Misserfolg auf mehrere Schultern – bis hin zu den oberen Führungskräften – verteilen bzw. man kann sich damit rechtfertigen, das Möglichste unter diesen schwierigen Rahmenbedingungen (kaum Zeit, kaum finanzielle und personelle Ressourcen) getan zu haben. Gemeinsam kann man dann in die Abschwungphase gehen, um dort die Krise mit Unterstützung von Dritten zu bewältigen oder auch die Krise auszusitzen, um zumindest eine sichere Abfindung zu erlangen.

2 Erfolgs- und Misserfolgsfaktoren im Management von Unternehmenswerten

Michael PORTER gehört zu den Protagonisten der Wertschöpfungskette bzw. der „Value Chain"-Diskussion, wobei er sich in den 1980er Jahren noch sehr auf die Vernetzung betriebswirtschaftlicher Funktionsbereiche eines Unternehmens (u.a. Marketing, Personal, Logistik) beschränkte, allerdings die Aspekte um die Wertschöpfungsakteure sowie um die Wertschöpfungsprozesse wenig praxis- und anwendungsorientiert darlegt. In den 1990er Jahren wurde die Wertschöpfungsdiskussion durch James L. HESKETT, W. Earl SASSER, Leonard SCHLESINGER („The Service-Profit-Chain") um die Wertschöpfungsakteure **Mitarbeiter und Kunde** weiter entwickelt, ein Konzept, *that stresses the importance of people – both employees and customers – and how linking them can leverage corporate performance* (vgl. 1997:2 f.). In den darauffolgenden Jahren wurde dieses Konzept von den drei Verfassern zur sogenannten „Value-Profit-Chain" (HESKETT, SASSER, SCHLESINGER 2003) ausgestaltet: Dabei haben sie zusätzlich zur Fokussierung auf Mitarbeiter und Kunden auch das Management der Wertschöpfungsprozesse und damit die Ansatzpunkte für wertschöpfungsoptimierende Veränderungen stärker erörtert. Allerdings beschäftigen sich die amerikanischen Verfasser kaum mit der spezifischen Rolle der Führungskräfte, welche die Verantwortung für die Umsetzung des Wertschöpfungsmanagements haben. Führungskräfte sind jedoch die Katalysatoren des Wertschöpfungsmanagements, deren Erfolg davon anhängt, inwieweit sie (1) das Management von Kunden effektiv und effizient im Griff haben, (2) die monetäre und emotionale Befriedigung von Mitarbeiterbedürfnissen vorbildhaft steuern können und (3) sie selbst in ihrem Führungskreis ein gemeinsames Verständnis und eine gemeinsame Strategie finden und vertreten können, um als Führungsmannschaft die Veränderungen bzw. Innovationen voranzutreiben. Damit stehen für Führungskräfte im Wertschöpfungsmanagement drei Themen im Vordergrund:

1. **Die Kunden stehen im Mittelpunkt der Kapitalisierungsstrategie** des Unternehmens. Ziel ist, dass Führungskräfte den „Kundenwert" für ihr Unternehmen bestimmen und diesen erhalten oder gar steigern (Mehrwert) können. Daraus ergibt sich die Führungsaufgabe, eine einzigartige Kundenstrategie aufzubauen und die daraus resultierenden Kundenprogramme mittelfristig nicht nur zu verwalten, sondern diese in Anlehnung an die sich konstant verändernden Bedürfnisse ihrer Zielgruppen (demografischer Wandel) weiterzuentwickeln.

2. **Die Mitarbeiter sehen sich zunehmend in einem Kampf um ihren Arbeitswert.** Die monetäre und emotionale Zufriedenstellung von Mitarbeitern bezieht sich im Kern darauf, die für Führungskräfte längst bekannten Motivationsinstrumente, wie Wertschätzung, Anerkennung, persönliches Wachstum, adäquate Entlohnung, vorbildhaft zu managen. Das Ziel des Motivationsmanagements wiederum ist, dass Mitarbeiter dem Kunden gegenüber eine hochwertige Professionalität entgegenbringen sowie ihrer Fachaufgabe eine hohe Verantwortung zukommen lassen. Doch die Unternehmensrealität zeigt auch, dass die Mitarbeiterkompetenzen und -positionen (monetär) häufig entwertet (günstiger) und Investitionen in Mitarbeiter kontinuierlich limitiert werden.

3. **Die Führungskräfte tragen zweifelsohne stark zur Unternehmenswertsteigerung bei, doch zu welchem Preis?** Zum einen zahlen Führungskräfte selbst einen hohen Preis, indem sie einen großen Zeit- und Energieaufwand zur Steigerung des Unternehmenswertes einbringen: Sie müssen einerseits ihre Mitarbeiter fachlich und emotional stützen. Andererseits müssen sie sich in eine Führungsstruktur einbetten, d.h. zusätzlich unzählige informelle Gespräche führen, sich zeitaufwendig in Seilschaf-ten einbringen und damit Partner eines „Führungskartells" werden, das nicht immer funktions- und entscheidungsfreudig ist. Alle diese Anforderungen bleiben nicht ohne Auswirkung auf die „persönliche Stabilität" einer Führungskraft. Zum anderen erhalten sie einen „guten Preis" bzw. eine leistungsabhängige Entlohnung, vielleicht gar eine persönliche Wertschätzung auch im Sinne von Status und Karriereoptionen. Dies macht sie jedoch zunehmend abhängig von Seilschaften und einer besonderen Loyalität (Gehorsam), die zur Vorsicht und zu Gleichförmigkeit bei Entscheidungen führt.

2.1 Kunden: Mittelpunkt der Maximierung von Unternehmenswerten

Führungskräfte im Wertschöpfungsprozess müssen über Kundenprozesse und Kundenprogramme informiert sein, was ihnen umfassender gelingt, wenn sie aktiv am Kunden arbeiten. Die Untersuchungen belegen jedoch gerade das Gegenteil: Die strukturelle Arbeitsteilung in Unternehmen bzw. die hohe Spezialisierung auf Managementfunktionen haben die Führungskräfte dazu gebracht, dass sie sich von ihren Kundenprozessen und ihren Kundenprogrammen immer weiter entfremden. So überlässt man das Thema Kunde verschiedenen – kostengünstigen und/oder zugekauften – „Spezialisten" (Marketingabteilungen und Kundenverwaltungsbereichen wie Servicecenter sowie Callcenter), weshalb der Absatz zwar breitflächig funktioniert, aber zahlreiche Führungskräfte mittel- und langfristig über die Wirkung und Umsetzung ihrer Kundenprogramme und damit über den Erfolgsverlauf ihrer Produkte und Dienstleistungen oft schlecht informiert sind: Es fehlen beispielsweise regelmäßige Kundenbefragungen sowie vor allem „Impact Assessment"-Analysen, also

Aussagen über die Wirkung von Programmen zur Kundenzufriedenheit und Kundenbindung. Dies kumuliert für Führungskräfte in dem Problem, dass sie über die Entwicklung des „Kundenwertes" an die „Stakeholder" wenig Konkretes zu berichten haben. Es fehlt ein regelmäßiges **„Customer Value Reporting"**, ein Berichtssystem, in dem dargelegt ist, wie die unternehmerischen Strategien und Instrumente sowie Strukturen und Prozesse aussehen, um den Kundenwert mittel- und langfristig zu steigern (vgl. BELZ, BIEGER 2006).

Die Untersuchungen zeigen, dass selbst in den klassischen jährlichen Geschäftsberichten – bis auf die Benennung a) der Produkte und Dienstleistungen, b) der herausragenden Kundenprogramme und c) (soweit erfassbar) des quantitativen Wachstums an Kunden – das Thema Kunde wenig Raum einnimmt. Dadurch fehlt selbst Führungskräften des eigenen Unternehmens vielfach detailliertes Kundenwissen (z.B. über aktuelle Kundenprobleme). Erlangen Führungskräfte diese Kompetenz zum „Kundencontrolling" nicht, so zeichnet sich bereits in diesem ersten Feld ein *Werteungleichgewicht zwischen Kunden und Führungskräften* ab.

Der **Kundenwert („Customer Value")** bezeichnet den aktuellen oder zukünftigen Beitrag von Kunden zum Erfolg eines Unternehmens, wobei ein Kunde hinsichtlich seines Nachfrageverhaltens zu einem wertvolleren Kunden entwickelt werden kann, aber nicht muss: Es muss dann nicht sein, wenn den Programmen für Kundenzufriedenheit und Kundenbindung zu hohe Kosten und ein zu hoher Ressourcenverbrauch entgegenstehen (Effizienzkriterium). Als **Kundenwert** bezeichnet man a) den subjektiv empfundenen Wert des Ergebnisses, b) die Dienstleistungs- bzw. Prozessqualität, c) den Preis und d) den Zugang zu weiteren Produkten oder Dienstleistungen durch den Kunden. Die Führungskräfte wiederum erhalten kontinuierlich Berichte, inwieweit sie ihre Strategien und Instrumente sowie Strukturen und Prozesse auf den Kunden – nach Effizienzkriterien – ausgerichtet haben oder wo noch Handlungsbedarf besteht.

Nach HESKETT, SASSER, SCHLESINGER (1997, 2003) setzt sich der Kundenwert aus vier Kernbereichen zusammen („Customer Value Equation"):

- **Wie bewertet der Kunde das erhaltene Ergebnis?** Wird ein zufriedenstellender Kundennutzen oder ein herausragendes Kundenerlebnis produziert?
- **Wie bewertet der Kunde die Dienstleistungs- bzw. Prozessqualität?** Wird eine durchschnittliche oder überdurchschnittliche Beratungsleistung bereitgestellt?
- **Wie bewertet der Kunde den Preis?** Bewertet er den Preis als erwartet oder als unerwartete Kosten?

- **Wie bewertet der Kunde die Möglichkeit, Zugang zu weiteren Produkten oder Dienstleistungen des Unternehmens zu erlangen?** Dies wird als „Cross-Selling-Potenzial“ bezeichnet, d.h. die Wahrscheinlichkeit, dass ein Kunde auch andere Produkte des Unternehmens kauft. Ist der Kunde enttäuscht oder überrascht vom Zugang zu weiteren Produkten bzw. Dienstleistungen?

HESKETT, SASSER, SCHLESINGER (1997, 2003) zeigen weiter auf, wie zentrale Kundenstrategien und -programme auszusehen haben, mit deren Hilfe der Kundenwert erreicht oder gar weiterentwickelt werden kann. Dabei erleichtern sie den Zugang zu diesem Thema über eine 4-Felder-Matrix, mit deren Hilfe der Kundenwert aus dem Blick der Kundenzufriedenheit (Programme) als auch der Kundenbindung (Programme) dargestellt wird:

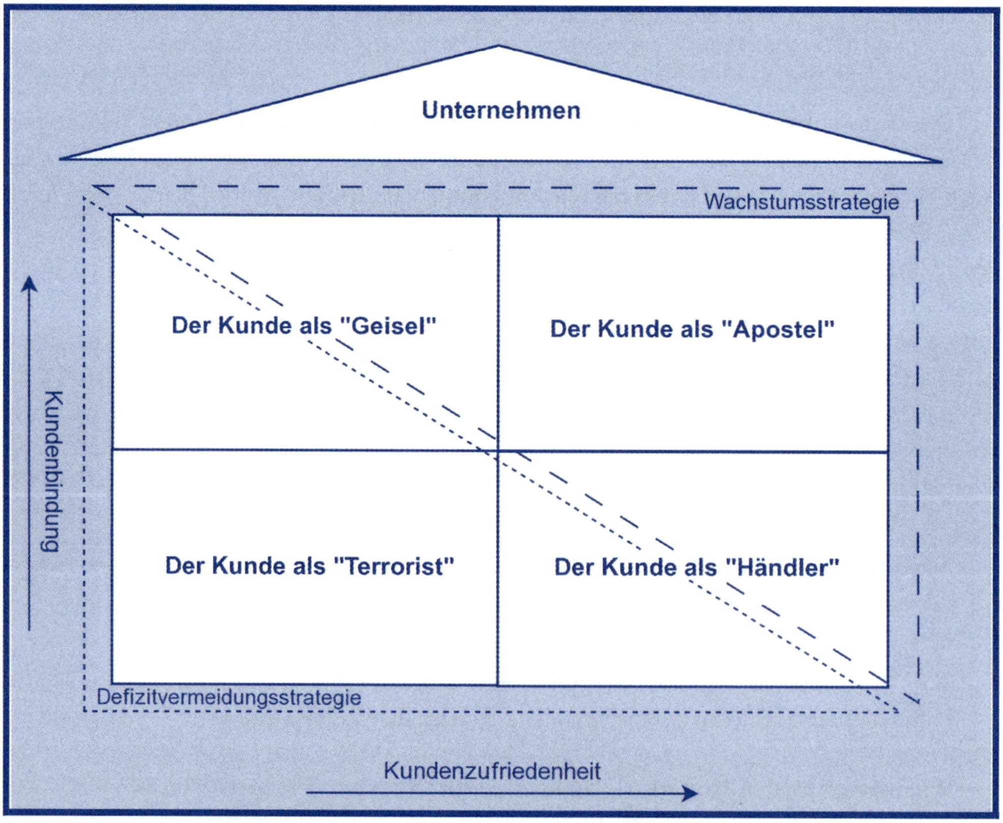

Abb. 4: Unternehmerischer Mehrwert – Zur Balance von Kundenzufriedenheit und Kundenbindung

Quelle: Vgl. Heskett, James L., Sasser, Earl W. & Schlesinger, Leonard A. (1997): The Service Profit Chain – How Leading Companies Link Profit and Growth to Loyality, Satisfaction and Value. New York: 87–97.

2.1.1 Der Kunde als „Geisel“: Geringe Kundenzufriedenheit und hohe Kundenbindung

Häufig sind Kunden auf einzelne monopolistische bzw. marktbeherrschende Unternehmen in einer Region angewiesen (z.B. staatliche oder kommunale Verkehrsunternehmen, Gas- und Wasserversorger, Krankenhäuser, aber auch IT-Konzerne): Der Wettbewerb ist gering ausgeprägt bzw. die Ausweichmöglichkeiten auf andere Anbieter sind für die Kunden nicht vorhanden oder sehr aufwendig. Sie werden bei diesen Unternehmen (bildlich) als „Geisel“ gehalten, was zum Ausdruck bringen soll, dass diese Kunden zwar einen bestimmten Standard in Bezug auf die Kundenkriterien „Ergebnis, Dienstleistungs- bzw. Prozessqualität, Preis, Zugang zu weiteren Produkten oder Dienstleistungen“ erwarten dürfen, aber abseits dieser Standards individuelle Nachfragen des Kunden vom Unternehmen nicht oder nur schwerfällig befriedigt werden. Die angebotsorientierten Unternehmen sind nämlich vor allem darauf ausgerichtet, ihr Produktportfolio „zu vermassen“, wobei sich ändernde Kundenbedürfnisse eher in längerfristigen Zeiträumen (z.B. alle fünf Jahre) berücksichtigt werden. Falls der Kunde kurz- und mittelfristig nicht zufrieden ist, so hat er selbst seine Optionen zum Wechsel zu prüfen. Dementsprechend ergibt sich für den Kunden das Gefühl, dem Unternehmen ausgeliefert und von diesem abhängig zu sein.

Zusätzlich kommt es zu dem Paradoxon, dass ein Unternehmen sein Angebot – an gesellschaftlich zeitgeistigen und allgemeingültigen Wertvorstellungen orientierend – vermarktet, wie beispielsweise Zuverlässigkeit, Pünktlichkeit, Service- und Qualitätsorientierung, Sicherheit oder Umweltfreundlichkeit, aber der Kunde in solchen „Werbesprüchen“ (Werte-Slogans) durch seine persönlich erlebten Erfahrungen vielfach auch Widersprüche sieht. Für das Unternehmen sind die in den Marketingaktionen publik gemachten Kundenwerte eher Ziele bzw. mittel- und längerfristig erreichbare Perspektiven, an denen sie gegenwärtig noch arbeiten, während die Kunden diese Werte bereits umgesetzt und erlebbar haben wollen. Die vom Kunden erlebten Widersprüche führen zu Reklamationen oder Hinweisen: Dabei haben Untersuchungen überraschenderweise ergeben, dass es einem Kunden meistens gar nicht um eine materielle Wiedergutmachung geht, weil eventuell unzuverlässig, unpünktlich, wenig service- und qualitätsorientiert gearbeitet wurde. Es geht ihm darum, dass er mit seinen Hinweisen auf Missstände oder Probleme hinweisen kann und dazu beiträgt, dass diese zukünftig in „seinem Unternehmen“ nicht mehr auftreten. Allerdings hat der Kunde in diesem Kundenprozess den Wunsch, auch „ernst genommen zu werden“. Der zentrale Missstand für den Kunden ist somit nicht, dass ein Unternehmen seine Ziele „übertrieben“ darstellt, und auch nicht, dass es zu Problemen kommen kann (der Kunde verzeiht), aber er erwartet, dass er auf solche unternehmerischen Strategien und Instrumente sowie Strukturen und Prozesse trifft, die sein Anliegen wertschätzend und professionell managen. Wenn dies nicht geschehen sollte, sondern eine unternehmerische Arroganz und Blindheit gegenüber den Kunden anhält, dann erfahren diese Unternehmen ein hohes Maß an Ironie, Sarkasmus oder Ablehnung, was eine negative „Mund-Propaganda" zur Folge hat. Die Kunden überlegen sich nun, was sie (und ihr Umfeld) ab wann tun können, um auf die Produkte und Dienstleistungen dieses Anbieters nicht mehr angewiesen zu sein.

Um das Kundenkapital zu erhalten (also Kundenschwund zu vermeiden) oder gar zu steigern, ist es deshalb einerseits zwingend, dem Kunden im Zugang zu den Kundenwerten eine hohe Transparenz über die Produkte und Dienstlungen sowie über die Kundenprogramme zur Verfügung zu stellen: Nicht der Kunde hat sich mühsam und aufwendig durch ein unübersichtliches Produkt- und Dienstleistungsangebot zu navigieren, sondern das Unternehmen hat zielgruppengerechte und übersichtliche Informationen bereitzustellen. Es gilt, für den Kunden eine leicht zugängliche und umfassende Transparenz über alle Produkte und Dienstleistungen (deren Ergebnis, deren Dienstleistungs- bzw. Prozessqualität, deren Preise und deren Zugang zu anderen weiteren Produkten und Dienstleistungen) anzubieten. Damit haben die Führungskräfte die Aufgabe, nicht nur Marketingabteilungen mit ihrer „mehr oder weniger glaubhaften Produkt- und Dienstleistungspropaganda" sprechen zu lassen, sondern dafür Sorge zu tragen, dass alle Strategien und Instrumente sowie alle Strukturen und Prozesse auf den Kunden ausgerichtet und professionell organisiert sind (z.B. im Bereich des Reklamations-/Informationswesens).

Andererseits ist es zwingend, um das Kundenkapital zu erhalten oder zu steigern, dass das Unternehmen *regelmäßig über seine Maßnahmen zur Optimierung des Kundenwertes in solider und seriöser Weise berichtet.* Damit ist eine auf „Spaß und Trends" ausgerichtete Public-Relations-Abteilung ausgeschlossen. Aus diesem Berichtssystem („Customer Value Reporting") können interessierte Kunden und alle anderen unternehmensexternen und unternehmensinternen „Stakeholder" erkennen, inwieweit das Unternehmen beginnt, seinen Kundenwert zu optimieren, beispielsweise indem es Wirkungsanalysen zu den Kundenprogrammen und -instrumenten (einschließlich Kundenbedürfnisse, Beschwerden und Hinweise der Kunden) berücksichtigt. Damit wird unter Beweis gestellt, dass Führungskräfte sich um die Entwicklung des Kundenwertes kümmern und unternehmerische Initiativen ergreifen, um die Strategien und Instrumente sowie die Strukturen und Prozesse für die Kunden zu verbessern. Dann werden die Kunden eine „Geiselnahme" auch stärker verzeihen.

2.1.2 Der Kunde als „Antagonist": Geringe Kundenzufriedenheit und geringe Kundenbindung

Die Kunden bewegen sich mehrheitlich zwischen alternativen Anbietern, d.h., sie können sich durch den bestehenden Wettbewerb für ein Unternehmen ihrer Wahl frei entscheiden. Dies gibt ihnen die Möglichkeit, sich nicht an ein Unternehmen mittelfristig binden zu müssen, sondern bei Missständen und Problemen auch einen Wechsel des Anbieters einleiten zu können. Dementsprechend sind diese Unternehmen eher darauf ausgerichtet, die Kunden zufriedenzustellen: Zufriedenheit oder Unzufriedenheit entsteht durch Erfüllung oder Nicht-Erfüllung von Erwartungen, die mit Inanspruchnahme einer Unternehmensleistung verknüpft sind. Die Erwartungen des Kunden werden durch verschiedene Faktoren beeinflusst, wie z.B. durch das Ergebnis, durch die Beratungsqualität, durch den Preis, durch „Cross-Selling-Optionen", durch das Image des Anbieters und seiner Produkte bzw. Dienstleistungen oder durch den Vergleich mit identischen oder ähnlichen Produkten bzw. Dienstleistungen anderer Anbieter. In Form eines Ist-Soll-Vergleichs werden die Erwartungen und deren Erfüllung (subjektiv wahrgenommene Leistung) verglichen und das Ergebnis dieses Vergleichs wird emotional bewertet, was sich dann in einem Gefühl der Zufriedenheit oder Unzufriedenheit äußert. Janelle BARLOW und Diana MAUL definieren *"...emotional value as the economic value or monetary worth of feelings when customers positively experience an organization's products and/or services. Emotional value, as much as quality or any other dimension of an organization's worth can make or break a business"* .(2000: 2).

Der Grundgedanke des Managements von Kundenzufriedenheit ist, Zufriedenheit bei den Kunden zu stabilisieren, aber auch professionell mit Unzufriedenheit umzugehen. Gerade der Umgang mit Unzufriedenheit ist ein hoch emotionaler Prozess, da Dienstleistungen in direktem Kontakt mit dem Kunden (externer Faktor) erbracht werden bzw. der Kunde in die Leistungserstellung integriert ist. Defizite sind für den Kunden unmittelbar spürbar und an seiner Person erlebbar. Ein Kunde wird deshalb bei Unzufriedenheit relativ rasch zu einem sogenannten „Antagonisten" (Gegenspieler): Er prüft bei Problemen als Erstes, ob er „wortlos" den Anbieter wechseln, d.h. sich so schnell wie möglich vom Anbieter absetzen kann. Erst wenn dies zu aufwendig ist (z.B. durch eine bestehende Vertragsbindung), wird der Kunde zweitens prüfen, ob seine Unzufriedenheit auch von anderen geteilt wird, und versuchen – so weit möglich –, eine „Koalition an Unzufriedenen" zu etablieren, wodurch seine eigene Unzufriedenheit gestärkt wird. Wenn der „Antagonist" (durch andere Kunden zusätzlich bestätigt) sein Gefühl gestärkt bekommt, mit der Unzufriedenheit im Recht zu sein, führt dies dazu, dass er sich nun drittens zunehmend zu einem (bildlich) „Terroristen", so HESKETT, SASSER, SCHLESINGER (1997: 85), entwickelt: Er wird zu einem Kunden, der nun Terror macht, indem er offen reklamiert und protestiert, eventuell mithilfe weiterer zugewonnener Antagonisten. Damit dieser „Terror der Unzufriedenen" nicht weiter eskaliert und sich nicht auf andere Kunden ausbreitet, reagieren Unternehmen mit folgenden klassischen Kundeninstrumenten:

- **Erstens: ein unterstützendes und freundliches Front-/Servicepersonal**, das einerseits fachlich qualifiziert Anfragen und Beschwerden des Kunden annimmt sowie die notwendige Transparenz über die Produkte, Dienstleistungen und Kundenprogramme ermöglicht, aber andererseits auch den Kunden „emotional mit Sympathie und Wertschätzung beglückt". Wo dieses Front-/Servicepersonal kaum mehr existiert oder nicht qualifiziert im Umgang mit den Kunden ausgebildet ist, beginnt für die Kunden eine „Servicewüste“ bzw. das Defizit im Kundenwert eines Unternehmens.

- **Zweitens: ein strukturiertes Beschwerdemanagement**, das spätestens alle zwei Jahre den Kunden nach seinen Kundenbedürfnissen befragt, wobei der Fragebogen stets drei Grundthemen verfolgt: „Was läuft gut?“ „Was läuft schlecht?“ „Was kann verbessert werden?“ Die Mehrheit der Kunden beteiligt sich nicht an einer Befragung, aber sie würdigen dennoch das Verhalten des Unternehmens, sich den Kundenbedürfnissen in proaktiver Weise anzunehmen. Zudem zeigt der Fragebogen auch bei dieser „schweigenden Mehrheit“ den Effekt, dass Kunden, welche die Möglichkeit zur Beschwerde erhalten, aber es nicht tun, bei kurz- und mittelfristig nachfolgend auftretenden Problemen nicht unmittelbar oder weniger nachdrücklich reklamieren. Sie wissen, dass sie die Chance der Kundenbefragung nicht genutzt haben, um sich frühzeitig zu Problemen zu äußern, sodass ein Defizit zur Problembehebung auch in ihrem eigenen Fehlverhalten liegt. Sie schätzen den Fragebogen, da er zeigt, dass das Unternehmen am Kunden und an seiner Meinung zu Produkten und Dienstleistungen grundsätzlich interessiert ist (Unternehmen hinterfragt sich). Für die Kunden sinkt der Wert dieses Kundeninstrumentes erst, wenn der Fragebogen nicht zielgruppenadäquat entwickelt wurde, beispielsweise zu komplex oder zu naiv ist.

- **Drittens: ein gut erreichbares Call- und Service-Center**, durch das die Reklamationen von Kunden aufgenommen und Informationen an diese weitergegeben werden. Der Arbeitsauftrag an derartige „Spezialeinheiten“ richtet sich darauf, Reklamationen und Beschwerden von „Antagonisten bzw. Terroristen“ zeitlich rasch anzunehmen, denn für den Beschwerdeführer ist es wichtig, unmittelbar bei Auftreten von Problemen einen Ansprechpartner zu haben. Zwar sind die Mitarbeiter in einem Call- und Service-Center anonym, aber sie unterstützen den Wunsch von Kunden, sehr schnell eine Beschwerde loszuwerden und Hilfe bzw. Lösungen zu bekommen (sich teilweise auch in aggressiver Weise verbal zu entlasten und Schuldige für entstandene Probleme festzustellen).

Steht dem Kunden weder direkt über das Frontpersonal noch indirekt über ein Call- und Service-Center jemand aus dem Unternehmen zur Reklamation und zur Problemlösung zur Verfügung, so neigt der Kunde dazu, sich vom Unternehmen verärgert abzuwenden (negative Mund-Propaganda). Verfügt der Kunde jedoch über die Möglichkeit zur Artikulation eines Problems und erhält er einen „Kümmerer“ aus dem Unternehmen an seine Seite, ermuntert dies den Beschwerdeführer, beim Unternehmen zu bleiben, obwohl das Problem kurzfristig nicht, erst viel später oder auch gar nicht in seinem Sinne gelöst wird. Für die Kunden sinkt hingegen der Wert dieses Kundeninstruments, wenn in den Call- und Service-Centern wenig motivierte Mitarbeiter arbeiten (Entlohnung) und deren Unzufriedenheit beispielsweise durch Unfreundlichkeit zum Ausdruck kommt. Diese spürbare Demotivation empfinden Kunden dann als zusätzliche Verhöhnung ihrer Anliegen und ihres Kundenwertes.

- **Viertens: zuverlässige „Key-Account-Manager"**, die helfen, wertschöpfungsmäßig bedeutsame Schlüsselkunden aus mittelständischen und größeren Unternehmen bei Fragen und Problemlösungen zu unterstützen. Die Schlüsselkunden erhalten Strukturen und Prozesse, eine Anlaufstelle, die ihre Probleme rasch und bestmöglich löst und damit individuellen Kundenbedürfnissen durch klare Zuständigkeiten ohne Verzögerungen nachgeht (All-inclusive-Programm).

- **Fünftens: vertrauensvolle „Ombudsmänner"**, d.h. unparteiische Schiedsstellen eines Unternehmens oder einer Gemeinschaft an Unternehmen, die einem Kunden helfen, eine ungerechte Behandlung zu verhindern oder zumindest an die richtigen Entscheidungsträger weiterzuleiten (z. B. bei Krankenhaus- und Pflegeorganisationen, Verkehrsunternehmen, Sparkassen und Banken). Das Unternehmen akzeptiert eine Ombudsperson als Beschwerdestelle, um einerseits in der Artikulation überforderten und fachlich hilfloseren Kunden einen Zugang zu Informationen des Unternehmens zu verschaffen oder andererseits Kunden durch den „Irrgarten an Nicht-Zuständigkeiten" eines Unternehmen überhaupt an eine verantwortungsvolle Führungskraft zu leiten. Der Ombudsmann bzw. die Ombudsfrau artikuliert fachlich klar und nachvollziehbar und findet die richtigen Ansprechpartner für Kundenprobleme im Unternehmen.

Der Kundenwert kann nur erhalten werden, wenn für die Bewältigung der Probleme der Antagonisten klare Zuständigkeiten in einem Unternehmen vorhanden sind. Dies zu etablieren ist eine originäre Aufgabe von Führungskräften. Sie müssen erkennen, dass obwohl Probleme vielfach nicht voll zufriedenstellend für den Kunden gelöst werden können, ist die Tatsache, dass sich jemand zuständig zeigt, rasch anzusprechen bzw. erreichbar ist und an der Problemlösung ernsthaft arbeitet, ein Aspekt, den zahlreiche Kunden als positiv bewerten. Sie sehen daran, dass Strukturen und Prozesse durch das Unternehmen geschaffen wurden, die im Rahmen des „unternehmerischen Regelwerkes" versuchen, den Kunden ernst zu nehmen. Wenn keine Kundeninstrumente vorhanden sind, werten die Kunden dies als mangelndes Interesse am Kunden. Es lässt sich auch ökonomisch untermauern, dass in den Unternehmen, in denen kein Frontpersonal, kein Call- und Service-Center, keine Key-Account-Manager oder Ombudspersonen vorhanden sind, die Kunden schneller vom Unternehmen abspringen und einen Umsatzverlust und letztlich höhere Aufwendungen (Kosten) für Neuakquisitionen bewirken.

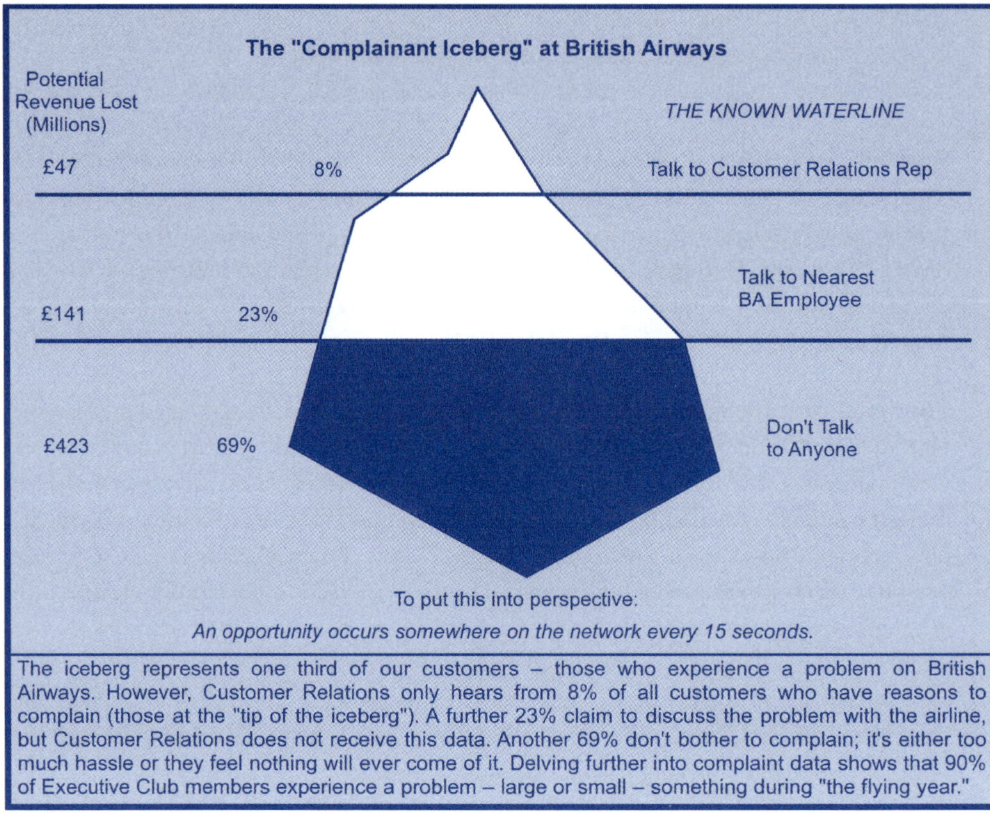

Abb. 5: Der Beschwerde-Eisberg als Ansatz zur Defizitvermeidung im Kundenmanagement

Quelle: Klein, Norman & Sasser, Earl W. (1994): Britisch Airways: Using Information Systems to Better Service the Customer, Case No. 395–065. Boston: Harvard Business School: 13.

2.1.3 Der Kunde als „Händler“: Hohe Kundenzufriedenheit und geringe Kundenbindung

Der Kunde wird in einer Marktgesellschaft mit einem umfassenden Angebot an Produkten und Dienstleistungen unterschiedlicher Anbieter konfrontiert, sodass er Wahlmöglichkeiten hat, um seinen Kundenwert (Ergebnis, Dienstleistungs- bzw. Prozessqualität, Preis, Zugang zu weiteren Dienstleistungen) zu optimieren. In dieser Marktsituation ist der Kunde weder von einem Unternehmen abhängig noch braucht er aufwendige Beschwerden in einem für ihn wenig bedeutsamen Unternehmen zu führen, um seinen individuell gewünschten Kundenwert zu erreichen. Seine Strategie: Er wechselt so lange zwischen den Anbietern, bis er seinen maximalen Kundenwert erhalten hat. Als „Leitplanken“ für einen sinnvollen Einstieg in einen Unternehmenswechsel dient ihm das Prinzip „Preis und Leistung", also das Verhältnis der Kosten für eine klar definierte Produktleistung oder Dienstleistung, das der Kunde schrittweise zu seinen Gunsten optimieren möchte. Er versucht, einen für ihn akzeptablen Preis oder/und eine herausragende Leistung durch das Unternehmen zu erhalten, wobei er den zeitlichen Aufwand auf sich nimmt, sich „durch mehrere Geschäftsbeziehungen zu zappen", bis er eben den von ihm vorgestellten Kundenwert in maximaler Weise erreicht hat. Der Aufwand ist mit geringen Risiken verbunden, da die meisten Unternehmen Produkte und Dienstleistungen entweder zu einem vergleichbar identischen oder ähnlichen Preis oder als eine vergleichbar identische oder ähnliche Leistung offerieren. Sollten Preis und Ergebnis zwischen den Marktanbietern weitestgehend vereinheitlicht sein, so orientiert sich das Maximierungsverhalten des Kunden auf die Dienstleistungs- bzw. Prozessqualität und/oder auf den Zugang zu weiteren Dienstleistungen des Unternehmens. Eine Anbindung an ein Unternehmen ist nicht erforderlich, sodass der Kunde – als Händler – keine längerfristigen Verpflichtungen eingeht.

Die Unternehmen ihrerseits ergänzen das Prinzip von „Preis und Leistung" durch das Konzept der „Verunsicherung". Sie wissen um das „Spielverhalten" der Kunden in Richtung Preis und Leistung: Um nicht langfristig zu berechenbar – im Sinne von zu teuer, zu billig, im Sortiment zu einseitig – zu bleiben (was manche Kunden vom Unternehmen konstant fernhalten könnte), ändern die Unternehmen ihre Preise und Leistungen gerne – aber nicht nur – im sogenannten „Cross-Selling-Bereich" und bieten regelmäßig für den Kunden überraschende Preisaktionen oder überraschende Leistungen (Sonderaktionen) an.

Der Kunde muss regelmäßig (wöchentlich, monatlich) mit dem Unternehmen in Kontakt bleiben, um „sicher zu sein", dass er keinen außergewöhnlichen Preis („Schnäppchen") und keine außergewöhnliche Leistung verpasst. Die wechselnden Preise und die wechselnden Leistungen führen zu einer Verunsicherung beim Kunden, weshalb dieser einen durchaus großen zeitlichen Aufwand investiert, um sich kontinuierlich im Unternehmen über Preise und Leistungen zu erkundigen. Damit befriedigt er sein Gefühl, nicht aufgrund eigener Schuld (Abwesenheit vom Unternehmen) ein Produkt oder eine Dienstleistung verpasst zu haben, sondern der regelmäßige Kontakt zum Unternehmen trägt dazu bei, seinen Kundenwert zu maximieren. Das **Zeitalter der „Lidlisierung, Aldisierung oder Tchiboisierung"** zielt somit darauf ab, dem Kunden das Gefühl zu suggerieren, bei Abwesenheit vom Unternehmen einen Preis- oder Leistungsvorteil zu versäumen, sodass er seinen eigenen Kundenwert nicht mehr – wie von ihm selbst gewünscht – maximiert. Durch das „Konzept der Verunsicherung" steigern Unternehmen beim Kunden sogar die Kundenzufriedenheit, da der Kunde davon ausgeht, dass dieses Unternehmen alles und regelmäßig tut, um den Kundenbedürfnissen am weitestgehenden mit Preis- und Sonderaktionen entgegenzukommen. Falls der Kunde keine für ihn attraktiven Angebote erwerben kann, dann wird er, so die Denkweise des Unternehmens, zumindest auf das normale Sortiment mit durchschnittlichen Preisen zurückgreifen, sodass der regelmäßige Aufwand für die Kontaktaufnahme durch den Kunden nicht umsonst war.

Die Unternehmen orientieren sich jedoch nicht nur am **Konzept der Verunsicherung**, sondern versuchen auch, stabile Kundenbeziehungen bzw. Kundenbindung aufzubauen. Wer häufig das Unternehmen frequentiert und „mehr und mehr bei den zahlreichen Einzelbesuchen“ konsumiert, der soll auch in die Vorzüge der Kundenbindung bzw. einer stärkeren „Belohnung“ durch das Unternehmen kommen. Deshalb haben die Unternehmen auch für „Händler“ zumindest vier Instrumente aufgebaut, die diesen suggerieren, ihren derzeitigen Kundenwert noch weiter maximieren zu können:

- *Spezielle Serviceleistungen*: Für einzelne Produkte werden z.B. die Garantie- und Umtauschrechte im Vergleich zur Konkurrenz erweitert bzw. verbessert.
- *Bonusprogramme*, wie „Payback-Cards“, belohnen den Kundenumsatz und zeitlichen Kundenaufwand (i.d.R. über vorab festgelegte Produktgeschenke).
- *Personifizierte Kundenkarten*, um „Vielflieger“ bzw. „Vielkäufer“ besonders zu belohnen, wobei in der Regel ein bestimmter Prozentsatz des vom Kunden aufgebrachten Umsatzes in Form eines Zugriffs auf weitere Produkte und Dienstleistungen „rückerstattet“ wird (oftmals über Gutscheine zu bestimmten Anlässen wie Geburtstag oder Weihnachten).
- *Club-Atmosphäre:* z.B. persönliche Informationen an den Kunden (namentlich adressierte Newsletter), die ihn über alle Produkte und Dienstleistungen, insbesondere auch den Zugang zu weiteren neuen Dienstleistungen, sowie über Bonusprogramme, Kundenkarten und andere Vorzüge der Kundenbindung auf dem Laufenden halten.

Damit Unternehmen den Kundenwert von sogenannten „Händlern“ erfüllen können, müssen Führungskräfte nicht nur die genannten zeitgemäßen und leicht kopierbaren Kundenstrategien und Kundeninstrumente implementieren, sondern diese auch durch Strukturen und Prozesse professionell absichern. Beispielsweise über ein „Back-Office-System“, das als Service-Center funktioniert und das kundenwirksam arbeitet, sodass Kundenanfragen nicht ins Leere gehen. Ferner gilt es auch den Schutz personenbezogener Kundendaten im Bereich der Kundenkarten und „Payback-Cards“ sicherzustellen, sodass gewonnene Daten nicht ohne Wissen der Kunden genutzt werden, beispielsweise diese Daten an andere Unternehmen weiterverkauft werden.

2.1.4 Der Kunde als „Apostel“: Hohe Kundenzufriedenheit und hohe Kundenbindung

Um ihren Kundenwert noch weiter zu maximieren, streben Kunden eine Optimierung ihrer Kundenbindung in Richtung von „Stammkunden“ an. Einen Mehrwert sehen diese weniger im Preis oder in der Leistung bzw. im Ergebnis (mit beiden Aspekten stimmen sie überein), sondern vor allem a) im Zugang zu einer exklusiveren Dienstleistungs- bzw. Prozessqualität im Sinne einer individuelleren Beratung sowie b) im Zugang zu weiteren attraktiven Dienstleistungen oder Produkten des Unternehmens, im Sinne der „Convenience Goods“.

a) Zugang zu einer exklusiveren Dienstleistungs- bzw. Prozessqualität

Stammkunden möchten gerne wie „Very Important People (VIP)“ bevorzugt behandelt werden. Dies bedeutet, dass Unternehmen Stammkunden besonders zu pflegen haben, beispielsweise indem die Stammkunden bei Beratungsleistungen mit größerer zeitlicher Aufmerksamkeit behandelt werden oder man die Stammkunden zu speziellen Events des Unternehmens einlädt. Stammkunden sind in der Regel die Ersten, die auf neue Produkte bzw. Dienstleistungen hingewiesen werden und die persönlich (mit Wertschätzung, z.B. am Geburtstag, mit Grüßen und Geschenken sowie mit Namen) angesprochen werden möchten. Dafür sind die Stammkunden bereit, die vom Unternehmen gewünschten Erwartungen an einen „Loyalisten“ („Apostel“) zu erfüllen:

- *Stammkunden sind preisunempfindlicher*, verzeihen eher als andere geringfügige Preiserhöhungen der Produkte bzw. Dienstleistungen des Unternehmens.

- *Stammkunden neigen zu einer positiven „Mund-Propaganda“* und damit zu einer starken Bewerbung der Produkte bzw. Dienstleistungen im Sinne des Unternehmens.

- *Stammkunden haben eine Tendenz zu einer regelmäßigen Wiederkaufsrate,* d.h., das Nachfolgeprodukt wird stets in die Kaufüberlegung einbezogen.

- *Stammkunden prüfen sehr ernsthaft weitere Angebote* (Cross-Selling-Effekte) bzw. übertragen die positiven Erlebnisse aus dem Kernprodukt auf andere, weitere Produkte bzw. Dienstleistungen des Unternehmens.

b) Zugang zu einer weiteren attraktiven Dienstleistungen oder Produkten

„**Convenience Costs**“ sind die Kosten (Zeit), die der Kunde einspart, um an weitere, zusätzliche Dienstleistungen oder Produkte eines Unternehmens zu gelangen. Dieses Konzept ist gerade für Stammkunden besonders bedeutsam, da sie nicht immer am

Preis sparen oder am Ergebnis etwas verbessern möchten, auch mit den Beratungsprozessen sehr zufrieden sind. Für sie ist es vielmehr ein außerordentlicher Anreiz, zusätzliche Dienstleistungen oder Produkte „aus einer Hand" („Convenience Goods" bzw. „All-inclusive-Management") zu erhalten.

- Einen ersten Vorteil sieht der Stammkunde darin, Zeit zu sparen, indem eigene aufwendige Prüfungen von anderen Produkten oder Dienstleistungen reduziert werden: Diese Auswahl und Prüfung neuer zusätzlicher Produkte oder Dienstleistungen hat das Unternehmen für den Stammkunden übernommen.

- Einen zweiten Vorteil sieht der Stammkunde darin, dass das bisher bestehende Niveau hinsichtlich Preis, Dienstleistungs- und Prozessqualität sowie Ergebnisstandard auch bei einem zusätzlichen Produkt weitergeführt und erhalten wird: Die Preis-, Ergebnis- oder Qualitätsstandards aus dem ersten Kauf übertragen sich auf die weiteren zusätzlichen Dienstleistungen oder Produkte.

- Einen dritten Vorteil sieht der Stammkunde darin, dass man auch den neuen und weiteren Produkten und Dienstleistungen „vertrauen" kann, da der Anbieter durch die Nachfolge-/Zusatzprodukte nicht seine Reputation beschädigt sehen will.

- Einen vierten Vorteil sieht der Stammkunde darin, dass die bisher bekannten Strukturen und Prozesse auch bei den zusätzlichen Produkten oder Dienstleistungen auf gleichem professionellem Niveau gemanagt werden. Beispielsweise sind klare Ansprechpartner sowie professionelle Service-Center bzw. einfach erreichbare Anlaufstellen (z.B. bei Reklamationen und Beschwerden) vorhanden, sodass der Stammkunde auch auf der Betreuungsebene keine Abstriche befürchten muss.

Hinter dem Aufbau des Kundenwertes stehen einerseits die genannten effizient und effektiv aufgebauten Kundenprogramme, aber auch klare Unternehmensstrategien:

a) Die **Defizitvermeidungsstrategie**, die ein Handlungsprogramm bzw. einen Aktionsplan bezeichnet, um einen Umsatz- und Gewinneinbruch, beispielsweise durch einen Verlust an Kunden, zu vermeiden: „Der Kunde erhält weniger, als er erwartet hat" bzw. ist vom Unternehmen enttäuscht und wandert ab.

b) Die **Wachstumsstrategie**, die ein Handlungsprogramm bzw. einen Aktionsplan bezeichnet, um einen zusätzlichen höheren Umsatz und Gewinn aufzubauen, beispielsweise durch eine umfassendere Bewirtschaftung des Kunden hin zu einem loyalen Stammkunden: „Der Kunde erhält mehr, als er erwartet hat" bzw. ist vom

Unternehmen überrascht und ist bereit, weitere Leistungen in Anspruch zu nehmen.

Fazit: Für Unternehmen bezieht sich das zentrale Problem weniger auf die Entwicklung solcher Kundenprogramme und Kundenstrategien, da diese leicht von anderen – im Kundenmanagement erfolgreicheren – Unternehmen kopierbar sind, sondern vielmehr in der Art und Weise, wie diese Programme und Strategien von den eigenen Mitarbeitern und Führungskräften gesteuert und gelebt werden. Erst wenn die Kunden erfahren, dass Strukturen und Prozesse vorhanden sind, die ihren Kundenwert professionell managen, zu denen sie einfachen Zugang haben und die sie optimal betreuen und begleiten, werden die Kunden dem Unternehmen einen hohen „Mehr-Wert" bescheinigen. Deshalb muss ein Unternehmen der flexiblen und emotionalen Bewirtschaftung von Kunden eine besondere Bedeutung im Kontext des Wertschöpfungsprozesses beimessen.

2.2 Mitarbeiter: Gewinner und Verlierer der Entwicklung von Unternehmenswerten

Ein erfolgreiches Wertschöpfungsmanagement basiert zudem auf einer umfassenden Leistungs- und Funktionsfähigkeit ihres Humankapitals. Deshalb können Führungskräfte nur dann mittel- und langfristig erfolgreich sein, wenn sie einen Stamm an loyalen und kompetenten Mitarbeitern an ihrer Seite haben. Dafür müssen die Führungskräfte eine Leistung erbringen, indem sie der „fachlichen und emotionalen Bewirtschaftung von Mitarbeitern" eine besondere Aufmerksamkeit auf ihrer Agenda schenken. Der „Mitarbeiterwert" wird nach HESKETT, SASSER, SCHLESINGER (2003) anhand von vier Indikatoren bemessen:

a) **Der Mitarbeiterwert Kompetenz („Capability/Competency")** umfasst die zeitlichen und monetären Investitionen des Unternehmens und seiner Führungskräfte in die Mitarbeiterkompetenzen: Investitionen also in die Fähigkeiten und Fertigkeiten sowie das Wissen seiner Beschäftigten, welche durch Ausbildung (Bildungstitel), Weiterbildung (Zertifikate) und Erfahrung (Berufstätigkeiten) erworben und nachgewiesen werden (vgl. EUROPEAN COMMISSION – DIRECTORATE-GENERAL FOR EMPLOYMENT, SOCIAL AFFAIRS AND EQUAL OPPORTUNITIES 2007).

b) **Der Mitarbeiterwert Entlohnung („Wages/Income")** umfasst die Investitionen des Unternehmens in eine angemessene Entlohnungsstruktur, die sich sowohl auf die jeweilige Position bzw. die individuelle Arbeitsleistung als auch auf den Vergleich zu den Kollegen und deren Arbeitsleistung bezieht. Dabei zeigt sich die Entlohnungsstruktur als zunehmend verändert, da neben dem klassischen Fixgehalt für durchschnittliche

Arbeitsleistungen, nun vor allem leistungsabhängige Entlohnungsmodelle für überdurchschnittliche Arbeitsleistungen zum Tragen kommen und zudem auch Niedriglohnmodelle bedrohlich stärker als in der Vergangenheit im Unternehmen verankert sind.

c) **Der Mitarbeiterwert Motivation („Work Place Quality“)** umfasst die zeitlichen, materiellen und sozialen Investitionen eines Unternehmens und seiner Führungskräfte, um einem Mitarbeiter an seinem Arbeitsplatz eine „Wertschätzung“ zu schenken: Beispielsweise eine faire Behandlung durch die Führungskräfte (Feedback-Kultur), moderne Arbeitsplatzstrukturen, mittelfristige Arbeitsplatzsicherheit, individuell bewältigbare und bedeutsame Arbeitsaufgaben, angenehme Kollegen-/Gruppenstruktur, Lern-/ Entwicklungsmöglichkeiten.

d) **Der Mitarbeiterwert Zukunftsperspektive („Job Access Costs“)** umfasst das Ausmaß an Investitionen eines Unternehmens und seiner Führungskräfte in die mittel- bis langfristigen Karriere- bzw. Aufstiegschancen ihrer Mitarbeiter, was durch einen Zugang zu höherwertigen, interessanteren und herausfordernden Fach- und Führungsaufgaben gewährleistet wird, beispielsweise über Gruppen-/Teamlernen, über „Job Enrichment“, über „Job Enlargement“ und über „Job-Rotation“.

Für die Führungskräfte geht es somit darum, Mitarbeiterkompetenzen zu fördern, Mitarbeiterhonorierung fair und transparent mitzugestalten, Mitarbeitermotivation erlebbar zu machen und Mitarbeiterperspektiven herzustellen. Damit beschränkt sich der Mitarbeiterwert eben nicht nur eindimensional auf das Erreichen eines verbesserten Umsatzes und Gewinns (Output), wie dies fälschlicherweise gerne mit dem Ansatz des Humankapitals in Verbindung gebracht wird. Der Mitarbeiterwert wird vielmehr auch definiert durch die Programme zum Erhalt und zur Steigerung der Mitarbeiterzufriedenheit und der Mitarbeiterloyalität im Unternehmen. Falls Unternehmen und Führungskräfte bei ihren Mitarbeitern zwischen den oben genannten vier Faktoren ein Ungleichgewicht erzeugen, werden diese ihren Wertbeitrag zum Unternehmen genau dem Ausmaß an Investitionen des Unternehmens und seiner Führungskräfte anpassen: z.B. durch Dienst nach Vorschrift, Leistungszurückhaltung, minimale Kundenbetreuung, Vermeidung von Verbesserungsvorschlägen. Nimmt man somit den Wertschöpfungsansatz als Leitplanke, so sind zwei Aufgaben in Bezug auf die Mitarbeiter durch die Führungskräfte zu berücksichtigen:

- Die Führungskräfte optimieren den Mitarbeiterwert, indem sie mithilfe klarer und überprüfbarer Maßnahmen die Mitarbeiterzufriedenheit und Mitarbeiterbindung beeinflussen, damit diese die Unternehmensziele in effizienter und effektiver Weise engagiert und verantwortungsbewusst umsetzen.

- Die Führungskräfte realisieren ein „Human Capital Reporting“, sodass sie Rechenschaft über die Entwicklung des Mitarbeiterwertes und den Beitrag der Mitarbeiter zu den Unternehmenszielen (beispielsweise zum Kundenwert) in ihrem Bereich ablegen: „We need data, no anecdotes.“

Im Folgenden werden die Indikatoren zur Ermittlung des Mitarbeiterwertes näher thematisiert, wobei auch neuere Aspekte zur Optimierung der Zufriedenheit und Loyalität bei Mitarbeitern angesprochen werden.

2.2.1 Kompetenz: Der Mitarbeiter als Kompetenzaktie

Das Humankapital kommt dem Wertschöpfungsprozess eines Unternehmens erstens dann zugute, wenn der Mitarbeiterwert „Kompetenzen“ – entsprechend dem Wandel der Marktverhältnisse und der Kundenbedürfnisse – fortentwickelt wird. Hierzu wird vom Unternehmen immer weniger auf ein ausschließlich freiwilliges Personalentwicklungsangebot gesetzt, sondern es wird immer häufiger in die Beschreibung und Bewertung des „Kompetenz(zu)standes“ bzw. des „Kompetenzwertes“ eines Mitarbeiters Zeit und Geld investiert. Dabei gibt das Unternehmen erstens vor, „welche Kompetenzen etwas wert sind“, prüft zweitens diese über „Kompetenz-Audits“ ab und leitet drittens daraus mehrheitlich arbeitsplatzbezogene Entwicklungsmaßnahmen ab.

Dieser Ansatz wird gerade von denjenigen abgelehnt, die bisher durch ein Unternehmen über das Senioritäts- und nicht über das Kompetenzprinzip erfolgreich getragen wurden. Deren Kapital liegt vor allem in zurückliegenden Erfahrungswerten, aber nicht immer in kurzfristig verwertbaren und messbaren Kompetenzen bzw. Fähigkeiten begründet: Wie will man ihre Intuition bei Entscheidungen, ihre politischen Erfahrungen oder ihre unternehmerische Intelligenz überprüfen? Ein Konflikt mit diesen Führungskräften wird in der Regel dadurch vermieden, dass das Thema Kompetenzmanagement für Führungskräfte keine oder kaum Anwendung findet, also Kompetenzen „oben“ gar nicht mehr nachgewiesen werden müssen oder das Thema nur als Workshop zur Selbstbewertung ohne weitere Konsequenzen vermittelt wird.

Das Thema **Kompetenzmanagement** ist vor allem für Mitarbeiter mit einer Betriebszugehörigkeit zwischen 2 und 12 Jahren relevant. Für diese Gruppe ist weniger die „Dauer der Betriebszugehörigkeit“ (Seniorität) ein Faktor, von dem sie profitieren können, sondern sie gewinnen immer noch stärker aus ihren eigenen zeitlichen und finanziellen Investitionen in die Kompetenzwertsteigerung. Dadurch wollen sie Zugang zu einer höherwertigen Position und einer besseren Vergütung erreichen („Job Access Costs“). Deshalb unterwerfen sich diese Mitarbeiter dem Aufwand sogenannter „Kompetenz-Audits“ oder Leistungsbewertungen, die dem Unternehmen und dem Mitarbeiter Auskunft über die Kompetenzstärken, aber auch über bestehende Kompetenzdefizite geben (vgl. HABELT 2009). Das Ziel:

a) Der Mitarbeiter kann nach Feststellung seines „Kompetenzwertes" seinen eigenen Entwicklungsbedarf bestimmen, um sich mittelfristig für eine bestimmte Position zu qualifizieren. Er kann selbst frei entscheiden, woher – intern oder extern – er die beste Qualität für seine Personalentwicklung erhalten möchte.

b) Der Mitarbeiter kann nach Feststellung seines „Kompetenzwertes" sich mit den vorhandenen Kompetenzen für eine bessere Vergütung ausweisen, d.h., überprüfbare Kompetenzen und Leistungen lassen sich „verwerten", indem man eine bessere Vergütung erwarten darf.

Damit wurde eine programmatische Veränderung vollzogen, mit der Unternehmen nun tendenziell weniger in eine einseitige Personalentwicklung an sich (Unternehmen übernehmen Seminarkosten und Arbeitsausfall), sondern stärker in die systematische Überprüfung von Kompetenzen investieren. Die möglichen Folgekosten, wie die zeitlichen und finanziellen Entwicklungskosten von Kompetenzen, gehen stärker als in der Vergangenheit zulasten der Mitarbeiter. Vonseiten der oberen Führungskräfte ist mit diesem Konzept die Überlegung verbunden, gerade entwicklungsfreudigen Mitarbeitern und Führungskräften nach dem Kompetenz-Audit-Check weitere Entwicklungsbausteine im Rahmen des Unternehmens anzubieten, um sie dann in naher oder weiter Zukunft in attraktivere Positionen oder bessere Vergütungen zu bringen. Letztlich entscheiden jedoch auch weiterhin die oberen Führungskräfte, wie viele Mitarbeiter über welchen Zeitraum hinweg in eine bessere Vergütung kommen und wer überhaupt Zugang zu einer höheren Position erhält, sodass sich nicht für alle Mitarbeiter und Führungskräfte die persönlichen Aufwendungen in die eigene Kompetenzentwicklung – jedenfalls in diesem Unternehmen – lohnen werden.

Für die Überprüfung von Fähigkeiten, Fertigkeiten und Leistungen wird von Unternehmen ein **Kompetenzmodell** vorgegeben, anhand dessen die Führungskraft, aber auch jeder Mitarbeiter selbst „objektiv" das Kompetenz- und Leistungsvermögen einschätzen kann – im Sinne von: „Was sind meine Kompetenzen wert?" Der bei den Mitarbeitern begutachtete Wert der Kompetenzen wird wie eine Art **„Kompetenzaktie"** gehandelt: Das Unternehmen bezahlt sowohl für herausragende Fähigkeiten bzw. Qualifikationen als auch für überdurchschnittliche Leistungen bzw. herausragende Ergebnisse. Damit wird zum einen ein Bericht zu den bestehenden Kompetenzen des Mitarbeiters entwickelt („Human Competence Reporting": Kompetenznachweis) und zum anderen ein Bericht erstellt, was der Mitarbeiter „überdurchschnittlich" erbracht hat („Human Performance Reporting": Leistungs- und Ergebnistransparenz). Mit einem Bewertungsbogen werden Leistungen, Ergebnisse (Erfolg) sowie die hierzu notwendigen und verwertbaren Kompetenzen und Fähigkeiten von der vorgesetzten Führungskraft anhand von vorab definierten Bewertungsmerkmalen beobachtet, in Form von Beispielen beschrieben und abschließend bewertet. Es findet damit ein „Profiling" statt. Die erbrachten Leistungen und Ergebnisse und die Kompetenzen werden dann in einen Geldwert bzw. eine leistungsorientierte Vergütung transformiert, wenn der Bewertete überdurchschnittlich gearbeitet und „sich entwickelt" hat.

Den Markt-/Unternehmenswert ihrer „Kompetenzaktie" können Mitarbeiter und Führungskräfte anhand von unternehmensspezifischen Kompetenzmodellen selbst ermitteln. Denn diese geben dem Mitarbeiter eine Orientierung sowohl über die wichtigen (karrierefördernden) Kompetenzen, wie die Sozial-/Beziehungskompetenz, Fachkompetenz, Führungskompetenz, Methodenkompetenz, als auch über die vom Unternehmen gewünschten „Verhaltensausprägungen pro Kompetenz":

Die *Fachkompetenz* beinhaltet die Fähigkeit, (a) entsprechend der Funktion die vorgegebenen Grundsätze und Verfahren zu beherrschen, (b) Probleme anzugehen und an Lösungen mitzuwirken und (c) sich selbst zusammen mit Kollegen ergebnisgerichtet und effizient zu organisieren. Die *Sozial-/Beziehungskompetenz* beinhaltet die Fähigkeit, (a) Gespräche aufgeschlossen zu führen, beispielsweise anderen zuzuhören und diese ausreden zu lassen, (b) die Kooperation mit Kompromissen, aber auch klar begründeten Entscheidungen zu gestalten, (c) Konflikte und deren Ursachen offen und sachlich auszutragen oder im Vorfeld zu vermeiden, (d) Kritik konstruktiv, aber eindeutig zu artikulieren und (e) sich mit unterschiedlichen Meinungen und Zielvorstellungen auseinanderzusetzen. Die *Führungskompetenz* beinhaltet (a) ziel- und wertebezogenes Einwirken auf die Mitarbeitenden mit dem Zweck, eine bestmögliche Erfüllung der Arbeitsaufgaben zu erreichen, (b) die Mitarbeiter bei der selbstständigen Erfüllung ihrer Aufgaben zu unterstützen und das Arbeitsteam mit konstruktiver Kommunikation anzuleiten und zu motivieren, (c) klare Entscheidungen zu treffen, (d) Visionen für die Zukunft im Team zu entwickeln, (e) Gesamtzusammenhänge zu erkennen und selbst herzustellen, (f) Veränderungen vorausschauend zu beobachten und zu bewerten, Risiken einzuschätzen und zu minimieren sowie (g) Mut zu Neuerungen & Innovationen (Unternehmertum) zu zeigen.

Aus Sicht der drei Akteure Unternehmen, Führungskräfte und Mitarbeiter ergeben sich für die Umsetzung einer Leistungs- und Kompetenzbewertung Vor- und Nachteile (vgl. HABELT 2009):

Unternehmen beauftragen ihre Personalleitung, Leistungsbewertungssysteme (in Absprache mit den Personal-/Betriebsräten) auf der Basis von Kompetenzmodellen einzuführen, um dadurch Standards zur Messung von Leistung, Verhalten sowie Fähigkeiten und Qualifikationen festzulegen. Das Unternehmen postuliert, dass es mit einem **Leistungsbewertungssystem** folgende Ziele erreichen will:

- Herstellung von Lohngerechtigkeit entsprechend einer Leistungskultur
- Erreichung einer höheren Produktivität der einzelnen Mitarbeiter
- Klarheit über Zuständigkeiten und Aufgaben (Vermeidung von Redundanzen)
- Minimierung der Abwanderung von Leistungsträgern
- Verbesserung des Images als Arbeitgeber („Best Employees“)
- Höhere Transparenz über die Arbeitsergebnisse der Mitarbeiter
- Optimierung der Ergebnisqualität oder -quantität für die Kunden (schneller, besser)

Unternehmen stehen bei der Umsetzung vielfach vor dem Problem,

- dass die oberen Führungskräfte nicht nachhaltig genug das Instrument in der Einführungsphase begleiten und dafür kraftvoll geworben haben („Aligning People“) und auch selbst nie genutzt haben (Vorbildfunktion).

- dass die Konzeptions- und Einführungsphase externen Personal-/Unternehmensberatern überlassen wurde, sodass die Entwicklungsphase mit hohen Kosten verbunden ist und diese Berater ebenso wie die oberen Führungskräfte nicht nachhaltig wirken, indem sie die Umsetzungsphase stabilisieren. Die Berater haben ja nach wenigen Wochen oder Monaten das Unternehmen wieder verlassen.

- dass die Personalleitung die Umsetzungsphase nicht nachhaltig stützt und begleitet, sodass kaum Informationen über die Wirkungen der Leistungsbewertung vorliegen. Das Instrument wird deshalb nach mehreren Jahren wieder von der Agenda genommen oder es wird nur noch „eher lässig und pro forma“ durchgeführt, d.h., dass die Leistungsbewertung – wie viele andere Managementinstrumente auch – im Laufe der Jahre keine besondere Gewichtung im Unternehmen mehr erfährt und zu einem jährlich stattfindenden formalen Akt verkommt.

Die **Führungskräfte** selbst, die für die professionelle und faire Durchführung der Leistungsbewertung die Verantwortung tragen, orientieren sich an den vom Unternehmen aufgestellten Leistungsbewertungsmerkmalen und sehen darin eine gute Möglichkeit, um

- mehr Informationen von den Mitarbeitern über deren Arbeitsprozesse und -ergebnisse zu erhalten,

- den Mitarbeitern eine Anerkennung für die erbrachten Leistungen bzw. eine höhere Wertschätzung entgegenzubringen,

- Doppelarbeiten in der Abteilung zu vermeiden sowie Probleme zu reduzieren und

- die eigene Führungsfähigkeit, aber auch Führungsmacht aktiv zu demonstrieren.

Führungskräfte sehen in der Einführung der Leistungsbewertung auch Nachteile:

- *Ein Risiko für das Arbeitsklima.* Sie fürchten die Förderung einer „Ellenbogenmentalität“ zwischen zwei Klassen von Mitarbeitern in ihren eigenen Arbeitsbereichen: Zum einen von denen, die weiterhin ihre Arbeit gut – im Sinne von Dienst nach Vorschrift – erfüllen und das Bestehende und für sie Übersichtliche bewahren wollen, und zum anderen von denen, die ihre Karriere und ihr bestehendes Gehalt über Veränderungen und zusätzliches Engagement „mehren“ wollen. Letztere bilden die Zielgruppe der leistungsorientierten Vergütung, da sie einen zeitlichen Aufwand auf sich nehmen, um – über die Leistungsbewertung attestiert – dann an eine höherwertige Position oder zumindest eine bessere Vergütung zu gelangen.

- *Eine zusätzliche Arbeit,* die in der Regel ohne Belohnung durchgeführt werden muss sowie mit einem enormen Zeitaufwand hinsichtlich Vorbereitung, Durchführung und Nachbereitung verbunden ist. Zudem besteht die Gefahr, dass je größer die Anzahl an Bewertungsgesprächen ist, desto größer wird die Quote an fehlerhaften Bewertungen, was zu einem Verlust an Autorität und Akzeptanz führt.

- *Ein „unbequemes Instrument“,* das zu Unruhen, Konflikten in der eigenen Abteilung zwischen den Mitarbeitern (diese vergleichen ihre Bewertungsergebnisse) und auch zwischen den Mitarbeitern und der Führungskraft führen kann.

- *Eine Zunahme an Beschwerden,* da bei Mitarbeitern, die unzufrieden mit der Leistungsbewertung sind, der Aufwand zur Bewältigung von Beschwerden über eine Schiedsstelle oder über die obere Führungskraft sich zumindest zeitlich (aber auch emotional) als sehr aufwendig gestaltet.

Die **Mitarbeiter** hingegen erwarten zwar durch die Leistungsbewertung „Lohngerechtigkeit“ für die von ihnen erbrachten – teilweise überdurchschnittlichen – Leistungen, jedoch geht es ihnen in erster Linie um „Bewertungsgerechtigkeit“: Mitarbeiter wollen

- erstens ein *faire Rückmeldung* (Feedback) hinsichtlich ihrer Leistungen,
- zweitens *Anerkennung und Wertschätzung* für die erbrachten Leistungen und
- drittens eine *gesteigerte Motivation* durch ein befruchtendes und nachvollziehbares Gespräch über die Anforderungen bzw. die an sie gestellten Erwartungen.

Die **Ängste der Mitarbeiter**:

- *Fehlbeurteilung durch den eigenen Vorgesetzten* und dass der Vorgesetzte (eventuell auch aufgrund einer umfassenden Kommunikationsstörung der Führungskraft) gar kein Gespräch führen kann: Manche Führungskräfte sind in der „Basta-Sprache" eher geübt als in einer Sprache des „Forderns und Förderns" von Mitarbeitern.

- *Die Gefahr, in immer größerem Umfang vom Vorgesetzten abhängig zu sein,* da dieser nun das Instrument der Leistungsbewertung und damit der Leistungsvergütung in seinen Händen hat und eventuell missliebige Mitarbeiter durch eine schlechtere Bewertung abstraft.

- *Der Druck, ihre Leistung in detaillierter Weise transparent zu machen* und in einem positiven Licht zu „vermarkten", sodass derjenige im „Rennen um die Leistungsvergütung gewinnt", der die besten Vermarktungs- und Kommunikationsstrategien gegenüber dem Vorgesetzten entwickelt.

- *Ein Anstieg des Neid- und Konfliktpotentials untereinander,* da die meisten Mitarbeiter sich hinsichtlich ihrer Leistungsergebnisse vergleichen und intensiv dazu auszutauschen. Obwohl die Bewertungsergebnisse „geheim" verwaltet werden, wird der „soziale Druck" zwischen den Mitarbeitern, die erhaltene Bewertung gegenseitig offenzulegen, größer.

- *Missbrauch der Daten der Leistungsbewertung,* die vom Unternehmen dazu genutzt werden, um die „Kompetenzaktie" der einzelnen Mitarbeiter zueinander abzugleichen und diejenigen Mitarbeiter mit dem größten Wertverlust „abzustoßen".

Um Sicherheit im Umgang mit ihren Kompetenzen und den gewünschten Verhaltensausprägungen zu erhalten, können die Mitarbeiter somit im Rahmen von „Kompetenz-Audits" ihre Kompetenzen – in Zusammenarbeit mit „Experten" der Personal- und Organisationsentwicklung – selbst beobachten, beschreiben und bewerten, aber auch von Experten beobachten, beschreiben und bewerten lassen. Die Mitarbeiter würdigen durchaus, dass Positionen, Anforderungen, Funktionen nach Kompetenzen vergeben werden und ihnen die vom Unternehmen gewünschten Kompetenzen auch offen dargelegt werden. Deshalb stellen sich die Mitarbeiter diesem Management von Kompetenzen, „stolpern" jedoch in der Umsetzung über vier Problemfelder:

- **Die Methoden zur Kompetenzmessung**

  Die Methoden zur Kompetenzbeobachtung und -bewertung sind nicht eindeutig bzw. objektivierbar: „270-Grad-Feedbacks“ beispielsweise stützen sich auf eine Einschätzung von Verhaltensausprägungen und Kompetenzen durch den Mitarbeiter selbst wie auch durch Kollegen und Führungskräfte. Die jeweilige Einschätzung ist wiederum abhängig vom jeweiligen Kenntnisstand über die Kompetenzen, aber auch geprägt bei Kollegen und Führungskräften von deren Verhältnis zum Mitarbeiter. Es geht vielfach um „persönlichkeitsabhängige Bewertungseindrücke“, die besonders die Handlungsfähigkeiten in die Bewertung einfließen lassen, jedoch arbeitsnahe Rahmenbedingungen des Mitarbeiters, welche die Chancen und Grenzen der Kompetenzentfaltung mitprägen, außer Acht lassen.

- **Die Kosten der Kompetenzentwicklung**

  Um die eigene Kompetenzaktie auch zukünftig markt- und unternehmensgerecht nutzen zu können, ist es für den Mitarbeiter zwingend, dem Bedarf, der durch das Kompetenzmanagement „aufgedeckt“ wurde, nachzukommen bzw. eigeninitiativ einen Kompetenzaufbau in Gang zu setzen. Dies impliziert eine zeitlich aufwendige und finanziell belastende Organisation der Kompetenzentwicklung für die Mitarbeiter. Sie beginnen, in die „Kapitalisierung ihrer Kompetenzen“ zu investieren, indem sie auf die Angebote vorrangig externer Seminaranbieter zurückgreifen (aufgrund des zunehmenden Outsourcings von Bildungsträgern). Deren Qualität ist manchmal unter „Trial and Error“ zu verbuchen, d.h., es kann auch zu Fehlinvestitionen des Mitarbeiters in die falschen Entwicklungseinrichtungen und Entwicklungstrainer kommen.

- **Der Missbrauch des Kompetenzmanagements als Kontrolltechnik**

  Mitarbeitern bleibt die Angst, dass die Transparenz der Kompetenzergebnisse den Führungskräften hilft, die einzelnen Mitarbeiter in ihrem Wert zu vergleichen und diejenigen Mitarbeiter mit dem größten Wertverlust „zum richtigen Zeitpunkt abzustoßen“. Zudem können Führungskräfte die Kompetenzergebnisse heranziehen, um den (unliebsamen) Mitarbeiter als nicht geeignet für neue Anforderungen, Funktionen und Positionen zu bezeichnen.

- **Der nicht zwingende Zusammenhang zwischen Kompetenzbilanz und Leistungsbilanz**

  Eine Kompetenzbemessung und Kompetenzentwicklung ist für einen Mitarbeiter noch kein Wert an sich. Für die Mitarbeiter ist entscheidend, dass sich die emotionalen, zeitlichen und finanziellen Anstrengungen in Form einer attraktiveren Anforderung, Funktion oder Position auszahlen. Dabei müssen sie beachten, dass neben ihrer Kompetenzbilanz auch ihre Leistungsbilanz stimmen muss. Führungskräfte prüfen bei der

Vergabe neuer Anforderungen, Funktionen und Positionen, inwieweit der Mitarbeiter eine überdurchschnittliche Leistungsbilanz im Arbeitsbereich erbracht hat. Möglicherweise wägt die obere Führungskraft auch ab, ob sie nicht eher Mitarbeiter „mit Erfolg, aber ohne größere Kompetenz“ in den Besitz der gewünschten Anforderung, Funktion oder Position bringt.

Fazit: Im Gesamtblick sehen die Mitarbeiter anhand des Kompetenzmanagements, (a) welche Kompetenzen im Unternehmen besonders verwertet und vergütet werden können, (b) welche Stärken und Schwächen sie in ihrem „Kompetenzprofil“ derzeit haben und (c) welche Maßnahmen zur Optimierung ihrer Kompetenzen sie einleiten können. Dennoch: Der Mitarbeiterwert „Kompetenz“ wird für die Mitarbeiter durchschnittlich erfüllt sein, wenn ihnen ein Zugang zu Maßnahmen der Personalentwicklung gegeben wird. Er wird von den Mitarbeitern erst als überdurchschnittlich erfüllt bewertet, wenn über die Kompetenz- und Leistungsbewertung der Zugang zu höherwertigen Positionen und Vergütungen mittelfristig ermöglicht wird.

2.2.2 Entlohnung: Die Entwertung des Fixgehaltes

Das Humankapital kommt dem Wertschöpfungsprozess eines Unternehmens zweitens dann zugute, wenn der Mitarbeiterwert „Entlohnung“ sowohl die vom Mitarbeiter persönlich erbrachte Arbeitsleistung und seine zur Verfügung gestellten Kompetenzen angemessen honoriert werden als auch in Relation zur Entlohnung der Arbeitsleistung von Kollegen und Führungskräften steht.

a) Damit erfährt der Mitarbeiterwert „Entlohnung bzw. Vergütung“ dann eine durchschnittliche (erwartete) Bewertung durch einen Mitarbeiter, wenn dieser für die normale Leistungserbringung laut Stellenbeschreibung eine faire Vergütung erhält.

b) Damit erfährt der Mitarbeiterwert „Entlohnung bzw. Vergütung“ dann eine überdurchschnittliche (überraschend positive) Bewertung durch den Mitarbeiter, wenn dieser für sein zusätzliches Engagement in besonderem Maße, also leistungsorientiert, entlohnt wird.

Versucht das Unternehmen hingegen, „Mehrarbeit ohne Lohnausgleich“ einzuführen, so wird dies den Mitarbeiterwert abschmelzen, d.h., der Mitarbeiter wird über „seine Abwehrmechanismen“ versuchen, etwas mehr Leistung in einem sehr großen Zeitumfang zu erbringen und damit ein höheres Maß an „organisierter Ineffizienz“ oder, so weit möglich, ein höheres Maß an Absentismus (Abwesenheit vom Arbeitsplatz) zu entwickeln.

Prof. Dr. Franz Schultheis
Professor an der Universität St. Gallen

Universität St. Gallen

Die Forschung am „Institute for Sociology" orientiert sich auf empirische Gegenwartsanalysen sowie Gesellschaftsdiagnosen und setzt sich mit zentralen sozialen Fragen, wie der Transformationen der Arbeitswelt, der Ungleichheit der Lebensbedingungen und Lebenschancen oder Prekarisierungsprozessen auseinander. Bei diesen Forschungsthemen kommen vorrangig qualitative Forschungsmethoden und -strategien zur Anwendung, wie Interviews oder teilnehmende Beobachtungen.

VOM ARBEITNEHMER ZUM ARBEITSKRAFT-UNTERNEHMER: Arbeits-Werte im Umbruch: „Der ideale Steckbrief eines Arbeitnehmers"

Die zeitgenössische Sozialforschung liefert dem Betrachter ein komplexes Bild aktueller Transformationsprozesse der Arbeitswelt. Hierzu zählen u.a.:

- die *Verknappung von Arbeit* und der wachsenden Konkurrenz um dieses zunehmend knappe „Gut";
- eine zunehmend tiefen *gesellschaftlichen Spaltung* zwischen Jenen, die (noch) über mehr oder minder gesicherte, qualifizierte und angemessen entlohnte Arbeitsplätze verfügen und sozialversicherungsrechtlich abgesichert sind, und Jenen, die hier davon ausgeschlossen sind und dies oft dauerhaft bleiben;
- eine Durchsetzung von zuvor als „atypisch" angesehenen Arbeiten bzw. *Jobs, schlecht bezahlt, ohne nennenswerte soziale Sicherung*, unqualifiziert bzw. disqualifiziert für diejenigen, die diese Funktionen trotz oft gegebener schulischer und/oder beruflicher Qualifikation mangels Alternativen anzunehmen gezwungen sind;
- die immer häufiger zu beobachtende Bastel-Erwerbsarbeit, bei der Menschen oft mehrere solcher *„Junk-Jobs"* oder „Mc-Jobs" kombinieren müssen, um ihr Leben fristen zu können;
- die durch *out-placement* und *out-sourcing* zwecks Einsparung von Lohn-Nebenkosten geschaffene *Schein-Selbstständigkeit* einer zunehmenden Zahl an Arbeitskraft-Unternehmer;
- die *Zunahme an befristeten Arbeitsverhältnissen* mit schwacher sozialer Sicherung;
- eine wachsende Zahl an Arbeitnehmern in nicht frei gewählten Teilzeitarbeits-Verhältnissen;
- die Spaltung und Entsolidarisierung der Arbeitnehmerschaft konkreter Unternehmen entlang der Scheidelinie *Stammarbeiter – Interimarbeiter;*
- das rapide Anwachsen einer als *working poor* (ab-)qualifizierten Erwerbspopulation am Rande der offiziellen Armutsgrenze
- eine *zunehmende „Inflation" von Bildungstiteln*, die beim Einstieg ins Erwerbsleben deutlich geringere Durchsetzungschancen auf dem Arbeitsmarkt bieten als zuvor;
- vielfältige Formen der *Verschlechterung von Arbeitsbedingungen* unter Bedingungen wachsender Konkurrenz (Intensivierung von Arbeit, zunehmender Zeitdruck, körperliche Belastung, unregelmäßige Arbeitsbedingungen und deren Konsequenzen für die alltägliche Lebensführung der Betroffenen bis hinein ins Privatleben).

Die skizzierten Veränderungen im Status und Wert von Arbeit lassen sich jedoch nicht einfach nur als Folgen eines Erosionsprozesses an den Grundfesten der fordistischen Arbeitsgesellschaft begreifen. Vielmehr müssen sie auch im Kontext eines sich seit den 1980er Jahren formierenden neuen „Regimes der Arbeit" und eines „neuen kapitalistischen Geistes" gesehen und gedeutet werden. Zu den von Luc Boltanski und Eve Chiapello in „Der neue Geist des Kapitalismus" (Konstanz 2006) anhand einer Langfristanalyse von Managementdiskursen der letzten Jahrzehnte *exemplarisch herausgearbeiteten Schlüsselbegriffen dieses neuen normativen Anforderungsprofils an den „marktfähigen" Arbeitnehmer* zählen Werte und Kompetenzen wie (in alphabetischer Folge) Autonomie, „Employability", flexible Einsatzfähigkeit, Impulse geben können, innovatorisch sein, Kommunikationsfähigkeit, Kompromissfähigkeit, Kreativität, lebenslanges Lernen, andere mitreißen können, Mobilität, Plurikompetenz, Projektmanagement, Risikobereitschaft, Selbstmanagement, Selbstsicherheit, Selbstevaluation, soziales Kapital schöpfen, Spontaneität, Verfügbarkeit, Vermittlerfunktion, Vernetzung, vielfältige Projekte, Visionär sein.

Kleinster gemeinsamer Nenner dieses **Steckbriefs des idealen Arbeitnehmers** scheint zu sein: er arbeitet stetig und lebenslang an der Perfektionierung oder zumindest Bewahrung seines „Humankapitals" in Gestalt seines inkorporierten kulturellen und sozialen Kapitals, denkt und handelt im Rahmen von je befristeten und begrenzten Projekten statt in Dimensionen lebenslanger beruflicher Karrierevorstellungen, situiert sich im Kontext personengebundener sozialer Netzwerke (seinem „sozialen Kapital" an aktivierbaren Ressourcen an Unterstützung) statt auf institutionalisierte Netzwerke zu bauen. Der *„employable man"* orientiert sich an seinem eigenen, in Gestalt von konkreter Nachfrage messbarem, Marktwert, statt nach einem dauerhaften Status zu streben und begnügt sich mit einer konjunktur- und situationsabhängigen Lebensführung, anstatt sich an einen langfristigen Lebensentwurf zu klammern. Der **marktgängige Arbeitnehmer** ist geographisch mobil und beruflich flexibel und weiß dies mit seinen privaten Lebensarrangements in Einklang zu bringen, welche dadurch tendenziell auch den Charakter von zeitlich begrenzten Projekten annehmen.

Diesem Idealtypus von zeitgemäßem „Humankapital" gegenüber stehen konkrete Menschen in konkreten Alltagswelten, Menschen mit sozialen Bindungen (Familie, Verwandtschaft, Freunde, Kollegen), Menschen mit Wurzeln (Heim(at) und Herd), mit ungleichen Lebens- und Handlungschancen basierend auf ungleicher Verfügung über ökonomisches, kulturelles und soziales Kapital und somit ungleichen Möglichkeiten, sich in diesem neuen Arbeits-Regime erfolgreich zu behaupten und das macht sie im zunehmend rauen Wind der radikalisierten Marktkonkurrenz verwundbar. Jenen, deren Arbeitsvermögen zwar nach bisherigen Erwartungen und Anforderungen in seinem gesellschaftlichen Wert anerkannt wurde, angesichts der neuen normativen Standards als nicht zeitgemäß abqualifiziert wird, drohen nun Prekarisierung und Ausgrenzung. Mehr noch: die neuen Werte, die an Arbeit geknüpft und ihr abverlangt werden, lassen die „Modernisierungsverlierer" bei diesem rapiden Wandel von Arbeit selbst als Ursache ihrer Misere erscheinen, denn sie scheinen es versäumt zu haben, ihre Arbeitsmarktfähigkeit durch stetige Investition in ihr eigenes Humankapital konkurrenzfähig zu halten. Der Wert der Arbeit hat damit nur noch einen Maßstab: den Markt und sein Verdikt.

Bereits seit Mitte der 1990er-Jahre stellt sich das Grund-/Fixgehalt in immer geringerem Umfang als zentraler Faktor der unternehmerischen Entlohnungs- und Anreizpolitik dar. Vielmehr haben Unternehmen neben dem umfassenden Ausbau des Niedriglohnbereiches für Routinetätigkeiten auch ein leistungsorientiertes Vergütungssystem aufgebaut, um diejenigen, die überdurchschnittlich effizient und effektiv im Sinne des „Shareholder Value" sind, zu belohnen. Der Kreis derer, die an diesen zusätzlichen Leistungsanreizen partizipieren wollen und den Weg in die leistungsorientierte Entlohnungs- und Anreizpolitik suchen, steigt konstant. Die Beteiligung an diesem leistungsorientierten Anreizsystem geschieht nicht immer aus Überzeugung, dass man sich als Mitarbeiter für das Unternehmen noch mehr engagieren möchte, sondern auch aus Gründen der eigenen finanziellen Absicherung, da sich für einkommenssteuerpflichtige Arbeitnehmer die Gesamtsituation in Deutschland drastisch verschlechtert hat: Neben der geringen Reallohnentwicklung zwingen zwei gesellschaftspolitische Entwicklungen die Mitarbeiter – zumindest befristet – in eine leistungsorientierte Vergütung:

- **Der Abbau des Mittelstandes** und damit die zunehmende Gefahr für die Mitarbeiter, ihre sozialversichungspflichtigen Vollzeitstellen zu verlieren (vgl. DEUTSCHES INSTITUT FÜR WIRTSCHAFTSFORSCHUNG 2010). Diese Stellen reduzierten sich zwischen 1997 und 2007 um 1,53 Millionen auf fast 23 Millionen. Zudem haben sich atypische Beschäftigungsverhältnisse, wie Teilzeitbeschäftigung, Leiharbeit, Niedriglohnbeschäftigungen, seit den 1990er-Jahren auf insgesamt ca. 7,6 Millionen im Jahre 2008 fast verdreifacht. Bei längerfristigem Arbeitsplatzverlust droht gar der Absturz ins „Prekariat" (über 10 % aller Deutschen sind 2008 auf staatliche Hilfen angewiesen), womit eine „Passivisierung" (u.a. Kompetenzeinbruch) einhergeht. Nach einzelnen Prognosen wird sich der Anteil prekärer Lebensverhältnisse in der zukünftigen Dekade fast verdoppeln. Zudem zeichnet sich ab, dass die staatlichen Rentenabsicherungen schrittweise abgeschmolzen werden (Altersarmut).

- **Die Problemoptimierung durch die deutsche Steuergesetzgebung**, die darauf ausgerichtet ist, berufliche Aufwendungen auf die Arbeitnehmer stärker abzuwälzen, letztlich stärker zu privatisieren. Damit vergrößern sich die Investitionen der Arbeitnehmer in den Erhalt ihres Arbeitsplatzes. Allerdings wurden teilweise Kosten, welche die Belastung des Arbeitnehmers erhöhen, durch Urteile des Bundesverfassungsgerichts aufgehoben oder beschränkt (Pendlerpauschale, Arbeitszimmer, Begrenzung der Abschreibungen von Fortbildungen). Vereinzelt gehen Unternehmen in eine ähnliche Richtung, die Arbeitnehmer für den Erhalt ihres Arbeitsplatzes mehr in die „Kostenpflicht" zu nehmen, beispielsweise durch die Nutzung des privaten Mobiltelefons bei Firmenaufgaben, die geringere Erstattung von Fahrtkosten bei Firmenreisen, die Reduzierung der Zuschüsse für die Verpflegung im Unternehmen oder der Kosten für Reinigung und Beschaffung von Berufskleidung.

LEISTUNGSORIENTIERTE VERGÜTUNG

Gerade aufgrund der geringen realen Lohnzuwächse wird die leistungsorientierte Vergütung als eine Möglichkeit verstanden, sich über das Bewertungsverfahren für eine höhere Vergütung zu qualifizieren. Unternehmen gestalten hierzu das Bewertungssystem, das von Mitarbeitern als systematisch und transparent verstanden und akzeptiert wird: Es soll damit im Unternehmen nachvollziehbar sein, wer diese leistungsorientierte Vergütung in welchem Umfang verdient und wer aus welchen Gründen nicht in den Genuss dieses Vergütungssystems kommen wird. Zudem haben die Mitarbeiter und Führungskräfte über die jährlichen Zielvereinbarungsgespräche gemeinsam Einfluss auf die leistungsorientierten Variablen.

Mit dieser Entwicklung manifestiert sich ein Vergütungs-/Entlohnungssystem, das sich in drei Kategorien unterteilt:

1. Diejenigen Mitarbeiter, die für einfachere Tätigkeiten einen Niedriglohn (Mindestlohn, Zeitarbeitslohn) erhalten.

2. Diejenigen Mitarbeiter, die für die qualifizierte Erfüllung ihrer Stellenbeschreibung und ihrer vertraglich vereinbarten Stunden ein (tariflich) festgelegtes Fix- und Grundgehalt erhalten. Dies wird teilweise verbunden mit der Reduzierung von freiwilligen Leistungen wie das Urlaubs- oder Weihnachtsgeld, da ja die leistungsorientierte Vergütung finanziert werden muss.

3. Diejenigen Mitarbeiter, die mit zusätzlichem Engagement „mehr Wert erbringen“ oder – etwas polemisch formuliert – für das Unternehmen „mehr wert sind“, d.h. mehr Engagement auch in Form von Überstunden zeigen, sich stärker an Projektarbeiten beteiligen, mehr an messbaren Ergebnissen erzielen und deshalb durchaus auch „gerechtfertigt“ die höheren Entgelte über das Leistungsbewertungsverfahren verdienen.

Die „feinen Unterschiede“ in Unternehmen zeichnen sich somit dadurch aus, dass man sich gehaltsmäßig mehr und mehr voneinander abgrenzt. Nicht die Fachkarriere mit ihren Hierarchiestufen ist entscheidend, sondern die „Entgeltkarriere“ mit ihren Bewertungsstufen. Der Bildungstitel entscheidet zwar nach wie vor über die Zugangschancen zu Unternehmen, aber in Unternehmen selbst sind immer weniger die klassischen Hierarchiekarrieren über das Prinzip der Seniorität (Dienstalter) als vielmehr monetäre Entgeltkarrieren über Leistungsbewertungssysteme entscheidend.

Damit setzt sich der Trend nach der in den 1990er-Jahren von Unternehmensvorständen aufgekommenen symbolischen Formel *„5 x 0,75 x 2 x 3"* fort. Diese bedeutet für Unternehmen: In fünf (oder seien es acht) Jahren werden wir als Unternehmen mit einem Viertel weniger an festangestellten Mitarbeitern, die bei herausragender Leistung doppelt so viel verdienen können, auch drei Mal so viel produzieren. Diejenigen, die nachweislich überdurchschnittlich produktiv sind, erhalten für ihren Mehrwert also eine höhere Vergütung sowie Arbeitsplatzsicherheit. Mitarbeiter wie Zeitarbeiter oder andere befristet für das Unternehmen tätige Mitarbeiter zählen nicht zum Kernbestand der Mitarbeiterschaft und haben deshalb keinen sicheren Zugang zum leistungsorientierten Vergütungssystem des Unternehmens. Mitarbeiter, die zum Kernbestand zählen, teilen sich einerseits in diejenigen, die im Sinne von „Dienst nach Vorschrift" ihre vorgeschriebene Arbeit bewältigen (geschätzte 80 % aller Beschäftigten eines Unternehmens), und andererseits in diejenigen, die über ein überdurchschnittliches Engagement besser verdienen wollen. Letztere wissen, dass sie sich dafür einem Prüfungs- bzw. Bewertungsverfahren unterwerfen müssen, um darzulegen, inwieweit sie einen Mehrwert erbracht haben und deshalb auch eine höhere Vergütung – gegenüber den anderen – verdient haben. Nicht die Pflichttätigkeit an sich, sondern explizit überdurchschnittliche Leistung soll bewertbar und vergütbar gemacht werden nach dem Grundsatz: Weniger Mitarbeiter leisten mehr (mit allen Konsequenzen für ihre Gesundheit). Dieses System ist zudem der Zugang zu weiteren spezifischeren Boni (Leistungszulagen, Erfolgshonorare) und zur erweiterten Nutzung von Firmeneigentum, aber auch zu höheren Abfindungen.

BONI UND LEISTUNG

Neben der leistungsorientierten Vergütung, die anhand von überprüfbaren Kompetenzen und persönlichen Leistungen (Zielerreichung) für einen bestimmten Zeitraum bemessen wird, existiert in Unternehmen zudem ein **System an ergänzenden Honorierungsmöglichkeiten**, die in die leistungsorientierte Vergütung teilweise mit eingeplant werden, aber auch gerade für diejenigen, die sich nicht einer Leistungs- und Kompetenzbewertung unterziehen, interessant und motivierend sein können:

So werden im Unternehmen für *zusätzliche besondere Aufgaben* einmalige Boni an Mitarbeiter, Führungskräfte und obere Führungskräfte ausgeschüttet: Zum Beispiel:

- **Boni als Halteprämie**
- **Boni als Abfindung** (Abgangsprämie)
- **Boni als einmalige Leistungszulage** für einmalige Managementprojekte, wie Restrukturierungen
- **Boni als Erfolgshonorar** für spezifische, quantifizierbare Umsatz- bzw. Unternehmensziele

Derartige Bonus-Zahlungen sind häufig in der Kritik, da sie keiner transparenten Vergabesystematik folgen und deren Höhe auch nicht an nachvollziehbare Kriterien gebunden ist. Deshalb stellen sich öffentlich kritische Fragen:

- Warum haben Führungskräfte Anspruch auf derartige Boni, auch wenn sie Unternehmenswerte vernichtet, vielleicht gar das Unternehmen mit ihren „Leistungen" bzw. durch ihre Fehlentscheidungen noch stärker in eine Krise getrieben haben?

- Woran bemisst man die Höhe der Summe für solche Boni an eine obere Führungskraft, die sich ja kaum einer transparenten und systematischen Leistungs- und Kompetenzbewertung zu unterziehen hat?

In Unternehmen steht der Begriff **Bonus** für einen einmaligen Zuschlag auf das Arbeitsentgelt (variable Lohnkomponente). Einmalige Zuschläge werden somit zusätzlich zum vereinbarten monatlichen Lohn – gegebenenfalls auch zusätzlich zur klassischen leistungsorientierten Vergütung – gesondert vereinbart, vertraglich abgesichert (Rechtsanspruch) und meist in einer Summe ausgeschüttet. Während sich die leistungsorientierte Vergütung – wie die Bezeichnung besagt – eben an der Leistung und Kompetenz einer Führungskraft oder eines Mitarbeiters orientiert, stehen diese Art von Boni (Sonderzahlungen) nicht zwingend mit einer erfolgreich beendeten Leistung in Verbindung.

- **Boni als Halteprämien** sind Sonderzahlungen (i.d.R. bis zu einem Jahresgehalt), um leistungs- und entwicklungsorientierte Führungskräfte und Mitarbeiter mit hoher Expertise mittelfristig im Unternehmen zu halten bzw. eine Abwanderung von Leistungsträgern zu verhindern. Sie sollen das Unternehmen gerade in schwierigen Situationen aus einem Abschwung, aus einer Krise bzw. dem „Tal der Tränen" herausführen. Halteprämien werden demnach an „unverzichtbare Führungskräfte und Mitarbeiter" gezahlt, um die Funktionsfähigkeit des Unternehmens sicherstellen, beispielsweise einen Sanierungsprozess planmäßig und professionell in den Unternehmensbereichen zu betreiben.

  Halteprämien spiegeln das Versagen der sogenannten „administrierenden Führungskräfte" wider, die aus ihren bestehenden Gremien, wie Geschäftsführung, Vorstand oder Aufsichtsrat und anderen Führungszirkeln (nach juristischer Aufarbeitung von Insolvenzfällen in Deutschland) *Einheiten organisierter Verantwortungslosigkeit und organisationalem Dilettantismus* gemacht haben. Es geht vor allem um ein „Systemversagen" von Gremien, obwohl in diesen Gremien durchaus fähige Führungskräfte mit unternehmerischer Intelligenz Positionen innehaben. Diese können sich jedoch gegenüber der Machtmehrheit, z.B. an Bürokraten, Rückwärtsgewandten und Inkompetenten, nicht durchsetzen. Diese bedrängte Machtmehrheit versucht diejenigen Führungskräfte und Mitarbeiter, die Potenzial und Expertise zu Veränderung in Unternehmen haben, von einer Fluktuation abzuhalten und zumindest für den Sanierungszeitraum „zu nutzen“. Die Halteprämie soll den entsprechenden schnellen Motivationsschub geben. Einen „Haltezeitraum“, also bis wann eine Führungskraft oder ein Mitarbeiter zwingend im Unternehmen bleiben muss, wird mit Verabschiedung der Halteprämie nicht fixiert. Zudem werden Halteprämien in Krisenzeiten gerne an alle Führungskräfte, „also auch an sich selbst“, ausgeschüttet, natürlich mit Zustimmung der zuständigen Entscheidungsgremien, die ja auch von diesem Bonussystem jeweils profitieren. Ansonsten würde man zu erkennen geben, dass nur wenige und andere Führungskräfte und Mitarbeiter über eine „unternehmerische Intelligenz und Expertise“ verfügen und diese in Sanierungs- und Krisenzeiten wichtiger und eher zu halten sind als man selbst.

- **Boni als Abfindungen (Abgangsprämien einschließlich des „goldenen Handschlags“)** werden gewährt, um sich einerseits rasch ohne Rechtsstreitigkeiten von einem Mitarbeiter oder einer Führungskraft einvernehmlich zu trennen („Scheckbuch-Management“):

  Abfindungen sind Einmalzahlungen des Unternehmens zur Abgeltung von Ansprüchen aus Vertragsverhältnissen sowie zur raschen und einvernehmlichen Beendigung eines Arbeitsverhältnisses. Es besteht nur dann ein **Abfindungsanspruch** eines Mitarbeiters oder einer Führungskraft, wenn das Unternehmen eine ordentliche *betriebsbedingte Kündigung* ausgesprochen hat und der Mitarbeiter bzw. die Führungskraft die dreiwöchige Klagefrist verstreichen lässt und damit signalisiert, dass er/sie die Abfindung beanspruchen möchte. Es handelt sich bei einer Abfindung nicht um einen gesetzlichen Anspruch, sondern um eine freiwillige Leistung des Unternehmens.

  Als Abfindungsvariante ist der **„goldene Handschlag“** zu nennen, um sich von Mitarbeitern bzw. Führungskräften, die aufgrund des Kündigungsschutzes nicht entlassen werden dürften, zu trennen: Eine *betriebsbedingte Kündigung* muss somit nicht ausgesprochen werden. Die Höhe der Abfindungssumme wird hierzu nach einem bestimmten Verfahren (u.a. Monate der Betriebszugehörigkeit, Höhe des Jahresgehalts) berechnet. Der goldene Handschlag kann vor allem dazu eingesetzt werden, eine Trennung zu beschleunigen, indem man die Höhe der Abfindungssumme im „goldenen Handschlag“ so vergrößert, dass man sich die Bereitschaft des Mitarbeiters bzw. der Führungskraft „erkauft“ und dieser noch am gleichen Tag bzw. in der gleichen Woche das Unternehmen endgültig verlässt. Das Ziel dieses höheren Zuschlags ist, dass der Mitarbeiter bzw. die Führungskraft das Arbeitsklima nicht in der Phase bis zur Entlassung belastet oder vertrauliche Unternehmensdaten noch mitnehmen kann, allerdings auch vor seinen eigenen Kollegen geschützt wird, die ihn während dieser Phase bis zur Entlassung eher meiden könnten (soziale Isolation).

Boni als Abfindungen werden somit gewährt, um sich von (oberen) Führungskräften, Geschäftsführern, Vorständen, Aufsichtsräten rasch und ohne Rechtsstreitigkeiten zu trennen, aber auch,

- um für nachfolgende Beschäftigungen – nach der Kündigung – „Betätigungsgrenzen“ zu vereinbaren (z.B. Verbot, bei Konkurrenzunternehmen oder bei bestimmten unternehmensnahen Beratungsgesellschaften zu arbeiten) und
- für die Nicht-Verbreitung und Nicht-Verwendung von Informationen aus dem Unternehmen (z.B. im Sinne von Publikationen, Berichten oder Vorträgen) ein „Schweigegeld“ zu zahlen. Dieses bezieht sich auf das Schweigen über bestimmte Vorfälle wie Mitarbeiterkriminalität, Korruption oder Fehlleistungen wie Geld- und Ressourcenverschwendung.

Die Höhe dieser Abfindung wird von den zuständigen Entscheidungsgremien oder Vorgesetzten gebilligt, die sich selbst ähnliche Vertragskonditionen zu Beginn des Eintritts in ihre Position haben zubilligen lassen. Damit handelt es sich um eine „systemweite Zuführung von Abfindungen“ (Nepotismus des Managements), weshalb auch die Vertragskonstruktion, hier insbesondere die Höhe der festgelegten Abfindung, von diesen „Insidern“ gegenseitig als rechtlich einwandfrei und marktüblich verteidigt und bestätigt wird. Die Verträge werden von Beginn an auf eine Position ausgerichtet, ohne jedoch eine konkrete Leistung (z.B. zu erreichende Unternehmenswertsteigerungen) oder ein angestrebtes Unternehmensziel zu fixieren. Selbst der Zeitraum, nach dem die Abfindung erst erhältlich ist (also nach zwei oder drei Jahren erfolgreichen Arbeitens) wird nicht festgelegt, sodass man sich bereits nach wenigen Monaten im gegenseitigen Einvernehmen trennen kann und die gesamte Abfindungssumme für einen beispielsweise mehrjährigen Vertrag erhält. Die gleichen Vertragskonstruktionen lassen sich in allen Führungskreisen feststellen und sind Teil der Führungskultur. Das heißt, Führungskräfte lassen sich ohne einen unternehmerischen Erfolg nachweisen zu müssen durch diese Abfindungspraxis „kapitalisieren“. Die Höhe der Abfindungssumme kann „optisch“ reduziert werden, wenn das Unternehmen dafür eine hohe Pensionszahlung garantiert.

- **Boni werden als einmalige Leistungszulagen gewährt**, z.B. für spezielle Restrukturierungs- bzw. Entwicklungsprojekte in den Unternehmensbereichen, für die Planung und Organisation von Unternehmenskooperationen oder Unternehmenszusammenschlüssen. Damit kann ein zu verantwortendes Projekt bzw. eine Leistung honoriert werden, wobei vorrangig die Bearbeitung dieses Projekts, jedoch nicht zwingend der Output, also die effektive Zielerreichung, belohnt wird. Führungskräfte argumentieren hierbei, dass bei „strategischen Entscheidungen“ bzw. konzeptionellen, zeitlichen und finanziellen Investitionen in Zukunftsvorhaben des Unternehmens die Wirkung und das Ergebnis dieser Aktionen sich erst langfristig darstellen lassen und zwischenzeitlich unvorhersehbare wirtschaftliche und rechtliche Veränderungen auch einen Misserfolg ermöglichen. Dieses Argument kann stets vorgeschoben werden, um den eigenen Aktionismus und ein Missmanagement im Nachhinein zu rechtfertigen. Wirkliche „Nachhaltigkeitsnachweise“ müssen derzeit in Unternehmen nicht erbracht werden, allerdings plant der Gesetzgeber neue Richtlinien, wodurch eine gewisse Nachhaltigkeit des Handelns zukünftig nachgewiesen werden soll. Auch hier gilt: Wenn der einzelne Empfänger für nicht nachhaltige Einzelleistungen Boni erhält, so haben sich andere Führungskräfte – einschließlich der Bonigeber in den Entscheidungsgremien – ebenfalls nach dem gleichem Prinzip (gegenseitig) kapitalisiert. Grenzen des „Bonussystems“ müssen deshalb vor allem bei den Bonigebern, also den für Boniverträge verantwortlichen Geschäftsführungen, Vorständen, Aufsichtsräten, ansetzen.

- **Boni werden als Erfolgshonorar für quantifizierbare Umsatz- und Unternehmenswertsteigerungen gewährt**, z.B. für neue Kundenakquisitionen, einen höheren Absatz von Produkten oder Dienstleistungen, eine Verbesserung des Aktienwertes. Damit sind derartige Erfolgshonorare an ein messbares Ergebnis gebunden. Der Anteil an diesem Erfolg wird in der Regel als Leistung einer einzelnen Person, die den Bonus vollumfänglich erhält, gewertet und nicht als Leistung von Teammitgliedern in einem Unternehmensbereich, die jeweils über die klassische leistungsorientierte Vergütung belohnt werden (könnten).

FIRMENEIGENTUM UND NUTZUNG

Da die Bonussysteme immer wieder Anlass zu öffentlicher Kritik bieten, versuchen Unternehmen, ihren Führungskräften „finanzielle Anreize“ auch über die Nutzung von Firmeneigentum zu geben, z.B. die kostenfreie oder begünstigte Inanspruchnahme von Dienstfahrzeugen, Mobiltelefonen, Firmenflügen, „Dienstreisen und Fortbildungen“ in Urlaubsgegenden sowie Spesenkonten, kostengünstige Mietwohnungen, aber auch in Form von Mitarbeitern (Assistenzen). Die Nutzung dieser Faktoren muss jedoch nicht immer auf die Beschäftigungszeit beschränkt bleiben, sondern kann vertraglich so festgelegt werden, dass eine Führungskraft, ein Geschäftsführer oder ein Aufsichtsrat diese materiellen und personellen Leistungen auch über die Vertragszeit hinaus (mehrere Monate oder Jahre) weiter nutzen kann. Damit erhalten die Führungskräfte den Status „Emeritus“, d.h., sie sind von Leitungsaufgaben entbunden, behalten jedoch weiterhin Ansprüche an das Unternehmen.

2.2.3 Motivation: Zum Wert der Wertschätzung

Das Humankapital kommt dem Wertschöpfungsprozess drittens dann zugute, wenn der Mitarbeiterwert Motivation aktiv und kontinuierlich bewirtschaftet wird.

a) Dabei erfährt der Mitarbeiterwert Motivation dann eine durchschnittliche (erwartete) Bewertung durch einen Mitarbeiter, wenn die **Arbeitsplatzsicherheit und die Attraktivität des Arbeitsplatzes** gegeben ist: Dies bedeutet, dass das Unternehmen in der Reputation („Außenpolitik: Das Unternehmen als Marke") und in der Unternehmenskultur („Innenpolitik: Der Geist und Stil des Hauses") als zumindest unbeschädigt oder gar als sehr angesehen gilt.

b) Zusätzlich erfährt der Mitarbeiterwert Motivation eine überdurchschnittliche (überraschend positive) Bewertung durch einen Mitarbeiter, wenn dieser Zugang zu einem angenehmen und vertrauensvollen Kollegenkreis sowie einer fairen und wertschätzenden Führungskraft hat.

Bereits die frühen Motivationsansätze wie von Herzberg und Maslow sowie von Hersey und Blanchard zeigen, dass sogenannte „Hygienefaktoren" bzw. extrinsische, strukturelle Faktoren, wie Arbeitsplatzgestaltung und Arbeitsplatzsicherheit, unternehmerisches Fixgehalt, variable Vergütung und Sozialleistungen (Weihnachts- und Urlaubsgeld), Unternehmensleitbild bzw. -mission, Zugang zu und Finanzierung von fachlichen Fortbildungen und sozialen Dienstleistungen (Cafeteria), Unternehmenseffizienz und -effektivität, zwar **Unzufriedenheit verhindern, aber längerfristig keine Zufriedenheit schaffen**. Sie geben dem Mitarbeiter jedoch die gewünschte Sicherheit und Stabilität.

Die Investitionen, die das Unternehmen in diese zuvor genannten Faktoren tätigt, werden insgesamt als „Strukturkapital" bezeichnet. Das **Strukturkapital** umfasst all jene Arbeitsstrukturen und Arbeitsprozesse, welche die Mitarbeiter benötigen, um in ihrer Gesamtheit produktiv zu sein. Es umfasst alle Arbeits- und Rahmenbedingungen zur Durchführung der Geschäftstätigkeit, wobei das Strukturkapital im Besitz des Unternehmens ist und auch bleibt, sollte ein Mitarbeiter seinen Arbeitsplatz verlassen. Dieses Strukturkapital wird wiederum aus Sicht der Mitarbeiter mit einer tendenziell niederen oder hohen Wertigkeit beurteilt: Sind die Arbeitsstrukturen und Rahmenbedingungen aus Sicht der Mitarbeiter „wenig wert", beispielsweise ist die Arbeitsplatzgestaltung noch auf dem Niveau der 1980er- oder 1990er-Jahre angesiedelt oder die Arbeitsprozesse werden sehr ineffizient organisiert, so werden sie die Investitionen, die das Unternehmen in das Strukturkapital tätigt, zwar als existenzsichernd und akzeptabel, aber nicht als überdurchschnittlich bedeutsam und motivationssteigernd wahrnehmen. Gegebenenfalls prüfen sie, inwieweit ein anderes Unternehmen ihnen ein höheres „Strukturkapital" zur Verfügung stellen kann und damit beweist, dass es in die Zufriedenheit ihrer Mitarbeiter mehr als das bisherige Unternehmen investiert.

Investitionen in das Strukturkapital sind vonseiten des Unternehmens hierarchisch begrenzt und gedeckelt. Die Führungskräfte in Unternehmen gehen davon aus, dass Mitarbeiter sich ein höherwertiges Strukturkapital in ihren Unternehmensbereichen selbst „erarbeiten" müssen. Die erste Alternative für einen Mitarbeiter ist, dass er sich selbst für die Verbesserung seiner Arbeits- und Rahmenbedingungen einsetzt, indem er sich über Mehrarbeit, Mehrleistung und Mehranstrengungen dazu legitimiert, einzelne mitarbeiterbezogene Faktoren bzw. einzelne Komponenten des Strukturkapitals bewilligt und optimiert zu bekommen. Die zweite Alternative für einen Mitarbeiter ist, sich über Leistung oder/und Seniorität den Zugang zu einer neuen Position im gleichen Unternehmen zu verschaffen. Diese ist dann mit besseren Arbeits- und Rahmenbedingungen ausgestattet bzw. weist ein höherwertiges Strukturkapital auf. Je bedeutsamer und hochrangiger die Position, so die Vorstellung, desto größer sind die Investitionen des Unternehmens in die Arbeits- und Rahmenbedingungen.

Diese Grundkonstruktion ist für leistungsorientierte Mitarbeiter besonders prekär, da diese Mitarbeiter effizient und effektiv arbeiten wollen und können, aber nicht die Zeit dafür verschwenden, sich selbst um die Verbesserung ihrer Arbeits- und Rahmenbedingungen zu kümmern (B-Priorität). Da sie vielfach auch noch nicht in der richtigen höherwertigen Position angekommen sind, müssen sie unter konstant unzureichenden Arbeits- und Rahmenbedingungen erfolgreich sein. Dies empfinden diese leistungsorientierten Mitarbeiter als Ausdruck mangelnder Wertschätzung durch das Unternehmen. Deshalb prüfen sie, ob sowohl der „kleine Kampf am Arbeitsplatz" um die Verbesserung der gegenwärtigen Arbeits- und Rahmenbedingungen bzw. eines einzelnen mitarbeiterbezogenen Faktors als auch ein „Aussitzen", bis man eine höherwertige Position erhält, sich wirklich lohnen. Schließlich könnte man auch vermuten, dass die nächsthöhere Position im eigenen Unternehmen wiederum mit wenig Strukturkapital ausgestattet ist. Alternativ wäre eine höherwertige Position in einem anderen Unternehmen zu prüfen und anzustreben.

Die Motivationsansätze u.a. von Herzberg, Maslow sowie Hersey und Blanchard zeigen zudem, dass sogenannte „Motivatoren" (intrinsische, personelle bzw. verhaltensorientierte Faktoren) eine höhere Mitarbeiterzufriedenheit und Mitarbeiterbindung schaffen. Dabei spielen eine angenehme und vertrauensvolle Beziehung zu den Kollegen sowie eine faire und wertschätzende Beziehung zur Führungskraft eine besondere Rolle. Gerade die Beziehung zur Führungskraft ist substanziell, denn die überwiegende Anzahl an Kündigungen von Mitarbeitern basiert auf einer Störung im Umgang mit der Führungskraft: **Die Führungskraft bleibt die Hauptursache für Kündigungen.**

Führungskräfte im Wertschöpfungsprozess „orchestrieren" Strategien und Ziele, Strukturen und Prozesse, Werte und Normen sowie Mitarbeiter und Teams. Betrachtet man dieses Repertoire, ist der Zeitanteil, den eine Führungskraft mehreren Mitarbeitern zur Verfügung stellen kann, gering. Mitarbeiter hingegen erwarten beim Zugang zu ihrer Führungskraft einen „persönlichen Nutzen", d.h. eine Hilfestellung, eine Sinnstiftung bzw. eine Orientierungsgebung. Diese Erwartung kann nur über eine gemeinsame Zeit für einen Kommunikations- und Informationsaustausch auf Augenhöhe realisiert werden. Je mehr Mitarbeiter eine Führungskraft jedoch zu betreuen hat, umso weniger kann sie den persönlichen (auch zeitlichen) Erwartungen von Mitarbeitern gerecht werden. Dies ist grundsätzlich für

Führungskräfte unproblematisch, da Weghören, Nicht-Kümmern, Nicht-Informieren zwar zu einem „Imageschaden" bei den Mitarbeitern führt, aber bei einer Führungskraft kein Beförderungshindernis ist.

Dennoch ist die Führungskraft bestrebt, die eigenen Ziele und Anforderungen zu einem maximalen Ergebnis zu führen, weshalb es sicherlich hilfreich ist, eine „optimale Bewirtschaftung der Erwartungen der Mitarbeiter" anzugehen („Motivation zahlt sich aus"). Dies erreicht die Führungskraft, indem sie die Werte zwischen ihr und den Mitarbeitern in ein Gleichgewicht an Erwartungen überführt („Value in Balance"). Die Führungskraft befriedigt bestimmte Erwartungen, wie Zeit für den Mitarbeiter haben, Anliegen des Mitarbeiters ernst nehmen, Integrität und Authentizität zeigen, strategische Vorstellungen mitteilen, Vertrauen vermitteln, Aufgaben bewältigbar zuweisen. Der Mitarbeiter befriedigt wiederum die „leistbaren Anforderungen" in selbstständiger, korrekter und eventuell gar kreativer Weise. Ein „Motivationsungleichgewicht" würde dann bestehen, wenn eine Seite mehr Nutzen erfährt, als sie selbst zu geben bereit ist. Die Führungskraft kann dieses Motivationsgleichgewicht beeinflussen, einerseits im Sinne eines Motivationstreibers („It's about us"), indem eine hohe kommunikative und informative Offenheit (Mitarbeitergespräch) sowie soziale und fachliche Wertschätzung (Entwicklungs- und Leistungsbewertungsgespräch) gegenüber dem Mitarbeiter vermittelt wird, oder andererseits als „Motivationskiller" („It's about me"), indem eine reine Instrumentalisierung des Mitarbeiters betrieben wird.

2.2.4 Zukunftsperspektive: Der Preis der Mitarbeiteridentifikation

Das Humankapital kommt dem Wertschöpfungsprozess eines Unternehmens viertens dann zugute, wenn das Unternehmen dem Mitarbeiterwert „berufliche Zukunftssicherheit" eine besondere Wertschätzung zubilligt: Dies geschieht durch Chancen, in bedeutsame Entwicklungsaufgaben (Herausforderungen) am Arbeitsplatz einzusteigen.

a) Dabei erfährt der Mitarbeiterwert Zukunftsperspektive dann eine durchschnittliche (erwartete) Bewertung, wenn das Unternehmen eine Beteiligung des Mitarbeiters an Gruppen- und Teamarbeit ermöglicht, um hierdurch zahlreiche Kompetenzen bzw. Fähigkeiten und Fertigkeiten, die auch für die Kompetenzbewertung wichtig sein werden, zu erwerben.
b) Zusätzlich erfährt der Mitarbeiterwert Zukunftsperspektive eine überdurchschnittliche (überraschend positive) Bewertung, wenn ein schrittweiser Zugang zu höherwertigen Anforderungen, Funktionen oder Positionen ermöglicht wird, beispielsweise zu erweiterten Aufgabengebieten („Job Enlargement"), zu hierarchisch höherwertigen Aufgabengebieten („Job Enrichment" in Form einer Mitarbeit in Task Forces oder einer be-

fristeten Unterstützung von Führungskräften) oder auch zu unternehmensübergreifenden Tätigkeiten („Job Rotation" in Form von Projektaufgaben an inländischen Unternehmensregionen oder an ausländischen Unternehmensstandorten).

Der Einstieg in das **Gruppen-/Teamlernen** ist für die Mitarbeiter ein erster Schritt, sich unternehmensrelevante Kernkompetenzen anzueignen. Mithilfe dieser Erfahrungen ist es dann möglich,

- sich ein breiteres und abwechslungsreicheres Spezialisierungsgebiet auf der gleichen Funktionsebene zu erarbeiten, das man zumeist mit mehreren anderen Kolleginnen und Kollegen zu gestalten hat,
- sich in hierarchisch höherwertigen Aufgabengebieten zu beweisen, beispielsweise durch die Mitarbeit an Sonderaufgaben und in Task Forces, oder
- sich an anderen Unternehmensstandorten im Inland oder im Ausland in Projekten strukturiert und in der Sozialkompetenz gefestigter einzubringen.

Letztlich kann dieser Einstieg in ein professionelles Gruppen-/Teamlernen auch ein Einstieg in eine neue Funktion sein und damit die Chance bieten, sich aus der eigenen „organisationalen und/oder bürokratischen Monotonie" zu lösen und nun in einer Querschnittsfunktion als „Projektberater", „Change Agent" bzw. „Inhouse-Consultant" zu agieren. Das Projektlernen vermittelt dem Mitarbeiter somit umfangreiche Fähigkeiten, die er auch in einer neuen Funktion außerhalb der klassischen Linie nutzen kann: "... an ability to manage the consulting exercise as a formal project; an ability to manage the analytical skills necessary to gain an understanding the client business and possibilities it faces; an ability to communicate ideas and positively influence others" (WICKHAM, WICKHAM 2008: 55).

- Das **Gruppen-/Teamlernen** umfasst grundsätzlich die Fähigkeit zur strukturierten Steuerung von Projekten (anhand von Projektmanagement-Instrumenten), vermittelt arbeitsplatzbezogene Fähigkeiten zum Management von Gruppen oder Teams und verstärkt die Grundfähigkeiten im Umgang mit Veränderungen. Beteiligt sich der Mitarbeiter an der Aufgabe eines Projekts, so bedeutet dies, dass er eine innovative Idee, beispielsweise die Kreation eines neuen oder verbesserten Produktes oder einer Dienstleistung, in kollegialer Zusammenarbeit mit hierarchisch gleichrangigen, nach- und übergeordneten Personen aus der gleichen Abteilung oder aus verschiedenen Abteilungen steuern kann. Er partizipiert am **Management eines Projekts** und erlernt die Basisanforderungen, um Aufgaben nach Planungsphasen, Organisationsphasen, Führungsphasen und Controllingphasen strukturiert anzugehen, beispielsweise

1. ein Projektziel bzw. eine Mission klar zu definieren;
2. einen Budgetrahmen festzulegen und die verwendeten Projektressourcen vorab zu definieren;
3. eine Klärung der Rollen und Verantwortlichkeiten der Projektmitglieder vorzunehmen;
4. ein „Projekt-Reporting", beispielsweise einen Soll-Ist-Vergleich oder eine Budgetüberprüfung, durchzuführen.

Ferner erlernt man abzuschätzen, in welcher Art der Zusammenarbeit welche Ziele sich am besten erreichen lassen: Benötigt man eine „klassische Gruppenstruktur" oder eine „Teamstruktur" und welches sind Merkmale eines „real oder high-performance teams"? (vgl. HACKMAN 2002). In der **Gruppenstruktur** bilden sich üblicherweise die klassischen hierarchischen Werte und Normen weiter ab: Eine Fach- oder Führungskraft in der Position eines Gruppenleiters ist für die Planung, die Organisation, die Führung und das Controlling aller gruppenbezogenen Prozesse verantwortlich. Der Gruppenleiter delegiert Anforderungen an die jeweiligen Mitglieder, koordiniert die Einzelergebnisse, indem er mit jedem Einzelnen einen – je nach Bedeutung des Gruppenmitglieds mehr oder weniger intensiven – Informations- und Kommunikationsaustausch betreibt. Letztlich unternimmt er alles, um „das zu erhalten, was er erwartet". Die Gruppenmitglieder kooperieren mit dem Gruppenleiter, indem sie ihm in konstruktiver Weise einen individuellen, fachlich hochwertigen Input entsprechend ihrer Expertise zuführen. Gegenseitiger fachlicher Respekt zwischen dem Gruppenleiter und den Gruppenmitgliedern, beispielsweise für die Einhaltung von Fristen oder die Qualität der Leistungserstellung, wird bei der gemeinsamen Entwicklung des Gruppenergebnisses förderlich sein. Der Gruppenleiter ist letztlich für die Gruppenarbeit gegenüber den eigenen Führungskräften verantwortlich und muss sich für die Arbeitsschritte und -ergebnisse rechtfertigen.

Management Functions	
Planning	1. Clearly articulating the organizational mission within which the team will operate; 2. Setting the overall goal(s) and timelines for the team; 3. Planning and allocating human and other resources for the team's use; 4. Anticipating and meeting changing environmental conditions which will affect the functioning of the team; 5. Designing specific team objectives; 6. Designing specific team action plans.
Organizing	1. Clearly identifying team members' duties, responsibilities, authority and assignments; 2. Developing effective team procedures and processes; 3. Coordinating work effectively; 4. Balancing workloads; 5. Training new team members in team procedures.
Directing/Leading	1. Leading team members to accomplish team objectives; 2. Improving effictiveness and efficiency of normal operations; 3. Providing for effective problem solving; 4. Providing for effective communications with upper management; 5. Providing for effective communications with clients; 6. Providing for effective conflict resolution among team members; 7. Creating a motivating work environment for team members; 8. Making timely and correct decisions; 9. Changing specific team action plans.
Controlling	1. Establishing processes and procedures for evaluating team effectiveness and efficiency; 2. Providing quality control and day-to-day work; 3. Using evaluation/control data to improve team performance; 4. Surveying clients about team performance; 5. Monitoring the team budget.

Abb. 6: Anforderungen an „Team Manager & Leader"

Quelle: Vgl. Chitwood, Stephen R. (1997): Managing with Teams – When to use them? How to develop them? How to manage them? Training Presentation, October 9–10. Washingtion, D.C.

Eine **Teamstruktur** ist für die Teammitglieder insofern attraktiv, da diese ihre Arbeitsweise (Fristen und Inhalte) umfassender mitbestimmen können, sie voneinander lernen, aber auch eigene Ideen stärker einbringen sollen und miteinander von einem Gemeinschaftsgeist (Wir-Gefühl) getragen werden. Teams charakterisieren sich dadurch, dass sie kleine Einheiten von meist nicht mehr als 12 Teilnehmenden sind, wobei die Mitglieder sich in ihren Kompetenzen und Sichtweisen gegenseitig ergänzen und sich durch einen intensiven Informations- und Kommunikationsaustausch auf ihr gemeinsames Ziel („shared mission") ausrichten: Dieses vertreten sie auch gemeinschaftlich gegenüber den Führungskräften. Sie teilen alle die Bereitschaft, einen Arbeitsansatz zu akzeptieren,

- der einen zeitlich aufwendigen und kontinuierlichen Informations- und Kommunikationsfluss einfordert und ermöglicht („jeder ist über alles informiert"),

- der hohe Zuverlässigkeit, persönlichen Respekt und gegenseitige Offenheit zueinander einfordert,
- der von einer gemeinschaftlichen Ergebnisverantwortung getragen wird.

Mit dieser Architektur erhöhen die Teammitglieder die Chance, einen Mehrwert zu erzielen, d.h., „mehr als sie erwartet haben" zu erreichen. Grundvoraussetzung ist jedoch ein Teamleiter, der diesen Arbeitsansatz lebt und in der Lage ist, eine klassische Gruppenkultur in eine wirkliche Teamkultur zu formen: Hierbei ist es bereits von Beginn der Teambildung an von zentraler Bedeutung, wie der **Teamleiter** von den Teammitgliedern akzeptiert wird, z.B. wie er ausgewählt wurde:

- nach dem Kriterium „hierarchischer Status", d.h. nach seiner Position und seinen Erfahrungswerten im Unternehmen,

- nach dem Kriterium „Charisma", also der Fähigkeit, durch Emotionen wie Begeisterung, Ausstrahlung oder Leidenschaft andere zu gewinnen, oder

- nach dem Kriterium „Äquidistanz", d.h. der Fähigkeit, zu allen Teammitgliedern die gleiche Nähe oder Distanz zu entwickeln (und nicht Einzelne zu bevorzugen).

Die Übernahme einer Teamfunktion erfährt bei den Mitarbeitern grundsätzlich eine gute Bewertung, da man hier Arbeitsabläufe und Arbeitsergebnisse in der bestehenden Arbeitsumgebung beeinflussen sowie sich anwendungsorientiert qualifizieren kann. Allerdings ist ein Teamlernen mit immensen zeitlichen und emotionalen Investitionen (Überstunden und Konflikten) der Mitglieder verbunden. Hinzu kommen die Investitionen in das Erlernen professioneller Fähigkeiten des Projektmanagements. All dies muss ein Teammitglied in Zeiten, in denen bereits eine hohe Teameffizienz eingefordert wird und ein hoher Erfolgsdruck auf allen Beteiligten lastet, auf sich nehmen. Zudem muss das Team einen „Trend" mit berücksichtigen: Man lernt viel, aber schätzungsweise 60 bis 70 % aller Teamprojekte in einem Unternehmen erreichen ihr angestrebtes Ziel nicht. Hauptgrund ist die Problematik, dass die Teamaufgaben meist neben der eigenen Kerntätigkeit zu bewältigen sind, der Teamleiter nicht die Akzeptanz durch die Teammitglieder erfährt und Interessenkonflikte kein Teamergebnis zustande kommen lassen.

- Die Fähigkeiten aus dem Gruppen-/Teamlernen bilden eine zentrale Voraussetzung für ein erfolgreiches **„Job Enrichment"**. Dieses bezeichnet das Konzept der Arbeitsplatzbereicherung, indem der Mitarbeiter eine hierarchisch höherwertige Anforderung mit in seinen Aufgabenbereich übernimmt, ohne jedoch hierfür mehr Kompetenzen zu erhalten. Das Ziel ist, sich für eine höherwertige Position und deren Aufgaben zu beweisen. Dabei geht es einerseits um die Fähigkeit, komplexere Anforderungen als bisher zu erfüllen, sowie andererseits, sich des übertragenen Vertrauens durch ein hohes

Maß an Loyalität und sozialer Kompetenz gegenüber einer Führungskraft, einem Führungskreis oder einer Task Force (Stab) als würdig und kompetent zu erweisen. Beistand kann man in Einzelfällen durch ein „Coaching" erhalten, wobei nicht ausgeschlossen ist, dass die Führungskraft diese Rolle selbst übernimmt. Coaching ist eine persönliche und zeitlich befristete Beratung des Mitarbeiters mit dem Ziel, dass dieser die beruflichen Anforderungen erfolgreich und weitestgehend selbstständig zu bewältigen in der Lage ist. Es werden vom Coach kontinuierlich Rückmeldungen zur Leistungserbringung gegeben sowie neue Verfahrensweisen und Problemlösungsmethoden für den Mitarbeiter erläutert. Somit lernt der Coach bzw. die Führungskraft oder ein anderes Mitglied aus einer Task Force diesen Mitarbeiter über fachlich anspruchsvolle Herausforderungen näher kennen und erfährt zudem, wie der „persönliche und soziale Reifegrad" des Mitarbeiters ausgebildet ist. Der Mitarbeiter wiederum gewinnt nicht nur eine größere Nähe zur Führungskraft, sondern auch Einblick in dessen „Führungs-Netzwerk".

- Die Fähigkeiten aus dem Gruppen-/Teamlernen bilden ferner eine zentrale Voraussetzung für ein erfolgreiches „**Job Enlargement**". Dieses ist als Arbeitserweiterung bzw. Vergrößerung des Arbeitsumfangs auf der gleichen Hierarchiestufe („mehr desselben") zu verstehen, sodass man sich auch mit mehreren Kolleginnen und Kollegen des gleichen Bereichs auszutauschen hat (horizontale Kooperation). Die Führungskraft erkennt, ob der Mitarbeiter eine größere Anzahl an gleichen oder ähnlichen Teilaufgaben bewältigen kann, wobei diese zusätzliche Belastung mit dem Anreiz einer höheren Entlohnung oder/und einer zusätzlichen, umfassenderen Verantwortung verbunden ist.

- Die Fähigkeiten aus dem Gruppen-/Teamlernen bilden ferner eine zentrale Voraussetzung für ein erfolgreiches „**Job Rotation**". Dieses zielt darauf ab, dass Mitarbeiter unterschiedliche funktionale und regionale Tätigkeitsbereiche kennenlernen, was zu einer persönlichen und fachlichen Horizonterweiterung führt (z.B. interkulturelle Kenntnisse und bereichsübergreifende Unternehmenskenntnisse).

Derartige arbeitsplatzbezogene Entwicklungsmaßnahmen basieren auf dem sogenannten „Empowerment-Gedanken", wonach Mitarbeiter sich selbstmotivierend anhand von interessanten Anforderungen bzw. Zielsetzungen und mithilfe einer Führungskraft bzw. eines Coach weiterentwickeln möchten: "… goal-setting is something that we should do in order to motivate ourselves. But managers can support this self-management. Feedback is important because measurement signals what is actually valued in an organization rather than what is claimed to be valued. Relatedly coaching aimed at improving performance through increasing a person's sense of self-efficacy can be most effective. Managers should set 'SMART' *goals* – that is, goals should be specific, measurable, attainable, relevant and have a clear time frame. The manager's own expectations of employees can also be important in shaping the goals they set themselves" (KNIGHTS, WILLMOTT 2007: 54).

Um dem Mitarbeiter Zukunftsperspektiven zu geben, integriert die Führungskraft diesen einerseits in höherwertige und bedeutsame Aufgaben in seinem Umfeld und andererseits in sein Fach- und Führungsnetzwerk, aus dem er ebenfalls Rückmeldung zu den Kompetenzen und Fähigkeiten des Mitarbeiters erhält: Für die Führungskraft bzw. den Coach bieten also diese arbeitsplatzbezogenen Maßnahmen die Chance, den Mitarbeiter mittel- und langfristig in verschiedenen Arbeitsprozessen kennenzulernen und zu prüfen, ob dieser in sein Netzwerk, bestehend aus Kollegen und anderen „Stakeholdern", stärker eingebunden werden kann bzw. von diesen akzeptiert wird. Zudem will eine Führungskraft relativ rasch einen Mitarbeiter um sich haben, dessen Entwicklungsbedarf gering ist bzw. so wenig wie möglich weitere (Opportunitäts-)Kosten verursacht. Die Opportunitätskosten (Ansatz zur Bewertung eines entgangenen Nutzens) umfassen hier eine entgangene Leistung vor allem aufgrund der mehrtägigen Abwesenheit des Mitarbeiters wegen aufwendiger Off-the-job-Qualifizierungsmaßnahmen (externe Seminare bzw. Fortbildungen). Arbeitsplatzbezogene Qualifizierungsmaßnahmen bilden hingegen nach US-amerikanischem Vorbild einen Mittelweg, den Mitarbeitern zwar eine Qualifizierung zu ermöglichen, aber die Leistung für die Führungskraft weitestgehend zu erhalten.

Falls die Führungskraft eine Zustimmung zu externen Seminaren doch geben sollte, so geschieht dies nicht immer aus Überzeugung, sondern es ist auch eine Geste der „Political Correctness" gegenüber der Personalentwicklungsabteilung, die ja mit ihren Dienstleistungen die Mitarbeiter permanent umwirbt. Die Führungskraft geht diesen Kompromiss ein, da sie durch die Bewilligung der Qualifizierungsmaßnahme in jedem Fall als „Förderer" dasteht, sich weder mit ihrer Planung und Organisation befassen muss noch für den Output der Maßnahme verantwortlich ist. Für den Mitarbeiter bedeutet die Qualifizierungsmaßnahme hingegen eine grundsätzliche Wertschätzung seines Mitarbeiterwertes, wenn das Unternehmen in ihn zeitlich und finanziell investiert. Selbst wenn das Seminarthema für ihn doch nicht maßgeschneidert umgesetzt wird und sich auch keine neuen Tipps ergeben, erhält der Mitarbeiter abseits des durchreglementierten und auf Effizienz getrimmten Arbeitstages eine abwechslungsreiche Zeit, in der er sich „entspannen", neue Kontakte knüpfen und sich zumindest über Trends zu einem Thema informieren kann („limited training"). Zudem erhält er nach der Off-the-job-Maßnahme ein Zertifikat, das seine Kompetenzaktie „schmückt".

Obwohl sich der Mitarbeiter kurzfristig in seinem Mitarbeiterwert Zukunftsperspektive beachtet fühlt, muss er manchmal feststellen, dass ihm mittelfristig der Zugang zu interessanten Anforderungen, zu höherwertigen Projekt-/Teamfunktionen und einflussreicheren Positionen trotz dieser Zertifikatsansammlung weiter verwehrt bleibt. Dass ein Qualifikationszertifikat noch keine Wirkung entfalten muss, haben die Personalentwicklungsabteilungen seit spätestens den 1990er-Jahren erkannt und sich zu „Dienstleistern auch für Führungskräfte“ und deren Arbeitsbereiche gewandelt, indem sie die Planung und Organisation von arbeitsplatzbezogenen Entwicklungsmaßnahmen mit in ihr Angebot aufgenommen haben: Es wurden Maßnahmen entwickelt, um Mitarbeiter bei neuen, höherwertigen Anforderungen zu begleiten (Coaching/Lernpartnerschaften) und um Mitarbeiter bei zukünftigen Projekt- und Teamfunktionen professionell zu unterstützen (z.B. „Customized Workshops“ zu Change-Management-Themen). Mit diesen Qualifizierungsangeboten kommen sie den Erwartungen der Führungskräfte entgegen, sodass diese auch eher bereit sind, den Mitarbeiterwert Arbeitsperspektive und Zukunftssicherung durch Dritte anzunehmen. Zwar muss die Personalentwicklungsabteilung den Lernprozess und den Lernerfolg mit den Führungskräften teilen, ihnen gar einen Einfluss auf die Entwicklungsthemen und -zeiten geben, aber die Personalentwickler tun dies notgedrungen, um nicht noch stärker die Akzeptanz von Führungskräften und Mitarbeitern zu verlieren: Diese sehen ja, dass Zertifikate alleine nicht ausreichen, um Zukunftsperspektiven zu erreichen. Deshalb wird der Ansatz der klassischen Personalentwicklung um den Ansatz der Organisationsentwicklung erweitert.

Fazit: Kompetenzentwicklung, Entlohnungsgerechtigkeit, strukturelle und persönliche Wertschätzung sowie Zukunftsperspektiven sind zentrale Bausteine der erfolgreichen Bewirtschaftung von Mitarbeitern im Wertschöpfungsprozess. Hier gilt es, vonseiten der Führungskräfte eine Balance dieser verschiedenen Mitarbeiterwerte zu erreichen.

2.3 Führungskräfte: Profiteure und Gefangene der Unternehmenswertpolitik

Zusätzlich zum Mitarbeiterwert, der mit seinen Programmen bis in die Ebene der Führungskräfte ausstrahlt, ist der Wert der Führungskräfte durch zwei weitere Kapitalformen ausgeprägt, sozusagen vom Humankapital zum Führungskapital.

a) Das Führungskapital ist nach Ansicht von Führungskräften dann durchschnittlich erfüllt, wenn sie die **Mitgliedschaft in mindestens einem höheren Führungskreis** erhalten, um in diesem vorteilhafte Beziehungen und Kontakte zu oberen Positionsträgern zu pflegen, Einfluss auf Entscheidungen zu gewinnen sowie Macht und Status zu generieren. Damit verschaffen sie sich Zugang zu strategischen Kompetenzen, zu zusätzlichen Honorierungsoptionen, zu einer positionsgebundenen Wertschätzung sowie zu einer interessanten und mittelfristigen Arbeitsperspektive und Zukunftssicherheit.

b) Das Führungskapital ist nach Ansicht von Führungskräften überdurchschnittlich erfüllt, wenn sie eine **umfassendere Entscheidungskompetenz in einer dezentralen Unternehmensstruktur** erhalten. Sie können dann „ihre" jeweilige „Business Unit" bzw. Geschäftseinheit als Entrepreneure selbstständiger – nach ihren strategischen, kulturellen, strukturellen und personellen Vorstellungen im Rahmen von übergeordneten Zielerreichungsvorgaben – organisieren. Beispielsweise sind sie in der Lage, den Kunden- und Mitarbeiterwert nach ihren Zielen auszuprägen oder sich Veränderungen von Dritten planen und durchführen zu lassen (Outsourcing von Change-Management-Verantwortung).

2.3.1 Führungskräfte als Teilhaber am Unternehmenskapital

Das Unternehmen trägt mit der Führungskraft ein „Preisrisiko", nämlich eine Führungskraft für den Führungskreis „einzukaufen", die a) mit Wissen und Informationen vertraulich umgehen kann, die b) ihr höheres Gehalt und die zusätzlichen Boni durch eine bessere Qualität an Entscheidungen wert ist, die c) die Maximierung der Unternehmenswerte im gemeinschaftlichen Miteinander aller Führungsmitglieder erreichen will und die d) kein Risiko hinsichtlich eines Missmanagements ihrer zu verantwortenden Geschäftseinheit mit sich bringt. Der Führungskreis hat die Aufgabe, die Führungskräfte stärker auf die Unternehmenswerte (Gewinn/Umsatz, Kundenzufriedenheit und -bindung, hohe Reputation, Qualitäts- und Innovationsführerschaft, Wachstum und Expansion oder Mitarbeiterproduktivität) auszurichten, aber auch hinsichtlich ihres individuellen Erfolgsbeitrags zu überprüfen.

Dr. Gunter Reiff
Rechtsanwalt und Steuerberater

DELOITTE MÜNCHEN

Deloitte erbringt Dienstleistungen aus den Bereichen Wirtschaftsprüfung, Steuerberatung, Consulting und Corporate Finance für Unternehmen und Institutionen aus allen Wirtschaftszweigen. Mit einem Netzwerk von Mitgliedsgesellschaften in mehr als 140 Ländern verbindet Deloitte erstklassige Leistungen mit umfassender regionaler Marktkompetenz und verhilft so Kunden in aller Welt zum Erfolg. „To be the Standard of Excellence" – für rund 170.000 Mitarbeiter von Deloitte ist dies gemeinsame Vision und individueller Anspruch zugleich.

UNBEKANNT UND UNSICHTBAR: SELBSTGESCHAFFENE IMMATERIELLE VERMÖGENSGEGENSTÄNDE

Bewertung von selbstgeschaffenen immateriellen Vermögensgegenständen

Unternehmen schaffen Werte. Häufig handelt es sich dabei um immaterielle, also körperlich nicht wahrnehmbare und nicht greifbare Werte, wie beispielsweise patentierte oder unpatentierte Technologien, Marken, Kundenbeziehungen oder Kenntnisse über bestimmte Fertigungsweisen und Prozessabläufe. Wie kann ein Unternehmen den Wert dieser selbstgeschaffenen immateriellen Vermögensgegenstände ermitteln und gegenüber Dritten kommunizieren?

Aufgrund der Neufassung von § 248 Abs. 2 HGB können Unternehmen nunmehr wählen, ob sie bestimmte selbstgeschaffene immaterielle Vermögensgegenstände des Anlagevermögens in ihrer HGB-Bilanz ausweisen wollen oder nicht. Nicht aktivierbar sind weiterhin selbstgeschaffene Marken, Drucktitel, Verlagsrechte oder Kundenlisten. Es können außerdem nur diejenigen selbstgeschaffenen immateriellen Vermögensgegenstände aktiviert werden, deren Entwicklung in einem Geschäftsjahr begonnen hat, das nach dem 31.12.2009 angefangen hat. Somit umfasst das Wahlrecht nur neu entwickelte selbstgeschaffene immaterielle Vermögensgegenstände des Anlagevermögens. Der bisherige Bestand an derartigen Vermögensgegenständen kann nicht nachträglich aktiviert werden. Gemäß den bilanziellen Grundsätzen können die selbstgeschaffenen Vermögensgegenstände maximal mit ihren Herstellungskosten angesetzt werden. In der Praxis dürfte die Ermittlung der Herstellungskosten regelmäßig die größten Schwierigkeiten bereiten, da zu den Herstellungskosten nur die Entwicklungskosten und nicht auch die Forschungskosten zählen (§ 255 Abs. 2a HGB). Der Gesetzgeber definiert „Forschung" als die Suche nach neuen wissenschaftlichen oder technischen Erkenntnissen, während „Entwicklung" die Anwendung der gefundenen Forschungsergebnisse ist. Die Abgrenzung zwischen Forschungs- und Entwicklungsphase kann nur durch eine gute Dokumentation innerhalb des Unternehmens erfolgen und ist in vielen Fällen häufig unklar.

Ob der handelsbilanzielle Ausweis in allen Fällen geeignet ist, den Wert von immateriellen Vermögensgegenständen zutreffend zu kommunizieren, ist fraglich. Insbesondere können erfolgreiche Entwicklungen durch die Begrenzung des Bilanzansatzes auf die Herstellungskosten nicht dargestellt werden. Bei der Entscheidung über die Ausübung des Bilanzierungswahlrechts muss ein Unternehmen auch berücksichtigen, dass die Entscheidung grundsätzlich einheitlich für das gesamte Unternehmen getroffen werden muss. Wenn selbstgeschaffene immaterielle Vermögensgegenstände des Anlagevermögens in der HGB-Bilanz ausgewiesen werden sollen, müssen daher sämtliche derartigen Vermögensgegenstände erfasst werden. Dies kann zu beträchtlichem Verwaltungsaufwand führen.

Sofern ein Unternehmen den tatsächlichen Wert von bestimmten selbstgeschaffenen immateriellen Vermögensgegenständen ermitteln will, bietet sich eine individuelle Bewertung dieser Gegenstände durch einen Wirtschaftsprüfer an. Der Wirtschaftsprüfer folgt bei der Bewertung regelmäßig dem IDW-Standard „Grundsätze zur Bewertung immaterieller Vermögenswerte" (IDW S5). Im Gegensatz zu den handelsbilanziellen Vorschriften sind die Bewertungsvorschriften des IDW S5 zukunftsorientiert. Der Wert des immateriellen Vermögensgegenstandes wird nicht primär durch die in der Vergangenheit angefallenen Herstellungskosten definiert, sondern durch den zukünftigen Nutzen für das Unternehmen. Der IDW S5 beschreibt verschiedene Verfahren, wie der zukünftige Nutzen ermittelt werden kann. Im Rahmen eines Bewertungsverfahrens werden üblicherweise mehrere der beschriebenen Verfahren angewandt, um den ermittelten Wert fundiert begründen zu können.

Ein Bewertungsverfahren nach IDW S5 ist aufwendig. Es lohnt sich jedoch dann, wenn der aktuelle Wert von einzelnen immateriellen Vermögensgegenständen ermittelt werden soll, um diesen Wert gegenüber Dritten, wie beispielsweise Banken oder Investoren zu vermitteln. Nur wenn es einem Unternehmen gelingt, seine unsichtbaren Werte sichtbar und bekannt zu machen, wird es die dadurch selbstgeschaffenen Wettbewerbsvorteile optimal im Markt nutzen können.

Die Führungskraft wiederum trägt ebenfalls ein „Preisrisiko", indem sie sich in die Abhängigkeit dieses Führungskreises und dessen Hauptziel der Unternehmenswertsteigerung begibt und sich damit einem ständigen Erfolgsdruck aussetzt. Sie muss entsprechend der vom oberen Führungskreis vorgegebenen Agenda handeln und diese überzeugend in die eigene „Business Unit" hinein kommunizieren, aber auch effiziente und effektive Arbeitsstrukturen in ihrem Geschäftsbereich durchsetzen, die eine Maximierung der Unternehmenswerte sichern. Ihr wird ja nur deshalb eine (gewünschte) dezentrale Unternehmensstruktur zur Verfügung gestellt, damit sie die erwarteten Unternehmenswerte wie Kundenorientierung, Effizienzoptimierung sowie Gewinnmaximierung besser erreicht. Das Ziel ist vorgegeben, der Weg dorthin obliegt der Führungskraft und deren Führungsteam. In diesem System ist die Führungskraft von den Zwängen der hierarchischen Linienorganisation entbunden. Sie ist nicht mehr in einer „klassischen Sandwich-Position", die Aufträge entgegennimmt und weiterreicht, sondern nun in einer wirklichen oberen Führungsposition, in der sie strategisch, strukturell und kulturell unternehmerische Akzente setzen kann. So kann die Führungskraft nun mehr auf Autonomie und Ressourcen, mehr auf Status und Einfluss, mehr auf Boni und andere materielle Zuwendungen zugreifen. Hierfür gilt es, die umfassenden Anforderungen an ihren Geschäftsbereich durch eine effiziente und effektive Management- und Führungsstruktur zu erfüllen, denn die Führungskraft muss anhand von Zahlen, Daten und Fakten (Reporting) kontinuierlich unter Beweis stellen, dass sie ihren zu verantwortenden Geschäftsbereich erfolgreich managen und führen kann.

Da sie in der Vergangenheit meist als eine administrierende – planende, organisierende und kontrollierende – Führungskraft gewirkt und hierdurch sich auch erfolgreich in ihrer Karriere „nach oben" gearbeitet hat, wird sie diese „Erfolgsfaktoren aus der Vergangenheit" bzw. ihre persönlichen Eigenschaften bei der Entwicklung der von ihr zu verantwortenden Geschäftsstruktur und -strategie einsetzen: Sie beginnt nun, strategische Workshops und regelmäßige Sitzungen (Jour fixe) einzuplanen, um die Mitarbeiter in Richtung der Unternehmenswerte zu „konvertieren" und den Geschäftsbereich durch zahlreiche Rahmen-, aber auch Verwaltungsvorgaben zu organisieren. Um all ihren Anforderungen gerecht zu werden, wird sie immer mehr gleichgesinnte Mitarbeiter in eine Führungsposition aufnehmen und damit relativ schnell einen „bürokratischen Wasserkopf" aufbauen. Für bestimmte Mitarbeiter ist dies eine Chance, aufzusteigen, denn Führungskräfte haben mit der vorherrschenden Entgeltkarriere besser denn je die Möglichkeit, auch solche Mitarbeiter, die bisher selbst keine Mitarbeiter zu führen hatten, ab einer bestimmten (außertariflichen) Gehaltsstufe mit dem Titel einer Führungskraft zu versehen. Dies führt zwar zu einer Inflationierung des Titels Führungskraft, lässt aber eben auch mehr gleichgesinnte Fachkräfte aufsteigen, die einem bei der Planung, Organisation und Kontrolle behilflich sein können. Damit steigen auch Mitarbeiter ohne jegliche Führungserfahrung auf. Manche von ihnen versuchen, zumindest unmittelbar nach der Übernahme ihrer Führungsverantwortung eine Führungskompetenz zu erlernen; andere glauben, diese sei ihnen „angeboren", sodass sich Qualifizierungsmaßnahmen erübrigen.

Die Führungskräfte werden alles tun, um die vorgegebenen Unternehmenswerte zu erfüllen. Hierzu werden sie ihre eigene Management- und Führungsstruktur so ausgestalten, dass sie für die Maximierung der vorgegebenen Unternehmenswerte die notwendigen Entwicklungs-/Veränderungsprozesse initialisieren, ohne sich jedoch selbst an der zeitlich und konzeptionell aufwendigen Umsetzungsphase von solchen Prozessen und Projekten zu beteiligen. Vielmehr überträgt eine Führungskraft relativ schnell die Konzipierung von Veränderungsprojekten oder die Optimierung von Arbeitsprozessen an Dritte und, wenn vorhanden, an entwicklungsorientierte Fach- und Führungskräfte oder auch an externe Berater. Damit kann sich eine Führungskraft zwar als Change Manager bezeichnen, der zahlreiche Veränderungs-/Entwicklungsprojekte initiiert und einen gewissen Aktionismus vorweist, sich aber auch an der Umsetzungsphase der eigenen Projekte und Prozesse nicht beteiligt. Vielfach hat sie dann noch die Möglichkeit, sich vom Output zu distanzieren; unerwünschte Projekt- und Prozessergebnisse können problemlos gestoppt werden („in den Schubladen verschwinden"), obwohl Kosten und Frustration bei den Mitarbeitern entstehen. Die Führungskraft lebt in organisierter und geduldeter Weise „Verantwortungslosigkeit". Mindestens jedes zweite Projekt in deutschen Unternehmen wird mittelfristig nicht weiter verfolgt, wodurch ein volkswirtschaftlicher Schaden in Milliardenhöhe entsteht.

Die Führungskraft bleibt letztlich im „Managerialismus verhaftet" und führt meist nur über persönliche und informelle Gespräche, um Menschen für sich zu gewinnen und eventuell auftretende Risiken im Vorfeld zu vermeiden. Wirkliche Führung beweist sie nur im notwendigen strukturellen Umbau ihres zu verantwortenden Geschäftsbereichs, also im Bereich der Reorganisation bzw. des Business Reengineering: Sie muss in einer dezentralen Unternehmensstruktur (Profit/Business Center) zur Unternehmenswertsteigerung beitragen und sich hierbei auf das Konzept der „Netzwerk- oder fraktalen Organisation" einlassen. Damit hat sie im oberen Führungskreis nicht nur über Erfolge oder Arbeitsprogramme kontinuierlich zu berichten (Reporting), beispielsweise wie gewinnorientiert, kundenorientiert und innovativ sie arbeitet, sondern auch, wie weit der Umbau zu einem flexiblen, wertschöpfungsorientierten Unternehmen zwischenzeitlich gediehen ist.

Für die Führungskraft ist dies eine besondere Herausforderung, da sie vielfach in einer klassischen Linienorganisation „sozialisiert" wurde. Sie hat erst einen Strukturwechsel erlebt, als sich das zentralistisch organisierte Unternehmen öffnete, um mehr unternehmensrelevante Produkte oder Dienstleistungen von externen Anbietern zu beziehen (Outsourcing). Diese Zulieferer haben in der Steuerung eines Unternehmens eine enorme Bedeutung gewonnen. In einem solchen System haben die Führungskräfte die Aufgabe, mit externen Unternehmenspartnern nützliche Allianzen aufzubauen. Damit verbunden war eine regelmäßige Zusammenarbeit zwischen rechtlich und wirtschaftlich selbstständigen Unternehmen (regional, überregional oder international), um Produkte oder Dienstleistungen preisgünstig zu beziehen: Jedenfalls preisgünstiger, als wenn man diese als Unternehmen selbst herstellen würde. Es entfaltete sich eine Netzwerkarchitektur zwischen dem Unternehmen und seinen Zulieferern, um vor allem die globalen Vorteile zur Kosteneinsparung in Anspruch zu nehmen: "The network notion emphasizes the importance and potential of interdependencies within and between organizations. It takes a more modular view, with organizations forming more or less temporary alliances and partnerships to develop or produce services and products in ways that are more cost-effective than undertaking the equivalent in-house" (KNIGHTS, WILLMOTT 2007: 216). Die Vorteile eines klassischen „Outsourcing" lassen sich wie folgt darstellen:

1. Führungskräfte verfolgen mit dieser Art der Netzwerkorganisation das Ziel, die Kosten der Herstellung und des Vertriebs von Produkten und Dienstleistungen zu senken. Hierzu greifen sie auf solche Kooperationspartner zu, die über eine **hohe Spezialisierung** verfügen, die die **günstigsten Produktionskosten** haben und oftmals direkt an den Endkunden anliefern.
2. Führungskräfte verfolgen mit dieser Art der Netzwerkorganisation das Ziel, die **Verwaltungskosten zu reduzieren**, da der Kooperationspartner in seinem Wertschöpfungsprozess auch bestimmte (dauerhaft bestehende) Verwaltungskosten trägt und man sich selbst aufwendige Verwaltungsaufwendungen erspart („Overhead"-Kosten).
3. Führungskräfte verfolgen mit dieser Art der Netzwerkorganisation das Ziel, **flexibler auf Marktveränderungen zu reagieren**, d.h. das Unternehmen kann dem Kooperationspartner rascher kündigen und neue Vereinbarungen mit „passenderen Unternehmen" schließen, die schneller, kostengünstiger, qualitativ hochwertiger arbeiten und auch andere Produkte zur Verfügung stellen.

Als Unternehmen hat man grundsätzlich den Vorteil, so wenig wie möglich eigene zu bewirtschaftende Arbeitsplätze und eigene zusätzliche Infrastrukturen bereitstellen zu müssen. Als Führungskraft hat man den Vorteil, sich auf das Management dieser Partnerschaft und damit auf die Planung, Organisation und Kontrolle begrenzen zu können. Beispielsweise müssen logistische Abläufe oder qualitative Feinheiten im Rahmen der Leistungserbringung nachjustiert werden. Unternehmen erkannten jedoch bald die Probleme mit derartigen externen Unternehmenskooperationen, insbesondere mit den Defiziten ihrer Fach- und Führungskräfte im Umgang mit ihren Kooperationspartnern: Es geht vor allem um deren Neigung, die Verantwortung für auftretende Probleme an den Kooperationspartner abzuwälzen („Schuld waren immer die Lieferanten"). Hinzu kommen weitere Nachteile des klassischen „Outsourcing":

- Die Qualität der ausgelagerten Prozesse kann nur indirekt beeinflusst werden und bei einem Qualitätsverlust „haftet" gegenüber dem Kunden immer das eigene Unternehmen und nicht der Zulieferer (Imageverlust).

- Eine zunehmende Abhängigkeit von der „Güte des Kooperationspartners", beispielsweise von seiner Liefertreue, von seinen Umweltstandards oder von seiner Personalpolitik (Bewahrung von Arbeitnehmerrechten).

- Der Schutz des an einen Kooperationspartner zu transferierenden Know-hows ist oft nicht sichergestellt (Spionage).

Ein zentrales Problem bleibt das Schnittstellenmanagement, d.h. die Kommunikation zwischen Führungskräften des eigenen Unternehmens mit denjenigen des Partnerunternehmens. Vielfach fehlt es an informellen und direkten Kontakten, beispielsweise zwischen Fertigung und Konstruktion, um gemeinsam voneinander zu lernen und neue Verbesserungsideen aufzunehmen. Da solche Outsourcing-Projekte von den eigenen, aber auch den Führungskräften des Partnerunternehmens nur unzureichend geplant, organisiert und kontrolliert wurden, sind die Unternehmen wieder vorsichtiger geworden, solche Kooperationen in größerem Umfang einzugehen. Als Reaktion darauf hat sich seit den 1990er-Jahren der Trend in eine Auslagerung von Produktions- und Dienstleistungsprozessen in eigene Tochtergesellschaften verstärkt. Mehr und mehr Führungskräfte können eine „Business Unit" bzw. eine Geschäftseinheit übernehmen, wenn sie bereit sind, diese auf die Maximierung der Unternehmenswerte, beispielsweise des Gewinns und des Umsatzes, der Kundenorientierung, der Effizienz und der Mitarbeiterproduktivität, auszurichten sowie das Management und die Führung komplett in ihre Verantwortung zu übernehmen. Damit stehen sie für Erfolg und auch Misserfolg, der nicht mehr weggeschoben werden kann, in der Verantwortung. Die Führungskräfte erhalten im Rahmen eines unternehmensinternen Outsourcing die Aufgabe intern, d.h. den anderen Tochtergesellschaften zugewandt, aber auch extern, d.h. anderen Wirtschaftsunternehmen am Markt zugewandt, als Wirtschaftspartner zur Verfügung zu stehen.

Im Vordergrund steht somit die Ausgründung von Unternehmensabteilungen in rechtlich selbstständige, aber zum Unternehmensverbund gehörende Unternehmen, sogenannte „Unternehmen im Unternehmen". Die „Weichheit" dieser Variante tritt dadurch zutage, dass bestehende Arbeitsplätze über einen gewissen Zeitraum erhalten bleiben. Es geht hierbei nicht vorrangig um einen Personalabbau, sondern vor allem um eine Maximierung des Gewinns, eine bessere Kontrolle der Kosten sowie eine Beschleunigung von kundenorientierten Produkt- und Serviceleistungen. Zudem lassen sich Veränderungsprozesse hinsichtlich der Marktveränderungen und Kundenbedürfnisse erheblich schneller umsetzen. Beispielsweise können bestimmte Produkte und Dienstleistungen schneller vom Markt genommen werden, damit jedoch auch die damit verbundenen Arbeitsplätze rascher abgebaut werden, um dann neue Produkte und Dienstleistungen mit neuen Mitarbeitern und neuen Kompetenzen an neuen Standorten aufzubauen. Ein Schnittstellenmanagement entfällt, da die Führungskräfte – nun zu Geschäftsführern oder oberen Führungskräften in ihrer „Business Unit" ernannt – eine direkte Koordinationsmacht in ihrem Geschäftsbereich ausüben. Die Gesellschafter dieser Tochtergesellschaften wiederum haben selbst gute Kontrollmöglichkeiten über den Erfolg oder Misserfolg ihrer „Business Units". So bleibt ihnen jederzeit die Möglichkeit, in die Tochterunternehmen gerade bei Krisen und hohen Umsatzverlusten einzugreifen, indem sie Geschäftsführer und obere Führungskräfte austauschen. Zudem können sie durch das „Reporting" einen konstanten Druck auf die Geschäftsführer und ihre oberen Führungskräfte in der „Business Unit" ausüben, um damit ihre übergeordnete Mission, den „Shareholder Value" zu mehren, besser durchzusetzen.

Für die Führungskräfte selbst ergeben sich durchaus Vorteile einer derartigen Netzwerkorganisation:

1. Unternehmen verfolgen mit dieser Art der Netzwerkorganisation erstens das Ziel, die **Macht des Betriebs-/Personalrates zu schwächen**: Der Wandel von einem größeren Unternehmen zu mehreren kleineren und eigenständigen Tochtergesellschaften führt dazu, dass in den jeweiligen Tochterunternehmen zwar ein eigenständiger Personal-/Betriebsrat weiterhin besteht, jedoch dieser schon aufgrund der nun weniger zu repräsentierenden Mitglieder an Einfluss verliert.

2. Unternehmen verfolgen mit dieser Art der Netzwerkorganisation zweitens das Ziel, in den neu gegründeten Tochtergesellschaften sowohl **neue Tarifverträge zu fixieren** als auch den Anteil an „außertariflich Beschäftigten" zu vergrößern. In der Regel umfassen neue Tarifverträge auch neue Regelungen zur Arbeitszeit und zur Entlohnung. Beispielsweise eine „Mehrarbeit ohne Lohnausgleich" durch die Erhöhung der Wochenarbeitszeit oder/und eine Verringerung der Grundgehälter, sodass für die gleiche Arbeit zukünftig weniger bezahlt wird. Bei diesem „Verhandlungspoker" zwischen Arbeitgeber- und Arbeitnehmerseite trifft die Arbeitnehmer schnell das drohende Argument, dass bei Nichtduldung dieser neuen tariflichen Regelungen eine Verlagerung der Tätigkeiten ins Ausland stattfinden kann oder ein höherer Anteil an Leiharbeitern die bestehenden Arbeitsplätze ersetzen könnte.

3. Unternehmen verfolgen mit dieser Art der Netzwerkorganisation drittens das Ziel, zwischen den Tochtergesellschaften einen „Wettbewerb" zu initiieren und **unrentable Tochtergesellschaften zu schließen**. Die Koordinationsmacht der oberen Führungskräfte ermöglicht es, dass ein Tochterunternehmen quartalsmäßig oder halbjährlich eine „Wirtschaftlichkeitskontrolle" (Umsatz-/Gewinnabschluss) über sich ergehen lassen muss: Je geringer von den oberen Führungskräften der Beitrag der Tochtergesellschaft zur „Kernstrategie des Unternehmens" eingeschätzt wird und je höher der Umsatz-/Gewinneinbruch, desto stärker wächst die Gefahr, dass das Tochterunternehmen entweder verkauft oder gar (bei Verlusten) liquidiert wird.

4. Unternehmen verfolgen mit dieser Art der Netzwerkorganisation viertens das Ziel, **erfolgreiche Tochtergesellschaften zu vergrößern oder zu verkaufen**: Gewinne werden heutzutage nicht mehr nur mit Produkten oder Dienstleistungen, sondern auch mit dem „Handel von Unternehmen" gemacht. So werden Unternehmen „mit einem Preis versehen" (Unternehmensbewertung): Es werden fremde Unternehmen hinzugekauft, wenn sie in die Kernstrategie des Unternehmens passen, und es werden eigene Unternehmen verkauft, wenn diese sich als nicht mehr strategisch wertvoll, aber dennoch als rentabel erweisen. Bevor man an den Verkauf eines erfolgreichen Unternehmens geht, wird man jedoch nicht nur seine strategische Bedeutung bewerten, sondern auch, inwieweit man das Unternehmen noch über einen längeren Zeitraum hinweg optimieren kann, um es zu einem späteren optimaleren Wertschöpfungszeitpunkt zu veräußern.

Während Management das Planen, Organisieren und Kontrollieren im Organisationssystem im Blickpunkt hat, bedeutet Führung eine Veränderung bzw. Transformation am Organisationssystem. Einer Führungskraft geht es vor allem darum, ihr komplexes Unternehmenssystem zielgerichtet durch eine Reorganisation (Business Reengineering) zu einer höheren Wertschöpfung zu bewegen, d.h., in periodischen Abständen eine Umgestaltung von Unternehmensstrukturen und -strategien zu realisieren. Dabei gilt es, sowohl mit Veränderungstreibern, wie Kommunikation und Information, als auch mit Veränderungswiderständen umzugehen. Gerade die aufwendige Umsetzungsphase, welche die Führungskraft konstant und persönlich begleiten sollte, macht die Arbeit an Reorganisationsvorhaben bei den meisten von ihnen nicht beliebt. Doch der Erfolgsdruck, der von den oberen Führungskreisen sowie den Gesellschaftern ausgelöst wird, zwingt sie dazu, periodisch die Strukturen und Strategien weiterzuentwickeln, um die Wertschöpfung zu maximieren. Schließlich haben sie eine Netzwerkstruktur und damit Rahmenbedingungen erhalten, die es ermöglichen, rascher auf Marktveränderungen und flexibler auf sich verändernde Kundenbedürfnisse zu reagieren. Erfolgsdruck und die ihnen zur Verfügung gestellte Netzwerkstruktur zwingen somit die Führungskraft dazu, bestehende Arbeitsprozesse nicht nur zu verfeinern und zu optimieren (Single-Loop-Learning), sondern immer wieder neue, wertschöpfungsorientiertere Strategien zu entwickeln und über neue Arbeitsstrukturen durchzusetzen (Double-Loop-Learning). Ein solches Reorganisationsvorhaben kann die Führungskraft nicht einfach an die eigenen Mitarbeiter oder Führungskräfte in den Bereichen delegieren, gegebenenfalls dann noch moderieren. Damit würde sie das Reorganisationsvorhaben nicht nur anderen in die Hände spielen, sondern auch der Gefahr der Erfolglosigkeit aussetzen. Denn innerhalb des Unternehmens sehen viele den Bedarf nach noch höherer Wertschöpfung und Reorganisation mit Skepsis, ja, sie versuchen, mit ihren Abwehrmechanismen eine Führungskraft in ihren Maßnahmen zu hemmen oder, falls noch alte Rechnungen offen sind, gar zu blockieren. Ein Misserfolg würde in diesem Fall direkt auf die Führungskraft selbst zurückstrahlen und der obere Führungskreis würde die Führungs-„kraft" infrage stellen.

2.3.2 Führungskräfte als Abhängige von sozialen Netzwerken

Damit eine Führungskraft ihre Reorganisation erfolgreich umsetzen kann, baut sie sich ein loyales und einflussreiches Führungskartell auf, zu dem nur ausgewählte Personen Zugang haben: (1) Unternehmensberater mit einem möglichst guten Image für Reorganisationen bzw. harte Sanierungen; (2) Mitglieder aus dem oberen Führungskreis, die durchaus machtvoll, im Sinne von Entscheidungskompetenz, sind und sich als Mentor oder Coach der Führungskraft zur Verfügung stellen; (3) Politiker, Wissenschaftler oder „Wirtschaftsbosse" anderer Unternehmen, deren Namen nicht nur die Führungskräfte bzw. deren Reorganisationsvorschläge „schmücken", sondern die ihnen mit Problemlösungskonzepten und ihrem Netzwerk in der Umsetzungsphase behilflich sind; (4) vertraute Mitarbeiter aus dem eigenen Unternehmen, die eine höhere Loyalität gegenüber der Führungskraft aufweisen als gegenüber den eigenen Kollegen.

Unternehmensberater mit einem möglichst guten Image für Reorganisationen bzw. Sanierungen sind für die Führungskräfte besonders geeignet, um in Bezug auf Zeit und Energie entlastet zu werden: Diese Unternehmensberater sind in der Lage, die Vorstellungen der Führungskraft konzeptionell aufzubereiten, präsentierbar zu formulieren sowie rechtlich und finanziell abzusichern:

1. Solche Unternehmensberater helfen Führungskräften erstens, mit einer „gutachterlichen Expertise dringend notwendige Reorganisationen zu legitimieren. Sie sollen a) die bereits vorgedachten Ziele und Strategien einer Führungskraft formalisieren und mit Argumenten untermauern, beispielsweise in Form von „neutralen und wertvollen Beratungsgutachten", b) der Führungskraft weitere Optimierungsideen in Form eines Feedbacks geben und c) ein überzeugendes Kommunikationskonzept gegenüber allen von der Reorganisation betroffenen „Stakeholdern" entwickeln.

2. Solche Unternehmensberater helfen Führungskräften zweitens, ihnen bei der Umsetzung der Reorganisation eine Sicherheit zu geben. Sie dienen vielfach als Personalressource, um die mit der Reorganisation verbundenen Projekt-/Sonderaufgaben in den Unternehmensbereichen umzusetzen. Damit soll vermieden werden, dass die Reorganisation nach ihrer Initialisierung durch „hausinterne Widerstände" blockiert wird, beispielsweise von Mitarbeitern, die a) bereits seit Längerem das Vertrauen in die Führungskraft verloren haben, b) bei eigenen Veränderungsprojekten von der Führungskraft im Stich gelassen oder blockiert wurden, c) die konstante Wertschöpfungsmanie zulasten der Mitarbeiter nicht mehr mitgehen wollen oder d) auch den Sinn dieser Reorganisation trotz großer Kommunikationsanstrengungen von Beratern und Führungskraft nicht nachvollziehen können.

3. Solche Unternehmensberater helfen Führungskräften drittens, selbst keine unpopulären Nachrichten verkünden zu müssen, beispielsweise zu Themen wie Kosteneinsparungen, Standortverlagerungen, Bereichsschließungen. Derartige negative Nachrichten werden vielmehr mit dem Namen des renommierten Beratungsunternehmens versehen und auf Basis des „neutralen Beratungsgutachtens" an die Mitarbeiter kommuniziert, um diese Maßnahmen „nach reiflicher Überlegung als den einzig richtigen Weg" zu propagieren. Damit spielen Berater die „Rolle der Buhmänner", welche die Schuld für unangenehme Nachrichten und Maßnahmen übernehmen. Diese Aufgabe wird zusätzlich bzw. gesondert honoriert. Der Vorteil ist vor allem, dass die Führungskraft für schlechte Nachrichten nicht vollständig verantwortlich gemacht wird, sondern der Eindruck erweckt wird, dass sie sich ebenfalls den objektiven Ermittlungsergebnissen der Berater zu mehr Effizienz und Effektivität zu beugen hat. Die Führungskraft wird erst bei angenehmeren Nachrichten wieder selbst an die Mitarbeiter herantreten.

Damit gehören die Unternehmensberater zu den wenigen Vertrauten einer Führungskraft.

Der zweite Personenkreis des Führungskartells besteht aus **Mitgliedern des oberen Führungskreises** bzw. der Gesellschafter, die einflussreich sind und sich als Mentor oder Coach der Führungskraft zur Verfügung stellen: Sie geben der Führungskraft „Rückendeckung" gegenüber Angriffen vor allem aus dem oberen Führungskreis selbst (Kollegenneid), aber auch gegenüber den Mitarbeitern. Damit entsteht der Eindruck, als sei die Führungskraft selbst „Opfer der Zwänge" bzw. alternativlos unternehmerischen Vorgaben ausgesetzt. Der Umgang mit Mitgliedern aus dem Führungskreis verlangt eine „politische Kompetenz" (Political Skills of Leadership): Hier lernt man, vertrauliche, informelle (also mitteilende, informierende) Gespräche zu führen, aus denen mündliche Vereinbarungen hervorgehen („Gentlemen's Agreement"). Im Vordergrund steht, dass die Gesprächspartner, von einer vertrauensvollen Atmosphäre getragen, eine persönlich wertschätzende Beziehung zueinander aufbauen. In einem solchen persönlichen Umgang kommt es zu einem sachlichen Argumentationsaustausch zwischen den beiden Gesprächspartnern – mit dem Ziel, eine gemeinsame Vorgehensweise zu entwickeln, aber auch Vorentscheidungen zu treffen. Zudem kommt auch ein „emotionaler Zusatznutzen" zustande, indem über „Gefälligkeiten" wie die Vergabe von Positionen, auch an Familienmitglieder und Freunde, oder „Geschenke", wie die Vergabe von Boni, gesprochen werden kann. Die Gesprächspartner können sich gegenseitig darauf verlassen, dass sie die miteinander vereinbarten Gesprächsergebnisse, z.B. eine strategische Neuausrichtung, auch gegenüber Dritten nachhaltig vertreten.

Der dritte Personenkreis des Führungskartells besteht aus Politikern, Wissenschaftlern und „Wirtschaftsbossen" anderer Unternehmen. Gerade (ehemalige) **Politiker** sind für die Führungskraft vielfach hilfreich, da sie in der Regel keine überdurchschnittliche Unternehmensexpertise mitbringen, aber ihre „Talente“, Netzwerke zu bilden und Kommunikation zu gestalten, helfen, Reorganisationsvorhaben zu stützen:

- Politiker verfügen über Kontakte, beispielsweise zu ausländischen Politikern (Ministerien), sowie zu bestimmten in- und ausländischen Unternehmen bzw. zu deren Geschäftsführern oder Vorständen.
- Politiker besitzen gute Erkenntnisse im Bereich der „Public-Private-Partnership“, beispielsweise um dem Unternehmen Wege zu Subventionen bzw. Fördermitteln, die ja von Ministerien verwaltet werden, zugänglich zu machen.
- Politiker können einen Erfahrungsaustausch mit Vorständen, Geschäftsführern, Aufsichtsratsmitgliedern anderer („befreundeter“) Unternehmen herstellen.

Wissenschaftler wiederum helfen, eine höherwertige Legitimation für Veränderungen zu gewährleisten, da ihnen eine stärkere Neutralität und Objektivität unterstellt wird. Sie gelten als weniger interessenabhängig und mehr von sachlichen Analysen geprägt. **„Wirtschaftsbosse“** anderer Unternehmen wiederum stehen den Führungskräften mit ihren Erfahrungen auf der gleichen oder auf einer höheren Ebene als Lernpartner zur Seite. Schließlich gehen Führungskräfte selten in Seminare bzw. auf Fortbildungen, weshalb diese Form des Erfahrungslernens mit oberen Führungskräften, Geschäftsführern sowie Vorständen aus anderen Unternehmen durchaus eine Sicherheit im eigenen Handeln gibt.

Der vierte Personenkreis des Führungskartells besteht aus **Mitgliedern des eigenen Umfeldes**, denen die Führungskraft ein hohes Vertrauen zukommen lässt. Von ihnen erhält die Führungskraft eine höhere Loyalität, mehr als diese Führungskräfte oder Mitarbeiter ihren eigenen Kollegen zukommen lassen. Sie stützen die Führungskraft bei zahlreichen operativen Reorganisationsaktivitäten.

Letztlich ist der Erfolg einer Führungskraft bei großen Reorganisationsvorhaben davon abhängig, inwieweit sie in ein verlässliches Netzwerk eines Führungskartells eingebunden ist. Ein solches Netzwerk erfordert die Steuerung eines Beziehungsgeflechts bzw. einer mehr oder weniger großen Gruppe an Unterstützern, die einander zumindest durch einen vertrauensvollen Informationsaustausch „verbunden“ und durch Vereinbarungen sowie Verträge ihrer jeweiligen Unternehmen voneinander abhängig sind:

> “… *successful* managers spent considerably more time networking (socialising, politicking, interacting with outsiders) … *effective* managers spent most time on communication and human resource management activities. They spent little time networking. These results implied that managers who want to rise to more senior positions should spend relatively large amounts of time and effort in networking and on the political skills of management” (BODDY 2008: 19).

Einen Zugang zu einem Netzwerk erhalten nur diejenigen, die sich durch Loyalität zur Führungskraft ausweisen oder die von einem bestehenden Netzwerkmitglied, also einer oberen Führungskraft, einem Unternehmensberater, einem Politiker, einem Wissenschaftler, einem „Wirtschaftsboss“ oder einem loyalen Mitarbeiter, empfohlen werden. Sie alle pflegen ihre intensiven Kontakte durch informelle Gespräche, die in ausgewählten Fachverbänden und in wirtschaftspolitischen Arbeitskreisen in Form von unregelmäßigen, improvisierten, themenspezifischen „Ad-hoc-Meetings“ stattfinden:

> “Networks are developed in a variety of ways, such as (1) talking with people before, during, and after meetings, ceremonies, and social events in the organization; (2) serving on special committees, interest groups, and task forces; (3) joining civic groups, advisory boards, and social clubs; and (4) attending workshops, trade shows, and meetings of professional associations. Cooperative relationships are established and maintained by showing respect and positive regard, offering unconditional favors (e.g. passing on useful information, offering to help with a problem), keeping in touch, and showing appreciation for favors received, especially those requiring a significant effort on the part of the person doing it” (YUKL 2010: 79).

Fazit: Eine Netzwerkstruktur bewirkt einen zunehmenden Erfolgsdruck auf Führungskräfte, die Wertschöpfung zu maximieren: Deshalb sind Führungskräfte in solchen Strukturen stärker als in einer Linienorganisation gefordert, Reorganisationen durchzuführen, um diese Wertschöpfungsziele zu erreichen. Da ihre Zukunft vom Erfolg solcher Reorganisationsvorhaben abhängt, müssen sie derartige Vorhaben auch selbst führen. Hierzu lassen sie sich auf die für sie zuverlässigsten Partner ein und betreiben eine zeitlich äußerst aufwendige Pflege dieser Partner, um deren Kompetenzen zu nutzen. Das Ziel ist, ein stabiles und nur der Führungskraft selbst in seinem Ausmaß bekanntes Führungskartell zu entwickeln, das mit Expertise, Kontakten und Einfluss ausgestattet ist. Gegen ein solch kraftvolles Führungskartell und die darin eingebettete Führungskraft – vonseiten anderer Führungskräfte oder Mitarbeiter – vorzugehen erscheint „selbstzerstörerisch“.

Die Fokussierung auf das Führungskartell führt jedoch dazu, dass die Führungskraft häufig weniger an Veränderungsprojekten ihrer eigenen Fach- und Führungskräfte partizipiert. Die Führungskraft zieht sich, so der Eindruck vieler Mitarbeiter, aus ihrer Führungsverantwortung gegenüber den „unteren Veränderungsprojekten“ zurück, versucht eher noch – da zeitlich begrenzt – zu „moderieren“. Dieser Führungsstil („Ich bin dabei und stehe für nichts“) ermöglicht zwar eine gewisse Flexibilität, um als Führungskraft nicht vollständig von den unteren Veränderungsprojekten und den dahinterstehenden Mitarbeiterinteressen „zeitlich verschlungen“ zu werden. Es entsteht jedoch der Eindruck, dass sie ihre Mitarbeiter und deren Veränderungsprojekte oftmals im Stich lässt und nicht nur zeitlich, sondern auch menschlich sehr schwer für die Mitarbeiter greifbar ist. Die Rolle der

Führungskraft als „Change Leader“ wird dadurch angeschlagen: Einerseits würdigen manche Mitarbeiter noch, dass die Führungskraft wenigstens zeitweise sich im Veränderungsprojekt „moderativ und ratgebend“ einbringt, andererseits ist schnell der Ruf einer „lahmen Ente“ hergestellt, die sich nicht vollständig hinter das Veränderungsprojekt ihrer Mitarbeiter und Führungskräfte stellt (fehlendes „Commitment“).

Die überwiegende wissenschaftliche Literatur nimmt dieses Defizit in der Führung gegenüber den Mitarbeitern thematisch auf und auch zum Anlass, immer mehr Tipps und neue Anforderungen im Umgang der Führungskraft mit ihren Mitarbeitern zu postulieren: Es fehlen jedoch empirische Untersuchungen dazu, ob sich die Führungsqualität im Bereich der Mitarbeiterorientierung in den vergangenen zwei Jahrzehnten tatsächlich verbessert hat.

3 Der Einfluss der Unternehmenskultur auf die Führung von Unternehmenswerten

Die gesellschaftlich vorherrschenden Unternehmenswerte, wie Gewinnmaximierung und Unternehmenseffizienz, Kundenzufriedenheit und -bindung, Innovations- und Qualitätsführerschaft, Wachstum und Expansion, Imageoptimierung und Mitarbeiterproduktivität, haben sich unternehmensweit in Geschäftsberichten und Informationsveranstaltungen, in Schulungsangeboten und Kompetenz-Audits bis hin zu Mitarbeiter- und Zielvereinbarungsgesprächen niedergeschlagen. Neue Unternehmenswerte wie Nachhaltigkeit bzw. eine ökologisch und sozial verantwortliche Produktion stehen in ihrer Entwicklung. Die Schwierigkeit besteht heutzutage nicht darin, diese Unternehmenswerte (unter Berücksichtigung der Interessen der unternehmensinternen und unternehmensexternen „Stakeholder") aufzubauen bzw. umzusetzen, sondern sie mittel- und langfristig in ihrer Wertschöpfung zu erhalten und weiter zu optimieren. Denn die Unternehmenswerte unterliegen einem permanenten Wettbewerbsdruck und sind nur dann gesellschaftlich und wirtschaftlich etwas „wert", wenn man sie mithilfe von innovativen Verbesserungs- und Veränderungsmaßnahmen („iChange") gegenüber diesem Wettbewerb absichert. Der Schlüssel hierzu liegt in der „unternehmerischen Intelligenz", also der Fähigkeit eines Unternehmens, das Kunden-, Mitarbeiter- und Führungskapital so zu (re-)organisieren, dass mittel- und langfristig eine abgesicherte Wertschöpfung erreicht wird. Hierzu bedarf es einer Innovationsleistung im Managen und Führen, indem durch zahlreiche Verbesserungen und Veränderungen a) über die Arbeitsstrukturen und -prozesse, b) über die Kooperations- und Kommunikationsbeziehungen sowie c) über die Managementinstrumente und -techniken es zu einer konstanten Erneuerung der Unternehmenswerte kommt. Dementsprechend geht es nicht nur um eine Innovation des Produktes oder der Dienstleistung, sondern darum, wie professionell und nachweisbar Führungskräfte und Mitarbeiter notwendige Verbesserungs- und Veränderungsmaßnahmen planen, organisieren, führen und kontrollieren können. Es geht zudem auch darum, ob Führungskräfte und Mitarbeiter die notwendigen Verbesserungen und Veränderungen in ihren Bereichen überhaupt eigenständig realisieren dürfen, um dadurch die gewünschte Unternehmenswertsteigerung herzustellen.

Zwar werden Veränderungen rasch als notwendig und wertvoll postuliert, aber die Veränderungswiderstände und -hindernisse in einem Unternehmen sind oftmals enorm, sodass schätzungsweise 70% bis 80% aller Veränderungsprojekte scheitern. Ursache ist ein latentes Spannungsverhältnis zwischen Veränderungstreibern und Veränderungsgegnern, zwischen Veränderungsgewinnern und Veränderungsverlierern, zwischen Veränderungskompetenten und Veränderungsinkompetenten. Diese Spannungsverhältnisse führt dazu, dass Verbesserungen und Veränderungen nur sehr schwerfällig oder oftmals nur in Krisenzeiten umgesetzt werden.

Denjenigen Führungskräften und Mitarbeitern, die sich einer Veränderung gegenüber offen zeigen, geht es nicht nur um die unternehmerischen Zielsetzungen, sondern sie verbinden damit auch persönliche Motive, wie a) die Erreichung zusätzlicher Wertschätzung, b) einen besseren Zugang zu Boni für nachhaltige Leistungen oder c) eine neue Herausforderung zur persönlichen Weiterentwicklung und zum Lernen. Zahlreiche Führungskräfte und Mitarbeiter wollen und dürfen auch verändern, aber dennoch scheitern zu viele Veränderungsprojekte. **Das Scheitern von Veränderungen hat vielschichtige Hintergründe**:

a) Führungskräften und Mitarbeitern werden häufig vom Zeitgeist geprägte Veränderungskonzepte und -methoden vorgestellt, die von Beratungsgesellschaften protegiert, von Wissenschaftlern publiziert und von Schulungsinstitutionen trainiert werden, obwohl diese **Konzepte und Methoden in den gegenwärtigen Strukturen des Unternehmens nicht umsetzbar sind**. Sie lassen sich eben nicht in den „organisationalen Reifegrad" bzw. in die Kultur des jeweiligen Unternehmensbereiches einpassen oder würden einen zeitlich, finanziell und personell zu hohen Aufwand erfordern.

b) Führungskräfte und Mitarbeiter müssen die **Veränderungsleistung zusätzlich zu ihrer Kerntätigkeit,** die unter keinen Umständen leiden darf, durchführen. Überstunden und Sondertermine sind die Regel, um alle Beteiligten zusammenzuführen und unter dem vorherrschenden Zeitdruck zu gemeinschaftlich getragenen Lösungen zu kommen.

c) Führungskräfte und Mitarbeiter benötigen vielfach die Unterstützung von Beratern, sodass es notwendig ist, (1) **die „richtigen Berater"** auszuwählen, (2) mit ihnen einen auf das Veränderungsziel ausgerichteten Projektplan mit Meilensteinen festzulegen, (3) sie in die Rahmenbedingungen des Unternehmensbereiches einzuführen und (4) sie bei den Veränderungsträgern zu „akkulturieren". Zudem gilt es, eine Balance zwischen dem kommunizierten Beratungsbedarf des Beraters (finanzielles Eigeninteresse) und dem tatsächlichen Bedarf des Unternehmensbereiches zu finden.

d) Führungskräfte und Mitarbeiter haben zu wenig Möglichkeit, Strategien und Instrumente im **Management von Veränderungen professionell zu erlernen**. Ein arbeitsplatzbezogenes Lernen (Erfahrungslernen) findet kaum statt. Die meisten Veränderungsmitglieder stehen bei einem Erfolg bereits einem weiteren Veränderungsprojekt gegenüber oder müssen sich den – so weit als möglich – vorübergehend zurückgestellten Kerntätigkeiten wieder rasch zuwenden. Bei Misserfolg wiederum erscheint es besser, das Veränderungsvorhaben „im Sande verlaufen zu lassen“ bzw. „stillschweigend zu begraben“, da sich ein Misserfolg auf zukünftige Positionen und Funktionen auswirken kann (**Individualisierung von Schuld**). Da jeder in einen solchen Misserfolg bei Veränderungen geraten kann, eventuell man selbst bereits von Niederlagen getroffen wurde, „schweigt man miteinander“ und verhält sich bei erfolglosen Veränderungen solidarisch.

e) Führungskräfte und Mitarbeiter haben vielfach schlechte Erfahrungen mit vorangegangenen Veränderungen gemacht, verstehen den Sinn der Veränderung nicht oder vermissen ein klares zeitliches und förderndes Engagement ihrer oberen Führungskräfte. Es entwickeln sich sehr rasch Abwehrverhalten, sogenannte **„defensive routines“**: “Defensive routines are the policies or actions we put in place to prevent ourselves and our organizations from experiencing embarrassment or threat. The unintended consequence of these defensive routines is that they also prevent anyone from identifying and thereby reducing the causes of the embarrassment or threat” (vgl. ARGYRIS 1990). Zum Ausdruck kommen Abwehrverhalten durch ein Repertoire an „passiven Widerstandsformen”, bestehend aus (1) einer Abwesenheit von Meetings, (2) einer Zurückhaltung bei der Generierung von Ideen, (3) einem Sarkasmus in Bezug auf die Veränderungsziele oder (4) einer geringen Bereitschaft zur Übernahme von Arbeitsaufgeben im Rahmen des Veränderungsprojektes.

f) Führungskräfte und Mitarbeiter erleben im Rahmen von Veränderungen auch „politische Spiele“, d.h., **Veränderungsvorhaben „werden auch gescheitert“,** um beispielsweise den „jugendlichen Enthusiasmus“ oder das „bedrohliche Leistungspotenzial“ von entwicklungsorientierten Kollegen bewusst zu bremsen. Zudem beteiligen sich Kollegen an Veränderungsprojekten manchmal nur deshalb, um Maßnahmen, die sie oder ihren Bereich negativ betreffen könnten, zu verhindern. Außerdem sichern sich Seilschaften oder einzelne „political Player“ ihren Einfluss in Veränderungsprojekten und bekräftigen ihre andersartigen Vorstellungen mit einer persönlich emotionalen und vehement vorgetragenen Abwehr von Veränderungen (Konfliktbereitschaft).

g) Führungskräfte und Mitarbeiter erkennen ein Ungleichgewicht zwischen der sinnhaft kommunizierten Veränderungsidee aus dem Führungskreis („sense of urgency“) und dessen **konkrete Unterstützung bei der Planung des Veränderungsvorhabens**: Vielfach werden (1) keine oder nur unzureichende personelle und finanzielle Ressourcen zur Verfügung gestellt, (2) wird in die Qualifizierung der Veränderungsakteure nicht investiert, (3) wird der Zeitdruck in der Veränderungsphase überraschend erhöht (Fristen werden verkürzt) oder (4) entwickelt sich das anfängliche „Commitment“ des Führungskreises zu einer halbherzigen Unterstützung.

Um einen Unternehmenswert zu führen, hat eine Führungskraft folgende Fragen zu prüfen:

1. Inwieweit wirkt sich die **vorherrschende Unternehmenskultur** auf die Gestaltung von Unternehmenswerten aus? Welche Art des Veränderungsmanagements kann in einem existierenden „organisationalen Reifegrad" (Bereichskultur) überhaupt genutzt werden?

2. Welche **Widerstände** treten auf der Ebene des oberen Führungskreises und der Ebene des Veränderungsprojekts auf? Wie können die Identifikation und die Motivation der Beteiligten über die gesamte Veränderungsdauer hinweg erhalten werden?

3. Welche **Führungsinstrumente**, im Sinne einer „Leadership-Roadmap", bieten einen Einstieg in die Entwicklung von Unternehmenswerten? Wie können diese Instrumente von einer Führungskraft eingesetzt werden?

Diese Fragen zeigen bereits Aufgabengebiete von Führungskräften auf, mit denen sie bei der Führung von Unternehmenswerten konfrontiert werden. Führungskräfte werden nun zu „Change Managern", weshalb dieser Begriff im Folgenden einheitlich für die Verantwortlichen von Veränderungsprojekten steht.

Um Unternehmenswerte zu führen, muss ein Change Manager prüfen, zu welcher Art von Unternehmenskultur welches Veränderungskonzept und welche Veränderungsinstrumente passen: Hierzu werden Unternehmen einem Reifegrad typologisch zugeordnet, um dann das entsprechende Veränderungskonzept und -instrumentarium diesem Reifegrad zuzuordnen. Eine solche Reifegradanalyse („Maturity Analysis") dient somit der (diagnostischen) Planung, um festzulegen, welche Chancen und Grenzen die Change Manager haben, um die richtigen Veränderungskonzepte und -instrumente in einem Unternehmensbereich umzusetzen. Folgende fünf organisationale Reifegradtypen werden vorgestellt:

1. Führung in starren Unternehmenskulturen
2. Führung in anpassungsfähigen Unternehmenskulturen
3. Führung in teamorientierten Unternehmenskulturen
4. Führung in lernenden (flexiblen) Unternehmenskulturen
5. Führung in wertschöpfungsorientierten Unternehmenskulturen

3.1 Führung in starren Unternehmenskulturen

In starren Unternehmenskulturen dominieren die **Prinzipien der Macht und Hierarchie**, die – bildlich meist als Pyramide dargestellt – aus mehreren (in der Regel drei bis fünf) aufeinander aufbauenden Managementebenen besteht. Diese sind über einen „von oben – nach unten – nach oben" aufgebauten Dienstweg miteinander verbunden (Paternoster), sodass die Kommunikation zwischen allen Mitarbeitern und Führungskräften eindeutig geregelt ist und man sich bei Fragen und Problemen, welche die Erfüllung der vorgegebenen Aufgaben betreffen, stets an den nächsten Vorgesetzten zu wenden hat. Die Abgrenzung zu vor- und nachgeordneten Positionen und Funktionen sowie die eigenen Befugnisse und Zuständigkeiten sind in einer Stellenbeschreibung eindeutig fixiert. Änderungen im Zuständigkeitsbereich müssen wiederum genehmigt werden.

3.1.1 Macht und Hierarchie

In starren Unternehmenskulturen ist das Denken und Handeln über Macht und Hierarchie stark ausgeprägt. Dies spiegelt sich dann auch im Ausmaß an Zentralisation, Standardisierung, Formalisierung sowie Spezialisierung wider:

- Die **Zentralisation** beschreibt das Ausmaß, in dem Entscheidungsbefugnisse auf die nächsthöheren Ebenen konzentriert sind. Bei einer stark ausgeprägten Zentralisation verdichten sich die Entscheidungsbefugnisse auf die obere Hierarchie- bzw. Führungsebene, die in der Regel einen jovialen, autokratischen Führungsstil pflegt. Der Vorteil für die „Oberen Führungskräfte (OFK)" ergibt sich nicht nur durch eine starke Kontrolle über alle erledigten Aufgaben und deren Qualität, sondern auch durch die Übersicht über eine große Anzahl an Aktivitäten und damit verbunden einen sehr hohen Informations- und Wissensvorsprung gegenüber anderen. Der Nachteil ist eine Überflutung mit wesentlichen, aber auch unwesentlichen Vorlagen, sodass manche wichtigen Entscheidungen nicht mit der notwendigen Priorität getroffen, sondern verschleppt werden (Überlastung der oberen Führungsebene).

- Die **Formalisierung** beschreibt das Ausmaß, in dem bestimmte Verfahrensvorschriften zur Aufgabenerfüllung existieren, aber auch Arbeitsabläufe und -ergebnisse schriftlich festgelegt werden müssen. Das Ziel der Formalisierung ist, Vorgänge nachvollziehbar zu halten, beispielsweise um Ursachen bei Beschwerden oder auch Urheber bei Fehlern zu identifizieren. Eine starke Formalisierung besteht, wenn eine Organisation von einer umfassenden Dokumentationspflicht und einer hohen Anzahl von schriftlichen Vorgaben bzw. Anweisungen geprägt ist. Eine zu hohe Formalisierung kann jedoch zu einer Bürokratisierung und damit zu einer Beeinträchtigung der Effizienz führen, da in Bürokratien ein hohes Maß an „formalem Gehorsam" wichtiger erscheint als ein hohes Maß an Wirtschaftlichkeit.

- Die **Standardisierung** beschreibt das Ausmaß, in dem Regeln und Verfahrensvorschriften bzw. Normungen für die Aufgabenerfüllung vereinheitlicht und diese von zahlreichen oder allen Mitarbeitern eines Arbeitsbereiches anzuwenden sind (Qualitätssicherungshandbücher, DIN). Durch die Standardisierung sollen Prozesse der Leistungserstellung effizienter organisiert werden.

- Die **Spezialisierung** beschreibt das Ausmaß, in dem Aufgaben im Rahmen der Arbeitsteilung (hoch-)qualifiziert arbeitenden Stellen zugeordnet sind. Das Aufgabengebiet wird abhängig von der Fachlichkeit über eine Stellenbeschreibung aufgebaut, wobei die Aufgabenerfüllung „personenunabhängig", also weitgehend unabhängig von der Ausprägung der Persönlichkeit und der Sozialkompetenz des Stelleninhabers, erfüllt werden kann.

Je stärker diese (Aston-)Kriterien ausgeprägt sind, desto berechenbarer sind die Abläufe und Verantwortlichkeiten geregelt, aber desto starrer erscheint die Unternehmenskultur bzw. umso problematischer ist es für Führungskräfte und Mitarbeiter, Veränderungen eigenständig zu initiieren und umzusetzen.

3.1.2 Krisenbedingtes, mechanistisches Veränderungsprinzip

In einer starren Unternehmensorganisation dominiert ein **mechanistisches Veränderungskonzept**, wie die Reorganisation bzw. ein „Business Reengineering".

- Das ***Ziel*** einer mechanistischen Veränderung ist, tief greifende strukturelle Veränderungen in einem Unternehmen zu bewirken, wobei diese zu einer Optimierung der Effektivität und der Effizienz führen sollen, beispielsweise durch den Wegfall oder den Umbau von Tätigkeitsbereichen, ohne dass die Beteiligten an diesen Veränderungen selbst mitwirken dürfen. Zu solchen Strukturveränderungen zählen auch Programme zum „Outsourcing", zur Produktions-/Standortverlagerung oder zur Umstellung in der Unternehmenssoftware und Unternehmenshardware. Vor allem werden mechanistische Veränderungskonzepte bei Unternehmenskrisen genutzt, d.h., unabänderliche Unternehmensentwicklungen werden über Macht und Hierarchie nach den Richtlinien eines „ Kapitäns oder Generals" umgesetzt.

- Die ***Planung und Umsetzung*** bilden bei einer mechanistischen Veränderung zwei unterschiedliche Phasen, die meist auch von unterschiedlichen Personen gemanagt werden: Die Planung erfolgt durch einen kleinen Expertenkreis, bestehend in der Regel aus fünf bis fünfzehn Personen, dem sowohl Vertreter der Geschäftsführung, ausgewählte obere Führungskräfte sowie zusätzliche „Strategieberater oder Sanierer" angehören. Gemeinsam wird über die Entwicklung eines Aktionsplanes zur Neuausrichtung des Unternehmens gesprochen, wobei diese Diskussionen und Vereinbarungen unter großer Geheimhaltung – meist außerhalb des Unternehmens – stattfinden. Die Unternehmensberater helfen dabei, die erörterten Themen stringent und formulierungsstark zu einem Veränderungskonzept zu bündeln. Hierzu werden beispielsweise sämtliche Zahlen, Daten und Fakten aufgenommen, welche die Dringlichkeit („sense of urgency") und die Notwendigkeit (z.B. Gefahr einer Unternehmenskrise) begründen. Um diesen Veränderungsdruck zu verfestigen, werden in einem Präludium des Veränderungskonzeptes entweder eine tatsächlich existierende Krisensituation (Umsatzeinbußen), der zunehmende Wettbewerbsdruck, der Veränderungszwang durch ein Gesetz oder eine „künstliche Krise" (Effizienzentwicklung) aufgeführt. Erst wenn Dringlichkeit, Notwendigkeit und Ziele in einem Veränderungskonzept zusammen fixiert wurden, wird die Umsetzungsphase grob geplant, wobei hier die einzelnen Maßnahmen, der Zeitrahmen, das Budget, die Personalressourcen einschließlich der Verantwortungsträger für die Umsetzung (Steuerungsgruppe) festgelegt werden. Entsprechend der historisch gewachsenen „Top-down-Kultur" wird die Veränderung ebenfalls „Top down" durchgesetzt, sodass die Maßnahmen über alle Hierarchieebenen hinweg rasch und gegen alle aufkommenden Widerstände umgesetzt werden. Die Kontrolle für eine effektive Umsetzung üben sogenannte Steuerungsgruppen (Stäbe, Task Forces) aus, welche die „oben initiierte" Veränderung innerhalb eines vorgegebenen Zeitrahmens „bedingungslos" umzusetzen bzw. zu exekutieren haben. Unter keinen Umständen soll die Veränderung die Machtverhältnisse die Reorganisation negativ beeinflussen.

- Die ***Vorteile*** ergeben sich bei diesem Veränderungskonzept erstens dadurch, dass die oberen Führungskräfte in einem solch zahlenmäßig kleinen und interessenpolitisch homogenen Entscheiderkreis relativ schnell zu einer Vereinbarung kommen. Sie haben zudem die *Kontrolle* über den gewünschten Veränderungszeitraum und den Umfang der Veränderung und können die Gefahren und Auswirkungen vorab eher berechenbar und kalkulierbar halten. Es wird definiert, zu welchem günstigen Zeitpunkt mit der Reorganisation begonnen und wann sie auch beendet sein soll („stop and go"), oder es lassen sich die auf das Unternehmen zukommenden Veränderungskosten (Budget) und weitere benötigte Personalressourcen (Rechtsanwälte, Wirtschaftsprüfer, Steuerberater) vorab festlegen.

Diese Art der „programmierten Veränderung" hat zweitens aus Sicht der oberen Führungskräfte den Vorteil, dass sie an einem „Tag X", sozusagen als „Bombenwurf", den Führungskräften und Mitarbeitern, aber auch der Öffentlichkeit gegenüber verkündet wird, womit die Betroffenen vor vollendete Tatsachen gestellt werden. Diskussionen über die Maßnahmen sowie die Einflussnahmen auf das Konzept im Vorfeld bzw. zu einem Zeitpunkt, wenn das Thema noch wenig ausgereift ist, werden verhindert. Für viele Mitarbeiter ist diese Top-down-Vorgehensweise nicht wirklich überraschend, sind sie doch an Entscheidungen, die per Dekret („par ordre du mufti") umgesetzt werden und die eine Partizipation der Betroffenen an Entscheidungsprozessen ausschließen, in dieser Unternehmenskultur bereits „gewöhnt".

Ein dritter Vorteil liegt darin, dass man die zeitaufwendige Konzeptualisierung in die Hände von Unternehmensberatern legen kann. Sowohl Führungskräfte als auch obere Führungskräfte haben in der Regel keine Erfahrungen mit der Entwicklung von Veränderungskonzepten, da Veränderungen nur periodisch anfallen, eventuell nur alle fünf bis acht Jahre durchgeführt werden müssen. In der Zwischenzeit kann das Unternehmen weiter starr und stabil agieren. Es muss erst ein hoher Druck von „außen" bestehen (wie auftretende Krisen, Umsatzeinbußen oder neue Gesetze), die eine Veränderung unabdingbar machen. In solchen Ausnahmesituationen greift man auf Unternehmensberater zurück, die das Expertenwissen für derartige Reorganisationen und Sanierungen haben. Sie helfen nicht nur dabei, die Veränderungsdringlichkeit und -notwendigkeit zu entwickeln und die Veränderungsziele und -maßnahmen zu definieren, sondern sie kommunizieren diese Ergebnisse auch gegenüber den Mitarbeitern, den Führungskräften und der Öffentlichkeit. Dass sie mit diesen negativen Nachrichten nun als „bad guys" dastehen, macht sie als Unternehmensberatungsgesellschaft nicht nur teuer, sondern häufig bei oberen Führungskräften anderer Unternehmen interessant. Diese Allianz zwischen Beratern und oberen Führungskräften hilft, die aufkommende Empörung auf die Unternehmensberater zu lenken und kritische Fragen, warum das Unternehmen überhaupt in eine solche schwierige Situation geraten ist, vom oberen Führungskreis fernzuhalten.

- Die *Nachteile* einer mechanistischen Veränderung liegen darin, dass durch eine solche Vorgehensweise der Vertrauensverlust der Mitarbeiter in die Führungs- und Managementkompetenz des oberen Führungskreises weiter erhöht geht. Dieser wird als unfähig angesehen, proaktiv so zu managen und zu führen, dass derartige drastische Veränderungsmaßnahmen nicht notwendig werden. Zudem kann ein insgesamt negatives Image für das Unternehmen entstehen, da es stets mit konfliktbeladenen Schlagzeilen in die Öffentlichkeit tritt, was bis in die Personalrekrutierung hinein sich auswirken kann: Entwicklungsorientierte und leistungsorientierte Führungskräfte und Mitarbeiter werden zunehmend von solchen Organisationen abgeschreckt. Ferner entstehen bei den eigenen Mitarbeitern Ängste, dass (a) der eigene Arbeitsplatz verloren gehen kann,

(b) eine enorme Mehrarbeit auf jeden Einzelnen zukommt, (c) Einkommenseinbußen hinzunehmen sind, (d) langjährige soziale Kontakte verloren gehen, (e) bestimmte Fähigkeiten nicht mehr benötigt werden, (f) angestrebte Aufstiegsvorstellungen zukünftig nicht mehr existieren und (g) es insgesamt zu einer „Verlierer-Gewinner-Kultur" zwischen den Mitarbeitern kommt (Konflikte). Die Konsequenz: Die Mitarbeitermotivation und die Mitarbeiterproduktivität sinken ebenso ab wie die Mitarbeiterloyalität. Nachteilig kann zudem sein, dass sich bei näheren Analysen und Erörterungen zwischen den Mitgliedern der Steuerungsgruppe und den betroffenen Mitarbeitern und Führungskräften auch erkannt wird, dass das Veränderungskonzept nicht „1:1" umgesetzt werden kann, da manche geplanten Veränderungsmaßnahmen im Detail bzw. in der Umsetzung auch zu einer höherer Ineffizienz oder Ineffektivität führen. Manche Maßnahmen erscheinen zwar aus der „Helikopter-Perspektive" des oberen Führungskreises noch als sinnvoll, aber bei genaueren Betrachtungen sind die im Veränderungskonzept angedachten Veränderungen eher problematisch für das Funktionieren des Unternehmens. Nicht jede Veränderung erweist sich dann als eine Verbesserung.

3.2 Führung in anpassungsfähigen Unternehmenskulturen

Die anpassungsfähige Unternehmenskultur entwickelte sich verstärkt seit den 1970er-Jahren, in einer Dekade, in der umfangreichere Anpassungen an ökonomische und gesellschaftliche Umweltveränderungen von Unternehmen aufzunehmen waren: Ökonomische Veränderungen waren beispielsweise (a) eine Globalisierung der Absatzmärkte und damit neue Wettbewerbssituationen (Billigimporte, potenzielle neue Mitbewerber und ein stärkerer Wettbewerb um Preis und Qualität), (b) mehr Gesetzesauflagen und Verordnungen für Unternehmen (Umweltstandards, Steuerpolitik), (c) neu sich entwickelnde Kundenbedürfnisse (Produktdesign, Service, Qualität, Preis, Leistung) oder (d) neue Unternehmenskooperationen bis hin zu Unternehmensfusionen (Mergers & Acquisitions). Gesellschaftliche Veränderungen in der gleichen Dekade betrafen vor allem den stärkeren Einfluss der Sozialdemokratisierung und Gewerkschaftsorientierung auf Unternehmen. Dies bewirkte, dass sich das Zeitalter einer reinen Personalverwaltung dem Ende zuneigte und sich ein Personalmanagement entwickeln konnte, das zweifelsohne das Bewusstsein für die Bedeutung von Mitarbeitern für ein Unternehmen verstärkte (auch durch zunehmende Arbeitnehmerrechte). Die umfassenden ökonomischen und gesellschaftlichen Veränderungen führen dazu, dass Unternehmen sich öffnen, Problemlösungen für die periodisch auftretenden Veränderungen durch eigene Führungskräfte und Mitarbeiter bewältigen zu lassen. Voraussetzung ist, dass diese ein Kompetenzprofil besitzen, das über die Fachlichkeit hinausgeht, und sie neben einer erhöhten Kommunikations-/Kooperationskompetenz auch ein breiteres unternehmerisches Know-how mitbringen.

3.2.1 Planung und Kontrolle

In einer anpassungsorientierten Unternehmenskultur dominiert das **Prinzip der Mitarbeiterorientierung,** die den einzelnen Mitarbeitern mehr Möglichkeit zur temporären und begrenzten Mitsprache und zur Mitgestaltung (Planung) ermöglichen soll. Die Führungskräfte werden – auch über das Instrument des Leitbildes – aufgefordert, kooperativ mit ihren Mitarbeitern zusammenzuarbeiten (kooperativer Führungsstil). Informationen sollen erstens untereinander ausgetauscht werden, die Mitarbeiter sollen zweitens einen Zugang auch zu solchen (off the job) Qualifizierungsmaßnahmen erhalten, die nicht nur die Fachkompetenz, sondern auch die Sozial-/Beziehungskompetenz stärken, zudem sollen drittens arbeitsplatzbezogene Entwicklungsinstrumente wie „Job Enrichment", „Job Enlargement", „Job Rotation" sowie „Techniken der Gruppen-/Projektarbeit" verstärkt bei der Mitarbeiterqualifizierung in den Unternehmensbereichen berücksichtigt werden. Damit einher geht ein Wandel der Rolle der Führungskraft, die vom reinen Expertokraten nun auch zum Personalmanager wird und die Mitarbeiter zu motivieren und zu involvieren hat, um dann in schwierigen Situationen gemeinsam – eben mit der Expertise und Kreativität zahlreicher qualifizierter Mitarbeiter – an einer Problemlösung zu arbeiten. Deshalb sollen sich die Führungskräfte und Mitarbeiter trotz ihrer jeweiligen Fachlichkeit nicht mehr komplett voneinander abgrenzen und in ihrem jeweiligen Aufgabenbereich ausschließlich verhaftet bleiben, sondern sie sollen in einem häufigeren Austausch miteinander verbunden sein und auch das Unternehmen in seiner Größe besser verstehen.

3.2.2 Marktorientiertes, mechanistisches Veränderungsprinzip

In einer anpassungsorientierten Unternehmenskultur dominiert eine **periodisch stattfindende, mechanistische Veränderung**, die meist über Task Forces (Arbeitsgruppen) bzw. klassische Projektarbeit organisiert wird.

- Das *Ziel* einer periodisch stattfindenden, mechanistischen Veränderung ist, auf regelmäßig auftretende Umweltveränderungen ohne zeitliche Verzögerung und mit vorrangig innerbetrieblicher Kraft „zu reagieren". Nach der singulären Problembewältigung werden die Unternehmensstrategien und Unternehmensprozesse wieder so ausgerichtet, dass das „unternehmerische Equilibrium" (Gleichgewicht) weiter fortgeführt werden kann. Da Veränderungen in der Umwelt oft zu komplexen und umfassenden Entscheidungen und Maßnahmen führen, gilt es für das Unternehmen, kooperations- und kommunikationsfähige Arbeitsgruppen zu installieren, die in der Lage sind, mit einem hohen unternehmerischen Verständnis eine konkrete Problemlösung zu erarbeiten. Eine solche periodisch stattfindende, mechanistische Veränderung setzt voraus, dass Führungskräfte und Mitarbeiter einen Informationsaustausch pflegen und die Fähigkeiten zur Kooperation, vor allem im Rahmen von Projekttätigkeiten, bei allen Beteiligten gewährleistet sind.

- Die *Planung und Umsetzung* einer solchen Veränderung wird in der Regel von einer Task Force bzw. Projektgruppe in die Hand genommen. Die Projektgruppe konstituiert sich – so weit vorhanden – mit kooperations- und kommunikationsfähigen Führungskräften und Mitarbeitern, sodass die „erzwungene Veränderung" sowohl mit der maximalen Expertise als auch mit einer gegenseitig respektvollen Kooperations- und Kommunikationsatmosphäre angegangen wird. Die Projektgruppe plant entsprechend den Schritten eines klassischen Projektmanagements und im Rahmen der vorgegebenen Ressourcen sowie des vorgegebenen Ziels bzw. der Mission. Stephen R. CHITWOOD, Director for Law Practice Strategy and Management an der George Washington University, bringt die Rolle von Gruppenleitern und Gruppenmitgliedern in seiner Trainingsunterlage für „Managing with Teams" (CHITWOOD 1997: o.S.) zum Ausdruck:

> *"A group that can achieve its performance challenge entirely through the combination of individual contributions …; are preferable when the performance need does not require collective work products or real time integration of multiple-person skills, or when the sum of the individual results is all you need. Managers of work groups delegate work to subordinates either for completion by the subordinates of for submission to the manager who integrates the subordinates' work product into the larger work product created by the manager. The manager specifies in the delegation, the specified output (including quantity and quality) within a targeted completion time, with allocated resources and methods, and within prescribed limits (policies, rules, procedures); managers are accountable for the work of their subordinates and for accomplishing the work for which his or her work group was established; within the specifications and limits prescribed by the manager, the subordinate is free to develop and implement his or her own work plans for accomplishing the assigned task; work group members are accountable solely for their individually assigned tasks, duties and responsibilities."*

Ein von den oberen Führungskräften bestimmter Projektleiter übernimmt somit die Organisation, indem er Aufträge an die einzelnen Projektmitglieder vergibt, den Zeitplan festlegt und für Details auch im Nachgang der einzelnen „Projekt-Meetings" zur Verfügung steht. Letztlich hängt der Erfolg von seiner Kompetenz als Projektmanager ab, insbesondere von seiner Fähigkeit, die Einzelergebnisse zu einem Gesamtergebnis zusammenzuführen. Nachdem eine optimale Problemlösung im Umgang mit dem vorgetragenen Veränderungsthema von der Projektgruppe erarbeitet wurde, wird dieses Ergebnis vom Projektmanager den oberen Führungskräften zur Genehmigung vorgelegt. Erst nach dieser Genehmigungsphase wird entweder der Projektleiter alleine oder zusammen mit anderen ausgewählten Mitgliedern aus der Projektgruppe die Umsetzungsphase begleiten, sodass die Veränderung im Unternehmen fachkundig implementiert wird.

- Der große *Vorteil* einer periodisch stattfindenden, mechanistischen Veränderung ergibt sich aus der Fähigkeit eines Unternehmens, immer mehr Veränderungen eigenständig zu bewältigen: Kosten und Zeit werden eingespart. Externe Berater werden den Projektgruppen nur noch dann zur Seite gestellt, wenn im Unternehmen zu einem spezifischen Veränderungsaspekt – bei besonders spezifischen Fachfragen – keinerlei Kompetenz zur Verfügung steht. Dies trägt dazu bei, dass häufige und hohe Beratungskosten eingespart werden. Es bleiben jedoch zusätzliche Kosten, um das Potenzial der eigenen Mitarbeiter zu fördern. Hierfür sind Investitionen in Off- und On-the-job-Qualifizierungsmaßnahmen notwendig und auch Opportunitätskosten hinzunehmen. Erst wenn man die Qualifikationsvoraussetzungen, wie das Verständnis für unternehmerische und nicht nur für funktionale Belange sowie die Kompetenz für eine horizontale und vertikale Kooperations- und Kommunikationsbeziehung, geschaffen hat, lassen sich rasch arbeitsfähige Projektgruppen installieren. Ein besonderer Vorteil ist zudem, dass Mitarbeiter und Führungskräfte ihrem persönlichen Ziel näher kommen, nämlich im Unternehmen mehr als in der Vergangenheit an Veränderungen mitwirken zu können (Motivationsschub).

- Ein *Nachteil* der periodisch stattfindenden, mechanistischen Veränderung liegt in ihren Auswirkungen auf die bisherige „stabile Unternehmenskultur". So werden in den Projekten die Mitsprache und Mitgestaltung von Mitarbeitern und Führungskräften gestärkt. Schnell erhoffen sich Mitarbeiter und Führungskräfte, dass sie nicht nur an einzelnen unternehmensrelevanten Veränderungsaufträgen partizipieren dürfen, sondern in zahlreiche Themen und Entscheidungen des Alltags, die ihr Umfeld betreffen, eingebunden werden. Sie erwarten also, dass die oberen Führungskräfte den bei den Entwicklungsaufgaben praktizierten kooperativen Führungsstil auch auf die Routine- und Kerntätigkeiten übertragen und damit dort ihren jovialen, autokratischen Führungsstil aufgeben. Die oberen Führungskräfte befinden sich zudem in der Malaise, dass sie bereits die Personalabteilung aufgefordert haben, sich konzeptionell auf eine Personalmanagementstrategie auszurichten, in der ein Bildungs- und Qualifizierungsangebot die Führungskräfte und Mitarbeiter auf ihre singulären Veränderungsprojekte optimal vorbereiten soll. Damit suggerieren obere Führungskräfte und die sie vertretende Personalabteilung, dass verhaltensorientierte Unternehmenswerte (Kooperation, Offenheit, Kommunikation) wichtig sind. Die Mitarbeiter erkennen jedoch rasch, dass diese neuen mitarbeiterorientierten Unternehmenswerte (transportiert über Leitbilder und „Sonntagsreden") außerhalb der Projektgruppen, also im Arbeitsalltag, nicht gelebt werden. Damit entsteht bei ihnen der Eindruck, dass die Unternehmenswerte letztlich doch nur „begrenzt" – wenn den oberen Führungskräften für Veränderungen dienlich – Gültigkeit haben. Dadurch leidet sowohl die Glaubwürdigkeit der Personalabteilung, die sich augenscheinlich selbst nicht vom Geist der Personalverwaltung befreien kann, als auch der oberen Führungskräfte, die weiterhin ihre „tradierten Unternehmenswerte" leben.

3.3 Führung in teamorientierten Unternehmenskulturen

In einer teamorientierten Unternehmenskultur, die sich vor allem in den 1980er-Jahren konstituierte, dominiert das Prinzip der **Mitverantwortung,** die den einzelnen Mitarbeiter nicht nur in periodisch organisierten Arbeitsgruppen bzw. Projekten sieht, sondern allen Führungskräften und Mitarbeitern eine regelmäßige Zusammenarbeit sowohl bei den Sonderaufgaben als auch bei vielen Tagesaufgaben abverlangt. Ein immer größerer Anteil an Arbeitsaufgaben wird miteinander vorbesprochen und durchgesprochen und auch gemeinsam entschieden (Partizipation). Führungskräfte und Mitarbeiter werden nun nicht mehr nur in einzelnen Ausnahmefällen bzw. in einzelnen Anpassungssituationen in einen „Kooperations- und Kommunikationsaustausch" geführt, sondern sie sind kontinuierlich – über das gesamte Geschäftsjahr hinweg – sowohl zur Absprache der wöchentlich anfallenden Themen als auch zur Bewältigung von mehreren parallel laufenden Projekten miteinander vernetzt. Die ganze Abteilung wird zur kontinuierlichen Zusammenarbeit und Projektarbeit „verpflichtet", sodass die Mehrheit an Mitarbeitern und Führungskräften „gezwungen" ist, sich in Teams zu beweisen.

3.3.1 Partizipation und Gestaltung

Führungskräfte und Mitarbeiter sollen alle Facetten der Gruppen- und am besten der Teamarbeit anwenden können, d.h. als Teammitglied und insbesondere auch als selbstständiger „Team Manager" und „Team Leader" fungieren können. Damit werden Führungsaufgaben in die Teammannschaft verlagert und die Führungskraft wird im operativen Führen entlastet. Für Attraktivität sorgt die Teamkultur dadurch, dass hier eine hohes Mitsprache- und Gestaltungsrecht für die beteiligten Führungskräfte und Mitarbeiter besteht. Das **Teamkonzept** baut auf folgenden Fundamenten auf:

- eine intensiv miteinander vernetzte Kooperation und Kommunikation zwischen allen Teammitgliedern
- die Ziel- und Ergebnisverantwortung aller Teammitglieder

- die Wahl des Teamleiters durch die Teammitglieder
- die Schaffung persönlicher Beziehungen, um ein Gemeinschaftsgefühl (Wir-Gefühl) zu entwickeln
- die gemeinsame Organisation aller Aufgaben, Fristen und Verantwortungsbereiche (Selbstorganisation des Teams)
- die Entwicklung einer Problemlösung, die zur Entscheidung dem oberen Führungskreis unverändert – also ohne weitere Korrekturen und Ergänzungen auf dem Dienstweg – zugeführt wird
- die Umsetzung des Ergebnisses durch alle Teammitglieder

Diejenige Führungskraft, die auf Teamarbeit setzt, aber im Nachhinein die Ergebnisse des Teams „einkassiert" oder sich nur die Elemente herauspickt, die ihr genehm sind, wird die volle Missachtung durch die Teammitglieder erfahren, die durch „Schweiß und Tränen" ihre Ergebnisse erreicht haben und nun auch umgesetzt haben wollen.

3.3.2 Entwicklungsorientiertes Veränderungsprinzip

In einer teamorientierten Unternehmenskultur dominiert eine **entwicklungsorientierte Veränderung („evolutionary change")**, die in Teams organisiert wird.

- Das *Ziel* einer entwicklungsorientierten Veränderung ist, mithilfe von Teams, a) den Arbeitsalltag in ihrer Abteilung gemeinsam effektiv und effizient zu koordinieren, b) die Anpassungen an periodisch auftretende Umwelteinflüsse zu gewährleisten, zudem c) für die Zukunftssicherung des Unternehmens einen Beitrag zu leisten, indem sie Zukunftsthemen miteinander entwickeln und für das Unternehmen einen mittel- bis langfristigen Mehrwert („Man erhält mehr, als man erwartet hat") generieren. Zumindest werden Projektteams immer dann herangezogen, wenn äußerst komplexe Ziele zu realisieren sind, die von einzelnen Spezialisten oder durch das Zusammenführen von wenigen Spezialisten nicht mehr gelöst werden können. Projektteams bilden somit eine Reaktion darauf, dass sich immer mehr Führungskräfte außerstande sehen, die komplexen Themen eigenständig oder mithilfe weniger Spezialisten zu bewältigen. Vielmehr müssen Spezialisten und Generalisten sowie administrierende und entwicklungsorientierte Fach- und Führungskräfte in ihren Potenzialen verbunden werden. Denn gerade die zunehmende Veränderungsorientierung führt dazu, dass ein Unternehmen sich nicht nur auf ein „Reagieren und Anpassen" verlassen darf, sondern durch einen „Wettbewerb um innovative Ideen" seine Zukunft proaktiv zu sichern sucht. Dabei sind nicht alle Teamergebnisse interessant, effektiv oder effizient, aber es sind für die Mitarbeiter und Führungskräfte immerhin legitime Chancen der Einflussnahme, um die eigenen Rahmenbedingungen mit guter Argumentation und mit einem guten Konzept weiter zu verbessern (Gestaltung). Bereits das Engagement, nicht nur das Ergebnis, neue Verbesserungen einzubringen, erfährt im Unternehmen eine Wertschätzung oder gar Belohnung.

- Die *Planung und Umsetzung* wird bei einer entwicklungsorientierten Veränderung vollständig von den Projektteams wahrgenommen. Damit verankert sich der kooperative Führungsstil sowie die Mitarbeiterorientierung und Mitarbeiterverantwortung nun glaubwürdig und endgültig in der Unternehmenskultur. Die Führungskraft ist „Gleicher unter Gleichen", ist Moderator, der über Argumentation und Stellungnahmen seine Entscheidungen und Vorgehensweisen begründet. Eine Gefahr besteht: Je schwächer die Führungskraft argumentiert und kommuniziert und je weniger sie Entscheidungen transparent macht, umso stärker geht ihr nun der Ruf einer „Niete in Nadelstreifen" voraus. Eine Führungskraft kann durchaus Mitglied mehrerer Projektteams sein, muss aber nicht deren Teamleiter sein. Auch weitere Mitarbeiter können Erfahrungen im Teammanagement erlernen und als „Team Manager" oder „Team Leader" fungieren. Stephen R. CHITWOOD bringt die Rolle von Teamleitern, Teammanagern und Teammitgliedern wie folgt zum Ausdruck:

> *"Team leaders are members of the team. While team leaders often perform many management functions for the team, team members are not subordinates of the team leader and are not accountable to the team leader for their work. Team leaders do not possess hierarchical authority over other team members. Team leaders usually make direct technical contributions to the work of the team and are accountable for carrying out specific work tasks. Since team leaders are not supervisors or managers and do not have authority over other team members, they must possess exceptional informal leadership skills – the ability to influence other team members to work with commitment and to work willingly and cooperatively with one another and with the team leader in accomplishing the team's objectives. This requires the team leader to possess the knowledge and skills necessary to implement, or to know how to have implemented, all the technical, managerial and facilitating/coordinating functions and processes which have been delegated to the team by the team manager.*
>
> *When teams are first forming or when team members do not possess self-management skills, the team leader role may encompass many or most of the management functions and facilitating/coordinating functions and processes. Or these functions and processes may be shared with the team manager. As the team matures, as team members themselves learn to carry out these functions and processes, and when conditions … require persons to be formally tasked with implementing these functions and processes, different team members may begin increasingly to assume these responsibilities as part of their team roles. Thus, it becomes apparent, that the*

team leader must also possess the knowledge and skills necessary to teach, or have others to teach, team members how to operate effectively as a team and how to acquire the knowledge they need to become increasingly self-managing.

Since the role of the team leader is so critical, how should that team leader be selected? Organizations have sometimes had management appoint team leaders and at other times management has allowed teams to select their own leaders. The choice of the selection procedure is really up to management and what appears most likely to provide effective leadership for the team. Whichever selection approach is used, however, both managers and team members should be involved in developing criteria to be used for selecting the team leader." (CHITWOOD 1997: o.S.)

Kriterien für die Wahl eines Teamleiters sind erstens das Senioritätsprinzip, also der Erfahrungsschatz, den eine Fach- oder Führungskraft für das Team einbringen kann, zweitens das Charisma, also die Ausstrahlung und ein gewinnender Umgang, die eine Fach- und Führungskraft entfalten kann, und drittens die Äquidistanz, die gleiche Nähe oder Distanz, die eine Fach- und Führungskraft zu allen Teammitgliedern entwickelt, ohne sich mit Einzelnen zu verbandeln bzw. diese zu bevorzugen oder zu benachteiligen.

Sowohl in der Planungs- als auch in der Umsetzungsphase wird auf externe Expertise, auf sogenannte „Change Agents" zurückgegriffen: Ein **Prozessberater** unterstützt über mehrere Monate hinweg die Projektgruppe, indem er

- die Meetings zeitlich und räumlich plant,
- eine Diskussionsdisziplin anmahnt, sodass nicht zu viel Zeit mit weniger wichtigen Themen verloren geht,
- die Moderationsmethoden (wie Metaplantechnik) bereitstellt,
- die Diskussionsergebnisse dokumentiert und zu einer Konzeption weiterentwickelt,
- alle Projektmitglieder in die Diskussion „gleichberechtigt" involviert, sodass niemand, beispielsweise aufgrund von Status oder Wissen, ausgeschlossen bleibt,
- als Mediator bei Interessengegensätzen zwischen Projektmitgliedern wirkt,
- das Kennenlernen untereinander initiiert und eine angenehme gemeinschaftliche Atmosphäre schafft,
- die Ergebnisse der Projektarbeit kontinuierlich mit den vorgegebenen Zielen abgleicht,
- die Kommunikation der Ergebnisse zu den Vorgesetzten mit gestaltet (Schnittstellenmanagement),
- die erfolgreiche Umsetzung des Veränderungsprojektes mit Erfahrungen unterstützt (Drehbuch).

- Der *Nachteil* einer entwicklungsorientierten Veränderung liegt nicht nur in der hohen Teamkompetenz, die alle Beteiligten aufbringen und erlernen müssen. Die Architektur eines Projektteams ist zeitlich und energetisch aufwendig, da die Teammitglieder sich kontinuierlich treffen, um das Thema miteinander zu diskutieren bzw. gemeinsam zu bearbeiten. Überstunden sind zu investieren und informelle Gespräche begleiten das Projektteam meist durch die Wochen. Interessenkonflikte können rasch zustandekommen, sodass längere Phasen der Stagnation entstehen oder auch Verlierer produziert werden können, die letztendlich das Ergebnis nicht mehr mittragen. Persönliche Beziehungen untereinander sind zu pflegen, was sich ebenfalls als zeitintensiv gestaltet und nicht jeder persönliche Kontakt zur Privatheit von Kollegen stellt sich als ein „Erlebnis" dar.

3.4 Führung in lernenden Unternehmenskulturen

In flexiblen und lernenden Unternehmenskulturen dominiert das **Prinzip der Effizienzsteigerung,** die den Einzelnen zur Optimierung von effizienten Arbeitsstrategien und Arbeitsprozessen sowie Kunden- und Dienstleistungsprogrammen bewegen soll. Dieser Ansatz repräsentiert die 1990er-Jahre (Zeitalter der Effizienzideologie), als Peter M. SENGE zuerst im Jahre 1990 mit seinem Werk „The Fifth Discipline: The Art & Practice of The Learning Organizations" und dann im Jahre 1994 mit seinem Anschlusswerk „Das Fieldbook zur Fünften Disziplin" die Unternehmen anmahnte, im komplexer werdenden Wettbewerb um Kunden, Qualität, Kosten und Zeit der eigenen Entwicklungs- und Zukunftsorientierung wieder mehr Beachtung zu schenken. Zwar wurden in der Vergangenheit mehr Akteure, wie Mitarbeiter und Berater, und auch neue Strukturen, wie Gruppen & Teams, in die Verbesserungs- und Veränderungsaktivitäten einbezogen, was durchaus zu einer höheren Produktivität von Unternehmen beigetragen hat, aber die Unternehmenseffizienz muss fortan in allen Unternehmensbereichen konstanter und erfolgreicher durch die aufwendigen Verbesserungs- und Veränderungsprogramme optimiert werden: Unternehmen, so der Slogan, müssen kontinuierlich „fit für die Zukunft" gemacht werden.

3.4.1 Selbstorganisation und Effizienzoptimierung

Das Ziel ist, leistungsstarke Führungskräfte und Mitarbeiter für solche Verbesserungs- und Veränderungsmaßnahmen zu gewinnen, die einen messbar höheren Beitrag zur Wertschöpfung gewährleisten. Damit setzt das Unternehmen nicht mehr vorrangig auf Projektgruppen oder Projektteams, da diese vielfach nicht die gewünschte Effizienz und Effektivität erreicht haben: So werden zwischen 50 % und 70 % aller Gruppen- und Teamergebnisse letztlich nicht weitergeführt bzw. umgesetzt. Dieser Misserfolgstrend ist seit Jahren stabil. Die Konsequenz: Die oberen Führungskräfte konzentrieren sich auf Leistungsträger aus dem Führungs- und Mitarbeiterbereich, die bereit sind, solche Verbesserungen und Veränderungen „anzuschieben", um eine höhere Effizienz bzw. eine sichtbare Kosteneinsparung zu erzielen. Dabei werden diejenigen zu Leistungsträgern erkoren, die – auch im Wettbewerb zueinander – entweder selbst über eine umfassende Entwicklungskompetenz verfügen und sich somit als Innovatoren einbringen können, oder solche, die eine Entwicklungskompetenz um sich herum organisieren können und sich als „Planning Manager of Change" beweisen.

Zwar werden die aus der Vergangenheit resultierenden Errungenschaften bei Veränderungen, wie die Partizipation von Mitarbeitern, sowie die periodische und kontinuierliche Nutzung von Projektgruppen und Projektteams weiterhin in der Unternehmenskultur beibehalten, aber alles Handeln wird nun stärker auf den Unternehmenswert Effizienz ausgerichtet und überprüfbar gemacht. Eine Kontrolle wird dadurch erreicht, dass effizienzsteigernde Verbesserungs- und Veränderungsmaßnahmen an eine leistungsorientierte, variable Vergütung angebunden werden. Wer bereit ist, Maßnahmen zur Effizienzsteigerung zu managen und diese Maßnahmen in einer Zielvereinbarung fixieren lässt, der soll auch Zugang zu überdurchschnittlichen Boni erhalten. Damit wird ab den 1990er-Jahren die variable Vergütung zu einem zentralen Steuerungsinstrument im Veränderungsmanagement, da mit diesem Instrument der außergewöhnliche Zeiteinsatz und die besonderen effizienzsteigernden Leistungen – in Abgrenzung zum Festgehalt für die Kernaufgaben – herausgehoben honoriert werden.

3.4.2 Inkrementales Veränderungsprinzip

In einer flexiblen und lernenden Unternehmenskultur dominiert eine **inkrementelle Veränderung („incremental change")**, d.h., dass schrittweise von verschiedenen Seiten bzw. Akteuren her versucht wird, wahrgenommene Effizienzmängel selbstorganisierend zu beheben, wobei man sich vom Grundsatz der Machbarkeit leiten lässt: Aufgrund der hohen Umwelt- und Steuerungskomplexität eines Unternehmens wird ein Gesamtentwurf bzw. eine umfassende Reform nicht als sinnvoll angesehen. Eine inkrementelle Veränderung wird über einzelne Leistungsträger organisiert und sowohl über eine variable Vergütung als auch einen größeren persönlichen Handlungs- und Entscheidungsspielraum gesteuert. Damit wird zugleich der Einstieg in die Individualisierung und in die persönliche Kapitalisierung („money talks") vollzogen:

- Die *Planung und Umsetzung* einer inkrementellen Veränderung findet im Rahmen neuer Arbeitsstrukturen statt: Unternehmen restrukturieren ihre Linienorganisation und damit ihre klassischen Abteilungen in sogenannte Geschäftsbereiche („Business Center bzw. Units"): Derartige „Centerstrukturen" zeichnen sich aus, a) durch eine eigene Ergebnis- und Erfolgsverantwortung, b) durch ein hohes Maß an Kosten- und Leistungstransparenz, c) durch ein stärkeres kundennahes Arbeiten. Die Führungskräfte und deren Mitarbeiter erhalten mit diesen Center-Strukturen mehr Eigenständigkeit, mehr Handlungsspielraum, mehr Entscheidungskompetenz, sodass sie auch notwendige Verbesserungs- und Veränderungsmaßnahmen entsprechend den vorgegebenen Unternehmensleitplanken, „Kundenorientierung, Unternehmenseffizienz und Mitarbeiterproduktivität", rascher und selbstorganisierend umsetzen können. Für die Arbeit in „flexiblen Arbeits-/Centerstrukturen" erhält das Unternehmen von den Führungskräften zumindest die gewünschte Unternehmenseffizienz und letztlich einen höheren Ertrag:

- Das **Service Center** beispielsweise ist eine Geschäftseinheit (Unternehmensabteilung), die ihre Leistungen einer wirtschaftlichen Bewertung unterzieht. Sie stellt an die Führungskräfte die Anforderung, die Leistungen a) detailliert zu ermitteln, b) transparent zu machen und c) ökonomisch mit einem Preis (z.B. fiktiver Verrechnungspreis) zu versehen. Führungskräfte erhalten hier die Möglichkeit, ihre klassische Abteilung organisatorisch aus der Linienorganisation heraus in einen gesonderten Geschäftsbereich (Service Center) umzuwandeln, den sie im Schutze des Unternehmens – ohne einen Markt- und Kostendruck – eigenverantwortlich führen können. In diesem Geschäftsbereich sollen die Führungskräfte mit ihren Mitarbeitern selbstständig die Qualität, die Abläufe, die Produkt- oder Dienstleistungslinie durch Verbesserungs- und Veränderungsmaßnahmen weiterentwickeln.

- Das **Cost Center** ist ebenfalls eine Geschäftseinheit (Unternehmensabteilung), die weder einen Marktzugang besitzt noch ein Gewinnziel verfolgt, allerdings eine Kostenverantwortung trägt, d.h. auf die Kontrolle ihrer Kosten besonders zu achten hat. Dies setzt eine wirtschaftliche Bewertung der Leistungen voraus. In einem Cost Center gilt es zum einen zu sichern, dass der Unternehmensbereich innerhalb eines vorgegebenen Budgets (Kostenplan) arbeitet, und zum anderen zu prüfen, inwieweit mittelfristige Optionen zu Kosteinsparungen oder zu Kostenverlagerungen bestehen. Zentrales Steuerungsinstrument in einem Cost Center bilden „fiktive Verrechnungspreise", um damit die Nachfrage nach einem Produkt oder nach einer Dienstleistung durch andere Unternehmensbereiche zu bewerten: Die Leistungserbringung zu anderen Bereichen eines Unternehmens wird hierdurch berichtbar und bewertbar gemacht. Die im Cost Center zu realisierenden Verbesserungs- und Veränderungsprojekte zielen vorrangig darauf ab, mit weniger Kosten (Personal-)Aufwand eine hervorragende Leistung für sich und für andere Unternehmensbereiche (Abteilungen) zu erreichen. Über die Einhaltung des Budgets, aber auch über Optionen zur Kosteinsparung hat die Führungskraft regelmäßig Rechenschaft bei den oberen Führungskräften abzulegen.

- **Profit Center** sind „Unternehmen im Unternehmen", die einen Marktzugang haben und ein Gewinnziel verfolgen. Sie erlauben es Führungskräften, a) selbstständiger über die Einführung neuer Produkte oder Dienstleistungen zu entscheiden, b) ihre Verfahrens- und Verwaltungsabläufe nach ihren Bedingungen zu organisieren und c) die jeweiligen Bereiche und die damit verbundenen Anforderungen auch strategisch weitestgehend komplett (ohne zeitraubende hierarchische Einflussnahme) zu managen. Die Führungskräfte bleiben den oberen Führungskräften in monatlichen oder quartalsmäßigen Abständen rechenschaftspflichtig („Erfolg ist alles“).

Profit Center ermöglichen allein durch ihre geringere Größe, dass in der Regel die tradierten Management- und Kontrollmechanismen wie Zentralisation, Formalisierung, Standardisierung und Spezialisierung weniger stark ausgestaltet sind. So herrscht neben der flacheren, aber dennoch weiterhin zentralen Entscheidungsstruktur auch eine dezentrale Entscheidungskultur, insbesondere im Kundenbereich, vor: Dort, wo Probleme bzw. Anfragen „aufschlagen“, sollen sie rasch durch qualifizierte (vielfach akademisierte) Kundenberater gelöst werden. Der Formalisierungsgrad soll durch eine verstärkte „Meetingkultur“ reduziert werden, da Informationen nun rascher und informeller bei den „Jour fixes“ untereinander ausgetauscht werden. Zu zahlreichen Themen kann somit der Dienstweg ausgeschlossen werden. Damit wird zugleich die Problematik reduziert, dass auf dem Dienstweg die Entscheidungsvorgänge zu langsam transportiert werden oder gar die weiteren Teilnehmer am Dienstweg die Informationen in ihrem Sinne verfremden oder verfälschen. Eine Spezialisierung wird weiterhin benötigt, aber Führungskräfte und Mitarbeiter werden „multifunktionaler bzw. generalistischer“ eingesetzt. Sie werden nun parallel zur Bearbeitung ihrer Kernaufgaben konstant in Projektgruppen oder Projektteams eingespannt, sozusagen in eine „innovative Parallelstruktur“, um neue wettbewerbsfähige Konzepte zu entwickeln. Dabei werden die variable Vergütung, die Zielvereinbarung und das Leistungsbewertungsgespräch zu den zentralen „Veränderungstreibern“. Erst durch sie erhalten leistungsorientierte Führungskräfte und Mitarbeiter die persönliche Wertschätzung, die übertarifliche Entlohnung oder den Zugang zu einem beruflichen Aufstieg.

Die Führungskraft kann zur „Dynamisierung ihrer innovativen Parallelstruktur“ auf Unternehmens- und Prozessberater nach ihren Vorstellungen und nach den von ihr zu verantwortenden Kosten zugreifen. Das Ziel dieser organisierten Unternehmens-/Prozessberater ist,

a) das Profit Center auf Optimierungspotenziale hinsichtlich Wirtschaftlichkeit zu prüfen, beispielsweise unternehmerische Analysen (Prozess- und SWOT-Analysen: „Strength, Weakness, Opportunities, Threats“) vorzunehmen,
b) mit Objektivität neue Veränderungsstrategien und -maßnahmen zu konzeptualisieren,

c) zeitgemäßes branchen-, produkt- oder dienstleistungsspezifisches Know-how in das Profit Center einzubringen sowie
d) als „Change Agents“ die Mitarbeiter bei ihren Veränderungsprozessen professionell zu begleiten.

- Die *Vorteile* dieser Centerstrukturen liegen für Führungskräfte darin, a) neben der Routine- und Kerntätigkeit nun eigenständige Innovationsprojekte (iChange) im Rahmen der vorgegebenen Unternehmensleitplanken zu initiieren, b) sich Zugang zu einer variablen Entlohnung zu verschaffen, c) flexible Arbeitsstrukturen zu erhalten und nach eigenen Vorstellungen auszugestalten, d) die Arbeitszeiten eigenständiger zu bestimmen („Der Erfolg zählt“) und e) die Wertschätzung von oberen Führungskräften zu erhalten.

- Die *Nachteile* liegen erstens in der Gefahr des „Arrangierens von Aktionismus“, da man sich als Führungskraft konstant durch Verbesserungs- und Veränderungsprojekte zu vermarkten hat. So wird auch der kurzfristige Aktionismus durch die variable Entlohnung vergütet, seltener werden die mittelfristigen Ergebnisse bzw. die Nachhaltigkeit der Projekte und Prozesse honoriert. Eine Gefahr liegt zweitens in der zunehmenden zeitlichen und energieintensiven Selbstausbeutung der Führungskräfte und Mitarbeiter: Im jeweils eigenen Bereich spüren Führungskräfte und Mitarbeiter, dass man neben der Erfüllung der Kerntätigkeit einen „Zweitjob“ (Überstunden) wahrzunehmen hat, nämlich Verbesserungs- und Veränderungsprojekte zu entwickeln, wobei eine zuarbeitende, entlastende Personaldecke in diesem Bereich immer geringer wird (Kosteneinsparung). Mehr und mehr Prozesse und Projekte hat man selbst zu managen, um sie fristgerecht zu erledigen. Zudem muss man sich konstant gegenüber den oberen Führungskräften für das Vertrauen, in eine verantwortungsvollere Position gekommen zu sein, mit zahlreichen Verbesserungs- und Veränderungsinitiativen rechtfertigen. Die Führungskraft steht unter einem konstanten Erfolgsdruck und setzt sich einem höheren Stress und der Gefahr des „Burn-Out“ aus. Eine Stressreaktion ist der Rückgriff auf zentralistische und autokratische Verhaltensmuster. Die Flexibilisierung der Arbeitswelt impliziert drittens die Gefahr, einen Wandel an Wertvorstellungen und Tugenden einzuleiten, der sich nachteilig auf die Mitarbeiterloyalität und Mitarbeitergemeinschaft auswirkt: Waren in der Vergangenheit die Treue zum Unternehmen oder die gegenseitige Rücksichtnahme und Unterstützung elementar, so stehen nun Wertvorstellungen wie Erfolg, Leistung und Individualität im Vordergrund. Richard SENNETT hat in seinem Werk „Der flexible Mensch“ (1998) frühzeitig darauf hingewiesen, dass die neuen Arbeits(Center-)strukturen **(„Mehr Gewinn statt Sinn“)** sowohl die Zufriedenheit als auch die langfristige Bindung deutlich reduzieren. Führungskräfte und Mitarbeiter, die sich nicht mit den umfassenden und konstanten Effizienzoptimierungen anfreunden können, stehen schnell vor der Wahl: **„Love it, change it or leave it“.**

3.5 Führung in wertschöpfungsorientierten Unternehmenskulturen

In der wertschöpfungsorientierten Unternehmenskultur dominiert das **Prinzip des Shareholder Value** (Aktionärswert). Dieser hat zum Ziel, durch eine ausgeprägte Renditeorientierung den Eigentümerwert (Marktwert des Eigenkapitals) zu steigern. Der „Shareholder Value" hat sich seit Beginn des Jahres 2000 zu einem zentralen Prinzip der Unternehmensführung von oberen Führungskräften ausgebreitet. Nachdem man in den 1970er-Jahren die Faktoren zur Mitarbeiterzufriedenheit stärker hervorgehoben hat, Führungskräften und Mitarbeitern in den 1980er-Jahren mehr Einflussmöglichkeiten auf die weitere Entwicklung ihrer Unternehmensbereiche gegeben hat und ihnen in den 1990er-Jahren flexiblere Arbeitsstrukturen (Arbeitszeiten) unter der Bedingung der Optimierung der Unternehmenseffizienz zur Verfügung gestellt hat, geht es in der ersten Dekade dieses Jahrhunderts um die Optimierung der Unternehmenseffektivität. Es geht hierbei insbesondere um neue Innovations- und Veränderungsleistungen, die zur Maximierung des bilanziell messbaren Unternehmenswertes beitragen (Unternehmensbewertung).

Dass sich die oberen Führungskräfte bei der Optimierung ihrer Unternehmenseffektivität (Zielerreichungsgrad) bisher vorrangig auf die Gewinnmaximierung ausrichten, ist in einer sozialen Marktwirtschaft nichts Ungewöhnliches. Als „Unternehmen" wird schließlich eine Betriebstätigkeit bezeichnet, die in einem rechtlichen Rahmen stattfindet und eben auf Gewinnerzielung ausgerichtet ist. Doch obwohl der Unternehmenswert „Gewinnmaximierung" zu einer marktwirtschaftlichen Normalität gehört, führen erstens *die Art und Weise des Managements dieses Unternehmenswertes* und zweitens die *vorrangige Fokussierung auf diesen Unternehmenswert* zu einer besonderen Herausforderung, teilweise zu einer Überforderung und manchmal auch zu einer Unternehmenswertvernichtung durch die oberen Führungskräfte. Bisher wird nämlich die Art und Weise des Managements des Unternehmenswertes „Gewinnmaximierung" überwiegend durch die **„Entwertung des Arbeitnehmerwertes"** erreicht.

Damit resultiert die vorrangige Fokussierung auf den Unternehmenswert „Gewinnmaximierung" aus dem Ergebnis eines Ungleichgewichts im Management von materiellen und immateriellen Unternehmenswerten. Gerade immaterielle Unternehmens- und Vermögenswerte wie Innovations- und Qualitätsführerschaft, Image-/Markenoptimierung und Umwelteffizienz („Green Value") sowie Kundenorientierung („Customer Value") werden von den oberen Führungskräften nicht mit der gleichen Vehemenz „proaktiv" verfolgt, wie sie es mit dem Unternehmenswert „Gewinnmaximierung minus Arbeitnehmerwert" tun. Dies ist verwunderlich, da **die immateriellen Unternehmens- und Vermögenswerte („Intangible Assets") in der Bilanz eine zunehmend größere Rolle spielen**. Hauptgrund hierfür ist, dass es dem oberen Führungskreis an einer gemeinschaftlich abgestimmten, unternehmenspolitischen Strategie bzw. an einer „Innovation Scorecard" weitgehend fehlt, um die verschiedenen Unternehmenswerte gleichmäßig weiterzuentwickeln. Genau dies soll im Management von Unternehmenseffektivität mithilfe einer „Innovation Scorecard" überwunden werden. Der kurzfristig maximierte Gewinn soll nicht auf Kosten eines langfristig bedeutsamen Unternehmenswertes erreicht werden.

3.5.1 Unternehmertum und Unternehmensnetzwerke

Eine wertschöpfungsorientierte Unternehmenskultur verfolgt das Ziel, durch eine Balance im Management von mehreren bilanziell erfassbaren Unternehmenswerten, einschließlich der Gewinnmaximierung, eine Unternehmenswertsteigerung zu erreichen, ohne dabei eine Entwertung eines Unternehmenswertes, wie des Arbeitnehmerwertes, vorzunehmen.

Eine Optimierung des Unternehmenswertes „Gewinnmaximierung" gewährleisten die oberen Führungskräfte seit den 1990er-Jahren unter anderem dadurch, dass sie in ihren eigenen Unternehmen die Kosteneffizienz durch flexible Arbeitsstrukturen, vor allem im Sinne von Profit Centern, aufbauen. Seit Beginn der darauffolgenden Dekade erhöhen sie die Kosteneffizienz jedoch auch durch den Umbau ihres Unternehmens in eine sogenannte „Netzwerkstruktur" („network organizations"). Damit besteht das Unternehmen nicht nur aus zunehmend mehr wirtschaftlich und rechtlich eigenständigen Unternehmen, die durch Verträge und Vereinbarungen miteinander verbunden sind, aber nach wie vor zum „Mutterunternehmen" gehören, sondern auch aus einer Vielzahl von weiteren Unternehmenspartnerschaften: "Network organizations are weblike structures that contract some or all of their operating functions to other organizations and then coordinate their activities through managers and other employees at their headquaters" (QUICK, NELSON 2011: 506). Die neue Unternehmensarchitektur bildet sich als ein sogenanntes „Cluster" ab, einen Verbund, der aus unterschiedlichsten Partnerunternehmen besteht, seien es a) mehrheitliche Beteiligungen an Tochtergesellschaften bzw. Tochter-GmbHs, b) Minoritätsbeteiligungen an synergetisch interessanten Unternehmen oder c) Unternehmen ohne jegliche Beteiligung, sozusagen klassische Fremdlieferanten. Letztlich geht es um eine Koordinierung von verschiedenen Partnern, wie Produzenten und Dienstleistern, die jeweils hochspezialisiert und leistungsstark arbeiten. Lässt sich mit einem potenziellen Unternehmenspartner ein effizientes und effektives „Supply-Chain-Management" (Lieferketten-Management) herstellen, so kann ein Unternehmen ausgewählte Aufgaben (auch aus den Bereichen Marketing, Personal, Facility-Management oder Logistik) auf die Unternehmenspartner übertragen. Diese Netzwerkstruktur repräsentiert damit ein **„Unternehmen ohne Grenzen"**, das zwar eine gegenseitige Verpflichtung für Produkte und Dienstleistungen herstellt, aber die Verantwortung für das Management der Unternehmensressourcen in die Hände des jeweiligen produzierenden oder serviceerbringenden Unternehmens legt.

Die *Vorteile* einer Netzwerkstruktur bzw. einer zunehmenden „Ausgründung" sowie „Zulieferung" von unternehmerischen Produkten oder Dienstleistungen, werden vom oberen Führungskreis wie folgt begründet:

- Senkung der Produktionskosten in dem Ausmaß, in dem man als Unternehmen spezialisierte Netzwerkpartner finden kann, die zu geringeren Kosten, aber in gleicher Qualität produzieren.
- Reduzierung der Personal- und Verwaltungskosten, da das Unternehmen weniger Führungskräfte und Mitarbeiter, weniger Immobilien und weniger Arbeitsressourcen vorrätig halten muss.
- Schnellere – standortunabhängige – Vergrößerung von Kapazitäten, um einen nachfragebedingt höheren Produktabsatz und ein Marktwachstum besser zu bewältigen.
- Schwächung des Personal-/Betriebsrates im Unternehmen, sodass sich in den Unternehmensbereichen vorteilhaftere Tarifverträge durchsetzen lassen.
- Rascherer Verkauf von unrentablen oder strategisch weniger wichtig gewordenen Unternehmensbereichen sowie schnellere Loslösung von Kontraktpartnern.
- Bessere Bewertung der einzelnen Unternehmen.
- Geringerer Managementaufwand, da sich die oberen Führungskräfte auf die „reine Unternehmensführung" beschränken und von einem aufwendigen Management des Unterbaus nicht mehr belastet werden.
- Konzentration auf ein „Supply-Chain-Controlling" der Netzwerkprozesse sowie auf das Management von Verträgen und Vereinbarungen.
- Zusätzlicher Handlungsspielraum für das Management von Kapital: Vom Investitionsmanagement (Kapital für Handel) zum „Investment-/Asset-Management" (Handel mit Kapital).

Die Hauptproblematik einer Netzwerkstruktur betrifft das Management solch komplexer Lieferketten: Oftmals verspricht der Netzwerkpartner in den Vertragsverhandlungen viel und stellt sich dann als unzuverlässig in der Leistungserbringung dar, liefert beispielsweise qualitativ schlechte Produkte ab, kopiert und verkauft vertrauliche Informationen oder vergibt Aufgaben wieder an eigene Subunternehmer (die teilweise unter Mindestlohn ihre Mitarbeiter bezahlen). Um sich einigermaßen gegen solche Problemfelder im Management von Netzwerkstrukturen frühzeitig zu schützen und eine Kontrolle bzw. eine situative Einwirkung auf die Netzwerkpartner zu erhalten, sind professionell arbeitende Task Forces zu installieren. Zudem ist eine persönliche und vertrauensvolle Vernetzung zwischen den oberen Führungskräften der einzelnen Unternehmen notwendig, womit auch Managementprobleme schneller im direkten Miteinander entschärft werden.

Der *Nachteil* einer Netzwerkstruktur liegt nicht im Ziel, eine höhere Kosteneffizienz aufzubauen, sondern dass diese vorrangig über eine Minderung des „Mitarbeiterwertes" (Arbeitnehmerwert) erreicht werden soll. Die oberen Führungskräfte haben das Primat der Effizienzideologie der 1990er-Jahre in der darauffolgenden Dekade weiter optimiert, indem sie nicht „mit" den Mitarbeitern, sondern auch „ohne" sie eine höhere Kosteneffizienz erreichen wollen: Man möchte keine oder keine längerfristige vertragliche Verantwortung für die Mitarbeiter übernehmen, was in folgenden Trends (Stand 2011) zum Ausdruck kommt:

a) Der Anteil der Beschäftigten im Niedriglohnbereich (Mini-Löhne) wächst kontinuierlich.

b) Die Anzahl der Vollzeitstellen sinkt ab (zwischen 1999 und 2008 um 1,4 Mio auf 22,4 Mio), während befristete Arbeitsverhältnisse zunehmen (Personal-Leasing, Zeitarbeit, Generation Praktikum).

c) Die Tarifbindung, d.h. der Anteil der Betriebe und Beschäftigten, die einem Tarifvertrag unterliegen, geht konstant zurück, sodass Unternehmen die Löhne freier bestimmen bzw. geringer ansetzen und an eine Umsatz-/Erfolgsbeteiligung anbinden können.

d) Die Tarifeinheit ist aufgehoben, sodass in einem Unternehmen verschiedene Tarifverträge nebeneinander existieren können;.

e) Der Anteil an Mitarbeitern auf der Basis des HGB § 84 nimmt zu (Freiberuflichkeit).

Eine gefühlte Entwertung des Arbeitnehmerwertes kommt vor allem dadurch zustande, dass

- Tariferhöhungen nur noch als Inflationsausgleich wahrgenommen werden, jedoch der Nominallohn kaum mehr einen Zuwachs erfährt (einen deutlichen Lohnzuwachs muss man sich über Boni und Leistungszulagen erarbeiten);
- Gemeinkosten reduziert werden, beispielsweise durch weniger Investitionen in die Aus- und Fortbildung;

- Arbeitnehmer mit der Androhung von Ausgründungen sich auf ungünstigere Rahmenbedingungen einlassen (Streichung von Weihnachtsgeld, Urlaubsgeld, zusätzlichem Monatsgehalt).

Die Reaktionen auf die Entwertung des Arbeitnehmerwertes sind ebenfalls drastisch: Manche Studien sprechen gar von einer „Klima-Katastrophe“ in Unternehmen, da die Frustration bei deutschen Beschäftigten wächst. Der überwiegende Anteil der Arbeitnehmer fühlt sich emotional kaum mehr an sein Unternehmen gebunden. Absentismus, geringeres Engagement bzw. „Dienst nach Vorschrift“, innere Kündigung, Fluktuationsquoten, Korruptions-/Betrugstendenzen nehmen zu. Zudem bringen die Fehlzeiten-Reports zum Ausdruck, dass allein zwischen 1994 und 2004 die Anzahl der Arbeitsunfähigkeitsfälle wegen psychischer Beschwerden um 74 Prozent gestiegen ist. Die Schäden, die durch Demotivation und gesundheitliche Beeinträchtigungen der Mitarbeiter entstehen, gehen nach Schätzungen in die Milliarden Euro pro Jahr. Allerdings werden die meisten Schäden sozialisiert, also der Gemeinschaft zur Last gelegt. Das Betriebsklima kippt in Richtung einer geringeren Loyalität; **Misstrauenskulturen werden zum Normalfall!** Das „neue Unternehmen“ entsolidarisiert die Menschen weiter.

Wertschöpfungsorientierte Unternehmenskulturen sind dann erfolgreich, wenn a) wichtige Unternehmenswerte (wie Gewinnmaximierung) nicht auf Kosten eines anderen Unternehmenswertes (wie Arbeitnehmerwert) optimiert werden und b) es ihnen gelingt, eine Balance zwischen allen relevanten Unternehmenswerten herzustellen. Voraussetzung hierfür ist, dass der obere Führungskreis über eine gemeinschaftlich abgestimmte und akzeptierte unternehmenspolitische Strategie bzw. eine „Innovation Scorecard“ verfügt. Damit hängt der Erfolg einer Wertschöpfungsorganisation vor allem von der strategischen Stärke und Kompetenz der oberen Führungskräfte zur Erhaltung und Entwicklung der Unternehmenswerte ab. Es geht um die Anforderung, anhand einer „Innovation Scorecard“ eine Wertehierarchie zu definieren und damit zugleich Entwicklungs-/Optimierungsmaßnahmen für alle Werte festzulegen. Darauf ausgerichtet werden die Unternehmensprozesse mittel- und langfristig sowie konzeptionell durchdacht geführt.

3.5.2 Innovationsorientiertes Veränderungsprinzip

Mehrheitlich konzentrieren sich Führungskräfte und Mitarbeiter auf die Initiierung von Innovationen. Change Management ist „nur noch ein Instrument“, um eine Produkt-/Dienstleistungsinnovation oder eine Strategie- und Strukturinnovation herzustellen. Voraussetzung hierfür ist eine Unternehmenskultur und Unternehmenspolitik, die mittelfristig Klarheit und Zuverlässigkeit über ihre Ziele (Unternehmenswerte) liefert. Hierzu kann den (oberen) Führungskräften eine „**Innovation Roadmap**“ dienen, die spezifische „Scores“ (im Sinne einer Innovation Scorecard) umschließt. Sie hilft als strategisches Analyse- und Planungsinstrument und als Visualisierungsmethode, um Wertepräferenzen in einer Wertehierarchie für alle verlässlich zu ermitteln und abzubilden. Anlehnung findet eine solche Innovation-Roadmap in der Balanced Scorecard, allerdings muss man aus deren Umsetzungsproblemen lernen! Bereits die Balanced Scorecard (BSC) ist ein Konzept zur Dokumentation der Aktivitäten der Unternehmensbereiche, vor allem im Hinblick auf ihre Leistungsfähigkeit im Finanz- und Kunden- sowie Prozess- und Mitarbeiterbereich. Sie dient somit als Führungsinstrument auf der mittleren Managementebene, um die in einem Arbeitsbereich stattfindenden Aktivitäten entsprechend den vier vorgenannten Bereichen auf Effizienz und Effektivität zu überprüfen und diese gegebenenfalls zu optimieren. Die BSC gibt eine betriebswirtschaftliche Struktur vor, durch die sich die Mitarbeiter und Führungskräfte in ihren Arbeitsbereichen durcharbeiten, d.h. anhand von Kennzahlen ihre Arbeitsvorgänge und Arbeitsergebnisse im Detail betrachten. Aus den Fehlern der BSC ist zu lernen!

Ein Kernproblem besteht darin, dass die oberen Führungskräfte zwar eine Balanced Scorecard wünschen, um die Leistungsfähigkeit in den Unternehmensbereichen zu überprüfen, sie jedoch bei der Einführungsphase der BSC meist nicht auf den Reifegrad des Unternehmensbereichs achten (anpassungsfähige, teamorientierte, flexible/lernende Unternehmensorganisation). In einer teamorientierten und flexiblen Unternehmenskultur beispielsweise tolerieren die Führungskräfte und Mitarbeiter es nicht, dass ihnen ein solches Managementkonzept einfach zur Durchführung vorgeschrieben und ihnen auch noch ein von oben zugewiesener BSC-Berater zur Seite gestellt wird. Anstelle eines „top down" verordneten BSC-Korsetts fordern sie mehr Eigenständigkeit und Entscheidungsspielraum darüber, auf welchem Wege sie welche Aspekte der BSC zusammen mit welchen von ihnen präferierten Beratern angehen wollen und auf welche Maßnahmen sie sich – nach dem Abschluss der BSC-Analyse für ihren Bereich – konzentrieren möchten. Eine falsch koordinierte Einführungsphase kann deutliche Widerstände auslösen, mit der Folge, dass es meist Jahre dauert, bis die oberen Führungskräfte es wieder wagen, einen weiteren BSC-Prozess in dem Unternehmensbereich einzuleiten.

Die Umsetzungsphase der BSC-Struktur impliziert weitere Problemfelder: Eine Schwierigkeit ist nicht nur, dass Führungskräfte und Mitarbeiter durch eine zeitaufwendige Analyse entlang ausgewählter Kennzahlen ihre originäre Kerntätigkeit sowie ihre bereits laufenden innovativen Projektaufgaben unterbrechen müssen. Vielmehr führen die extensiv aufgearbeiteten Ergebnisse entlang der Kennzahlen zu „Zahlenfriedhöfen", die derart vielschichtig und unübersichtlich sind, dass sie kaum mithelfen, unumstrittene Optimierungswege zu entwickeln. Zu einem Hauptproblem wird jedoch, dass eine Momentaufnahme für die Leistungsfähigkeit eines Unternehmensbereiches konstruiert wird und die strategischen Zusammenhänge sowohl zwischen den vorgenannten vier Bereichen der BSC als auch zwischen der BSC und *den Unternehmenszielen und -strategien, die auf einer anderen oberen Führungsebene bestimmt werden*, unklar bleiben. Gerade in der schwierigen Verknüpfung von BSC-Kennzahlen sowie der unzureichenden Vernetzung der vier BSC-Bereiche mit den Unternehmenszielen und -strategien sehen auch CHAHED und MÜLLER (2006) vier zentrale Probleme:

- *Fehlende Verbindung zwischen Kennzahlen und Strategie*: Oftmals wird die eigene Unternehmensstrategie nicht ausreichend analysiert und es werden Ziele formuliert, die in keinem direkten Ursache-Wirkungs-Bezug zu den relevanten Werttreibern stehen. Nur wenige Unternehmen scheinen nichtfinanzielle Kennzahlen mit direkter Verbindung zur Strategieerreichung zu identifizieren.

- *Ursache-Wirkungs-Beziehungen lassen sich nicht bestätigen*: Wenn die Kausalität zwischen den Werttreibern der einzelnen Perspektiven nicht sichergestellt ist, können Zielkonflikte und ein „Information Overload" die Leistungsfähigkeit eines Unternehmens eher lähmen als fördern.

- *Unrealistische Ziele*: Die Vorgabe, z.B. 100 % Kundenzufriedenheit zu erreichen, ist unrealistisch und mit unverhältnismäßigem Aufwand verbunden. Unrealistische Zielvorgaben wirken kontraproduktiv und können das „Oberziel", nämlich die Wirtschaftlichkeit des Unternehmens, gefährden.

- *Mangelnde Objektivität bei der Messung der Zielerreichung*: Vor allem für qualitative Werttreiber müssen objektivierbare Bewertungsverfahren gefunden werden. Ziele wie etwa die Erhöhung der Kundenzufriedenheit sind so lange problematisch, wie nicht allen Betroffenen klar ist, was Kundenzufriedenheit ist und wie man diese misst.

  Oder um mit Mark Twain zu sprechen: „Wer nicht weiß, wohin er will, der darf sich nicht wundern, wenn er woanders ankommt." (CHAHED und MÜLLER 2006: 72–73.)

Unabhängig davon, ob die BSC oder ein anderes Managementinstrument in Unternehmen eingeführt wird, bleibt es eine zwingende Vorbedingung, dass die oberen Führungskräfte genau und verlässlich darlegen, „wohin sie in den kommenden Jahren wollen". Es sind deshalb folgende Arbeitsschritte zu planen:

- **Aufbau einer „Innovation Roadmap"**
  Welche Unternehmenswerte sind für das kommende Geschäftsjahr besonders stark auszubauen?

- **Formulierung einer Strategie**
  Wie sehen Strategien (Handlungsprogramm, Aktionsplan) aus, um die fixierten Unternehmensziele zu erreichen?

- **Festlegung von Kennzahlen**
  Wie sehen die Kennzahlen (Parameter) aus, an denen sich die Maßnahmen orientieren bzw. die als Basis für Entscheidungen, für Kontrollen, für Dokumentationen und zur Steuerung wichtiger Zusammenhänge herangezogen werden?

- **Führung der Umsetzungsphase**
  Wie aktiv und zeitlich ausdauernd begleiten obere Führungskräfte sämtliche Einführungs- und Umsetzungsmodule?

- **Entwicklung eines „Reportings“**
  Wem gegenüber berichten die oberen Führungskräfte über die Ergebnisse („Stakeholder“)?

Hierzu ist es wichtig, dass die oberen Führungskräfte eine „transparente und verlässliche „Innovation Scorecard“ entwickeln, wobei diese keine simple Addition von allgemein bekannten Unternehmenswerten und -zielen darstellt, sondern zu jedem Unternehmensziel eben auch die gewünschten Handlungsprogramme (Strategien) und Parameter (Erfolgsgrößen) definiert werden. Ist dies für die oberen Führungskräfte und deren Stäbe bereits durchaus zeitaufwendig und komplex, so liegt die Hauptschwierigkeit darin, dass in einer „Innovation Scorecard“ neben gut definierbaren materiellen Unternehmenswerten (Rendite, Umsatz, Absatz, Ressourcen, Immobilien) auch zunehmend mehr immaterielle Unternehmenswerte (Marke, Image, Patente, Innovationen) zu berücksichtigen sind. Gerade diese „intangible assets“ haben in den vergangenen beiden Jahrzehnten enorm an Bedeutung zugenommen, wobei sich der geldliche Wert immaterieller Vermögenswerte erst durch eine umfassende Unternehmensbewertung besser erfassen lässt. Dabei wird der immaterielle Vermögenswert zwischen dem in *der Bilanz festgehaltenen Wert* und dem *am Markt gehandelten Wert* eines Unternehmens abgeglichen (derivativer Geschäftswert). Dementsprechend ist den oberen Führungskräften zuzubilligen, dass immaterielle Werte in einer „Innovation Scorecard“ äußerst schwierig über Strategien und Erfolgsparameter darstellbar bzw. eventuell nur prognostizierbar sind. Dieser Aufwand für eine „Innovation Scorecard“ sowie die Bemessungsproblematik gerade für immaterielle Werte verleitet die oberen Führungskräfte dazu, tradierte „Scorecards“ mit mehrheitlich materiellen Werten zu konstruieren, nach dem Motto: „**Es zählt nur, was messbar ist.**“

Eine „Innovation-Roadmap“ („Innovation Scores“ beinhaltend) beschreibt das Ausmaß, in dem obere Führungskräfte in der Lage sind, Verantwortung in ihrem Unternehmen für die nachhaltige Entwicklung klarer und zuverlässiger Unternehmenswerte zu übernehmen und Innovations-/Veränderungsprojekte hierzu umzusetzen. Dieser Aspekt ist deshalb so pointiert darzulegen, da den (oberen) Führungskräften vielfach „Unstetigkeit“, „Zielunklarheit“, „organisierte Verantwortungslosigkeit“ und „Innovationsmeidung“ vorgeworfen wird. Drei Formen des Umgangs mit Verantwortung können sich bei oberen Führungskräften herauskristallisieren:

1. Die oberen Führungskräfte können die **„Innovation Roadmap" als Navigationssystem** für Geschäftsführung bzw. Vorstand, Gesellschafter oder Aufsichtsrat sowie Führungskräfte und Mitarbeiter entwickeln. Hierbei gilt es, eine Balance zwischen materiellen und immateriellen Vermögenswerten herzustellen sowie Strategien und Parameter (transparente und überprüfbare Erfolgsgrößen) zu definieren. Damit positionieren sich obere Führungskräfte inhaltlich und verdeutlichen, wofür sie stehen und wie sie ihre Ziele zusammen mit den Führungskräften und Mitarbeitern umsetzen wollen. Dazu muss man als obere Führungskraft auch über zeitgemäße Kompetenzen des Veränderungsmanagements verfügen. Mit einer derartigen Positionierung werden jedoch auch sie hinsichtlich der Erbringung von Erfolg „messbarer und angreifbarer".

2. Die oberen Führungskräfte können eine „Innovation Roadmap" gestalten, die auf **rein materielle (ertrags- und renditeorientierte) Werte** beschränkt ist, d.h. weiterhin eine „Shareholder Scorecard" bevorzugen. Damit setzen sie sich der Gefahr aus, dass sich diejenigen Führungskräfte und Mitarbeiter, die nicht konstant vom Shareholder Value profitieren, von ihnen enttäuscht sind und sich abwenden. Der Grund liegt darin, dass eine hohe Anzahl von Führungskräften und Mitarbeitern einen Großteil ihres zeitlichen und energieintensiven Engagements in die Entwicklung der „immateriellen Ressource" – Kunde, Qualität, Innovationen – investieren und nun erkennen, dass dieses Engagement im Rahmen einer Wertschätzung im Unternehmen unberücksichtigt bleibt.

3. Die oberen Führungskräfte können eine Verpflichtung auf eine „Innovation Roadmap" ablehnen. Meist geschieht dies mit dem Argument, ein hohes Maß an Flexibilität gerade zur raschen Marktanpassung, zum Erhalt der Wettbewerbsfähigkeit sowie zur Bewältigung der dynamischen Globalisierungseffekte bewahren zu müssen. Hinzu kommen Argumente hinsichtlich der Vertraulichkeit von unternehmerischen Zielen und Strategien (Spionage): Ein langfristig angelegtes, überprüfbares und transparentes Arbeitsprogramm widerspräche also der Notwendigkeit der Flexibilisierung und Vertraulichkeit. Damit tendiert der obere Führungskreis – wie es deutsche Gerichte bezeichnen – zum „Prinzip organisierter Verantwortungslosigkeit". Dieses Prinzip wird oft von allen Mitgliedern des oberen Führungskreises geteilt, um gemeinsam einer zeitaufwendigen Entwicklung einer „Innovation Roadmap", aber auch einer darauf aufbauenden Rechenschaftsberichterstattung zu entgehen. Ein Rückzug auf den eigenen funktionalen Verantwortungsbereich erscheint den meisten oberen Führungskräften als übersichtlicher und genügend belastend. Zudem soll vermieden werden, dass die Leistung bewertbar bzw. die Vergabe von Bonussystemen an derartige langfristige Zielgrößen und den Umsetzungserfolg gebunden wird.

Letztgenanntes Prinzip wird dabei auch von Aufsichtsräten bzw. den Gesellschaftern gestützt, da diese eine intensive Erfolgskontrolle ihrer oberen Führungskräfte herzustellen und transparent zu machen hätten. Gegen eine zunehmende Kontrollmacht ihrer Aufsichtsräte wenden sich jedoch auch die oberen Führungskräfte und Vorstände: Sie tun alles, damit nicht alle Positionen in einem Aufsichtsrat von Personen besetzt werden, die in ihrem zeitlichen Engagement für das Unternehmen überdurchschnittlich aktiv sind, sondern von solchen, die sich nur als „wirtschaftspolitische Berater" (Netzwerker) verstehen oder die nur eine finanziell lukrative („potemkinsche") Position einnehmen. Denn: „**Vorstände bzw. obere Führungskräfte brauchen schwache Aufsichtsräte**", die ihnen keine transparente und überprüfbare „Corporate Accountability" (Unternehmensverantwortung) zumuten. Eine stärkere Kontrolle von Unternehmensverantwortung würde sich nur über weitere gesetzliche Regulierungen herstellen lassen. Die zunehmende Verflechtung von Politik und ihren Parteien mit Unternehmen und deren Verbänden hat dies in der Vergangenheit weitgehend verhindert.

Wichtig bleibt eine Öffnung der Führungsrolle zu mehr Innovationsleistungen („Innovation Leader") im Bereich des Strategie- und Struktur (Prozess)managements und mehr Mitwirkung und Zuverlässigkeit in der Umsetzung solcher Innovationen. Innovationskompetenzen lassen sich nicht – wie beim Change Management – einfach „outsourcen" (dafür sind sie zu „politisch"), sondern verlangen eine koordinierte und stringente unternehmerische Implementierung. Jede Innovation ist ein unternehmenspolitisches „Statement"!

Fazit: Um Unternehmenswerte erfolgreich zu planen, sie schrittweise aufzubauen und zu gestalten, gilt es, die strukturellen Chancen und Grenzen einer Unternehmensorganisation, in denen Unternehmenswerte entwickelt werden, zu berücksichtigen. Unternehmenswerte können nur schrittweise erfolgreich aufgebaut und gestaltet werden,

1. wenn die konkreten Verbesserungs- und Veränderungsmaßnahmen zum Reifegrad des Unternehmensbereiches passen;

2. wenn die Unternehmenswerte in einer Balance zueinander stehen, somit Konflikte zu anderen Unternehmenswerten vermieden werden;

3. wenn die oberen Führungskräfte strategisch kompetent („competence") und langfristig unterstützend („commitment") ihren Führungskräften und Mitarbeitern bei der Optimierung von Unternehmenswerten (bzw. im Veränderungsmanagement) zur Seite stehen.

4 Die „Kunst zur Führung" von Unternehmenswerten über Veränderungsprojekte

Um Unternehmenswerte wirksam zu organisieren, muss man sich mit den potenziellen Erfolgs- und Misserfolgsfaktoren des „Management of Change" auseinandersetzen. Als einer der bekanntesten Protagonisten in diesem Bereich hat sich John P. KOTTER (1996) hervorgetan, der einen Aktionsplan zur erfolgreichen Umsetzung von Veränderungsprojekten entwickelte. Seine acht Punkte umfassen:

- Das Gefühl der Dringlichkeit erzeugen („Create Urgency")
- Eine starke Veränderungskoalition aufbauen („Form a Powerful Coalition")
- Visionen und Strategien entwickeln („Create a Vision for Change")
- Die Vision des Wandels klar kommunizieren („Communicate the Vision")
- Widerständen und Hindernissen aktiv entgegenwirken („Remove Obstacles")
- Kurzfristige Erfolge (Meilensteine) im Team fixieren und erlebbar machen („Create Short-term Wins")
- Maßnahmen konsolidieren und weitere Veränderungen ableiten („Consolidate Improvements and Produce More Change")
- Die Errungenschaften institutionalisieren („Articulate Connections to Corporate Success")

Mit seinen Themen spricht KOTTER ein breites Spektrum an Maßnahmen an, um ein Veränderungsprojekt erfolgreich zu machen. Diesen stehen jedoch auch Misserfolgsfaktoren gegenüber, wozu eine Studie der TECHNISCHEN UNIVERSITÄT MÜNCHEN & C4 CONSULTING DÜSSELDORF (2007) Auskunft gibt, in der zehn maßgebliche Determinanten des Misserfolgs zusammengefasst sind:

- Unzureichendes Engagement der oberen Führungskräfte (61 Prozent)
- Unklare Zielbilder und Visionen der Veränderungsprozesse (56 Prozent)
- Fehlende Erfahrung der Führungskräfte im Umgang mit Veränderungen, insbesondere mit der Verunsicherung der betroffenen Mitarbeiter (56 Prozent)
- Uneinigkeit im oberen Führungskreis über die Zukunftsstrategien (56 Prozent)

- Mangelnde Unterstützung der Veränderungsprojekte aus dem Linienmanagement (52 Prozent)
- Lückenhafte oder verspätete Informationen an die Mitarbeiter (50 Prozent)
- Unzureichende Möglichkeiten zur Bewältigung von Ängsten und Widerständen der Mitarbeiter (46 Prozent)
- Vernachlässigung psychologischer Faktoren in der Projektplanung (43 Prozent)
- Ungenügende personelle Ressourcen (37 Prozent)
- Unzureichende (wenig vertrauenswürdige) Kommunikation zwischen Mitarbeitern und Führungskräften (36 Prozent)

Die Ergebnisse für den Misserfolg von Veränderungsprojekten sind nicht überraschend, da a) viele Beteiligte zu wenige (positive) Erfahrungen und (qualifizierte) Fähigkeiten im Umgang mit Veränderungen erworben haben, b) der Mitarbeiterwert insgesamt in Unternehmen von den Führungskräften unzureichend gemanagt, von den Personalabteilungen konzeptionsschwach getragen und vom oberen Führungskreis gar entwertet wird und c) die oberen Führungskräfte sich strategisch als zu wenig klar, zu wenig einheitlich und zu wenig zuverlässig erweisen („No Team, No Vision, No Vote"). Der Kern des Misserfolgs von Veränderungen liegt damit vorrangig in zwei Bereichen:

- In der mangelnden Unterstützung durch einen uneinheitlichen oberen Führungskreis, der keine „Wertegemeinschaft" im Sinne der Werteentwicklung, sondern eine „**Machtgemeinschaft**" im Sinne des Positionserhalts bildet. In dieser Gemeinschaft herrscht eine latente Spannung zwischen Innovatoren (Veränderungstreibern) und Konservativen bzw. Bewahrern (Veränderungsmeidern), wobei die offen und informell ausgetragenen Gegensätzlichkeiten sich in Widerständen gegenüber den Veränderungsprojekten der jeweils anderen oberen Führungskraft auswirken;

- Im unzureichenden **Management von Emotionen** durch die Führungskräfte, die vor allem den Unsicherheiten ihrer Mitarbeiter zu wenig Beachtung schenken, sodass diese vorsichtig und zögerlich sind, wie sie a) mit ihren bisherigen, negativen oder geringen Veränderungserfahrungen, b) mit ihren fehlenden oder lückenhaften Veränderungskompetenzen und c) mit ihren ziellosen oder unspezifischen Veränderungsinteressen umgehen sollen. Letztlich gelingt es den meisten Führungskräften nicht, motivational und emotional Einfluss auf die verschiedenen Mitarbeiter zu nehmen.

4.1 Zum Umgang mit Veränderungstreibern und Veränderungsmeidern

Veränderungsprojekte scheitern vor allem an der Uneinigkeit innerhalb des oberen Führungskreises im „Management of The Right Change". Es sind Auseinandersetzungen um die richtigen Veränderungsschritte („The Right Change") zwischen „Innovatoren", die eine Werteerneuerung und -weiterentwicklung im Rahmen eines „wertschöpferischen Unternehmertums" präferieren, und „Konservativen", die einen Werteerhalt bevorzugen und die bestehenden Unternehmenswerte nur dann infrage stellen, wenn sich das Neue bereits als besser und risikoarm erwiesen hat. Durch die fundamentalen Auseinandersetzungen kommt es zu einer gegenseitigen Neutralisierung, sodass man sich im oberen Führungskreis einerseits nur noch auf den kleinsten gemeinsamen Nenner bzw. auf die dringlichsten und zwingenden Veränderungen einigen kann oder andererseits nur solche Veränderungen billigt, die man (über bestehende informelle Seilschaften) in den nachfolgenden Monaten wieder „einholen und entwerten" kann. Sollte eine obere Führungskraft einer solchen Seilschaft nichts entgegenzusetzen haben, wird sie ihr initiiertes Veränderungsprojekt nach Monaten wieder zurücknehmen müssen („Projekte versanden") oder im besten Fall in kleineren Projekten weiterzuführen haben. Letzteres kommt bei den Führungskräften und Mitarbeitern in den bereits laufenden Veränderungsprojekten als mangelnde Unterstützung oder fehlendes „Commitment" ihrer oberen Führungskraft an. Veränderungen, so spüren jedoch alle Beteiligten, unterliegen einer konstanten politischen Auseinandersetzung, die mit politischer Macht und politischem Einfluss ausgetragen wird:

> "Political power is the capacity to condition, mold, and control human behavior for the accomplishment of specific objectives. It is the ability of an individual leader or leadership groups, to effect a desired change in the behavior of others, persuading or forcing the latter to act in a manner they would not act in the absence of the former's impact on the situation. Political influence is the ability of individual leaders or leadership groups to influence, condition, shape, and thereby control the authoritative decisions and actions of those who possess the formal-legal authority to take these decisions and actions. The individual leaders or leadership groups exercising political influence do not hold the relevant positions and therefore do not possess the formal-legal authority to make the corporate decisions they seek to shape and control; but they do have and exercise the ability to shape and control the decision-making behavior of those office-holders in the company, who do possess the formal-legal authority to make the relevant decisions on company policy" (vgl. QUICK, NELSON 2011: 344 – 368).

Rosabeth KANTER analysiert verschiedene Indikatoren zur Identifikation von solchen macht- und einflussreichen Führungspersönlichkeiten, die sich am stärksten in Veränderungsprojekten durchsetzen werden:

1. *"Ability to intercede for someone in trouble.* An individual who can pull out someone out of a jam ...
2. *Ability to get placements for favored employees.* Getting a key promotion for an employee ...
3. *Exceeding budget limitations.* A manager who can go above budget limits without being reprimanded ...
4. *Procuring above-average raises for employees ....*
5. *Getting items on the agenda at meetings.* If a manager can raise issues for action at meetings ...
6. *Access to early information.* Having information before anyone else does is a signal that a manager is plugged into key resources." (vgl. QUICK & NELSON 2011: 352)

4.1.1 Führungskräfte als Innovatoren oder als Bewahrer

Die **Chancen und Grenzen von Veränderungen** hängen somit entscheidend vom Ergebnis der politischen Auseinandersetzung zwischen Innovatoren (entwicklungsorientierten Führungskräften) und Konservativen (administrierenden Führungskräften) ab. Wie stark sich personenbedingte Motive (Einflussgrößen, Interessen) auf Unternehmensinnovationen bzw. Veränderungen auswirken, hat Everett M. ROGERS (2003) in einer Untersuchung dargestellt: Mithilfe dieser soziologischen Studie lassen sich die Veränderungschancen und Veränderungsgrenzen im „Spiel der Kräfte“ im oberen Führungskreis, aber auch generell in den Veränderungsteams zwischen Innovatoren und Konservativen darstellen:

- **Innovatoren (innovators)** sind etwa zu 2,5% im oberen Führungskreis (bzw. einem Veränderungsteam) vertreten. Ihre Eigenschaften sind geprägt von Unternehmertum (Intrapreneurship) und Entwicklungsfreudigkeit („Agent of Change“), indem sie kontinuierlich neue Ideen einbringen („**Producer of Ideas**“). Diese münden in neuen Produkten und Dienstleistungen oder in neuen Strategien und Strukturen (Invention) und durchdringen mittelfristig den Markt oder das Unternehmen (Diffussion). Innovatoren werden von einer Energie getragen, die Unternehmenswerte konstant weiterzuentwickeln sowie die dafür notwendigen Strategien und Strukturen in die Unternehmensorganisation einzubringen. Es geht ihnen darum, eine Veränderung im Interesse des Unternehmens anzuregen und diese auch umzusetzen. Grenzen in seiner Risikofreudigkeit akzeptiert der Innovator nur dann, wenn andere bessere Innovationen einbringen bzw. deren Ideen effizienter und effektiver sind. Stillstand („Bestehendes erhalten“), Trägheit („Das war schon immer so“) oder auch eine politische Blockade („zu teuer“; keine Personalkapazitäten) lehnt er ab. Konstant richtet er im Führungskreis (bzw. im Veränderungsteam) seine Kommunikation immer wieder auf seine Vision und auf die Notwendigkeit aus, Reformmaßnahmen frühzeitig zu entwickeln. Der Innovator erfährt durch seine Obsession, Veränderungen zu initiieren, in seinem Umfeld wenig spontane Unterstützung. Er wird sogar wegen seines „unabhängigen kreativen Denkens“, das der

Zukunft des Unternehmens und nicht der Position von Einzelnen Vorteile verschaffen soll, kaum respektiert oder gar als Gefahrenquelle angesehen.

- **Früh-/Erstanwender (Early Adopters)** sind zu etwas 13,5 % im oberen Führungskreis (bzw. in einem Veränderungsteam) vertreten. Sie selbst kreieren keine Innovationen, aber sie sind von der Dringlichkeit und Notwendigkeit von Veränderungen überzeugt und unterstützen derartige Ideen von anderen sehr rasch. Sie verstehen somit den „proaktiven Entwicklungsbedarf" in einem Unternehmen, sind selbst jedoch weniger kreativ und risikobereit. Da sie mit vielen anderen Führungsmitgliedern (bzw. Teammitgliedern) sozial verflochten sind, sehen sie sich veranlasst, einerseits sinnvolle Reformen zu unterstützen, aber andererseits so wenig wie möglich „(Flur-)Schaden" – gerade durch das Zustandekommen von Veränderungsverlierern – im Unternehmen zu hinterlassen. Da sie jedoch zwischen den innovativen und konservativen Kräften – vielfach auch durch persönliche Gespräche („Interpersonal Networking") – vermitteln, werden sie als Meinungsführer generell von der Mehrheit des Führungskreises (bzw. des Veränderungsteams) respektiert. So können sie die Unsicherheit bei den konservativen Kollegen reduzieren, indem sie den Innovator bewegen und unterstützen, mehr berechenbare Substanz in die Veränderungsmission einzubauen. Umgekehrt können sie als Türöffner („Gatekeeper") für den Innovator fungieren, indem sie die konservativen Führungskräfte bewegen, Veränderungsvorschläge zumindest anzuhören und offen miteinander zu diskutieren. Sie bilden somit eine ideale Kontaktinstanz, um als „Multiplikator" („Multiplier") für Veränderungen (i.S. des Innovators) zu wirken, aber auch die Veränderungen mit Bedacht und gut vorbereitet (i.S. der Konservativen bzw. der Bewahrer) einzuführen.

- **Frühe Innovationsabnehmer (Early Majority)** sind etwa zu 34 % im oberen Führungskreis (bzw. in einem Veränderungsteam) vertreten. Sie prüfen genau, welche Risiken die Veränderung für das Unternehmen und die Unternehmensbereiche, einschließlich ihrer eigenen Position, mitbringen kann (**Risikovermeider**). Sie folgen einer Veränderung nur dann, wenn sie die Argumente sehr sorgfältig und argumentativ „emotionslos" vorgetragen bekommen, sie unter keinem Zeitdruck die Veränderungen prüfen dürfen und sie sich hierzu untereinander (auch mit den „Early Adopters") beraten können. Da das bestehende System für sie funktioniert, benötigen sie Zahlen, Daten und Fakten sowie zahlreiche persönliche Gespräche, „um sicherzugehen", dass die Veränderung berechenbar und erfolgreich verlaufen wird. Um keine individuelle Schuldzuweisung für eine Fehlentscheidung zu riskieren und sich auch nicht der Gefahr der „sozialen Isolation" auszusetzen, entscheiden sie nur gemeinsam, sozusagen einem „Herdentrieb" folgend („Follower").

- **Späte Innovationsabnehmer (Late Majority)** sind zu etwa 34 % im oberen Führungskreis (bzw. in einem Veränderungsteam) vertreten. Gegenüber Neuerungen sind sie eher skeptisch eingestellt und akzeptieren Veränderungen erst durch starken Druck vonseiten anderer einflussreicher Führungsmitglieder oder durch eine Unternehmenskrise. Es handelt sich vorrangig um „administrierende Führungskräfte", die den Status quo mit all den berechenbaren Vorteilen für sie unter allen Umständen erhalten wollen. Auch ein Schaden für das Unternehmen beeindruckt sie weniger stark als ein Schaden für ihre gegenwärtige (Entgelt-)Position, für ihren Status oder für ihre Arbeitsbedingungen. Damit hat die persönliche Sicherheit oberste Priorität, sodass sie als „**Skeptiker**" vehement gegen Veränderungen vorgehen, indem sie entweder die Innovation als unausgereift, zu kosten-/personalaufwendig oder zu wenig erfolgversprechend ausweisen („denier") oder den Innovator persönlich diskreditieren (z.B. „seine vergangenen Misserfolge aufzählen"). Dabei bauen sie vor allem auf das Instrument der persönlichen Gespräche und der Seilschaft, um sich gegenseitig zu verbinden. Erst wenn sich herausragende Führungspersönlichkeiten langfristig schützend gegenüber dem Innovator verhalten, werden die Skeptiker nachgeben, um keinen Konflikt mit diesen einflussreichen Führungskollegen entstehen zu lassen („Opportunist"). Allerdings werden sie weiterhin versuchen, kleinere Probleme im Fortgang der Veränderung zum Anlass zu nehmen, diese Veränderung immer wieder zu torpedieren und zu einem verspäteten Misserfolg zu führen.

- **Zauderer (Laggards)** sind zu etwa 16 % in einem oberen Führungskreis (bzw. in einem Veränderungsteam) vertreten. Sie ergreifen selten eine klare Position („little or no opinion leadership") und haben weder eine Vision noch ein Verlangen nach Innovationsführerschaft. Sie pflegen einen moderierenden Führungsstil, der es zulässt, dass verschiedene Standpunkte von allen Seiten Eingang finden, sodass a) der kleinstmögliche Nenner als Kompromiss zustande kommt, b) sich das Thema selbst neutralisiert, also die Gegensätzlichkeiten sich nicht auflösen lassen und das Thema letztlich nicht mehr weiterverfolgt wird („Beendigung eines Themas durch die Weitergabe an eine Arbeitsgruppe"), oder c) sich eine Gruppe mit ihrem Vorschlag gegen die andere im Führungskreis (bzw. im Veränderungsteam) durchsetzt. Der erfolgreichen Gruppe wird sich dann der Zauderer (Moderator) zuwenden. Damit werden nicht die besten Entscheidungen für das Unternehmen getroffen, sondern die interessenpolitisch am besten durchsetzbaren Entscheidungen. Da der Zauderer selbst für keine Richtung steht, sondern mehr einen Richtungsstreit unter seiner Moderation gestattet, wird er gerade von den Innovatoren in seinem „Führungsstil" angegriffen. Diese werfen ihm Positionslosigkeit und mangelnde Entscheidungsfreudigkeit vor, weshalb zwischen beiden ein latenter Konflikt vorherrscht. Der Zauderer erfährt hingegen bei der Mehrheit einen gewissen Respekt, da er sich offen keiner Seilschaft zurechnen und insbesondere den Innovatoren wenig Loyalität zukommen lässt. Deshalb erhält der Zauderer vielfach von der Mehrheit die Chance, die Leitung des Führungskreises (bzw. des Veränderungsteams) zu übernehmen.

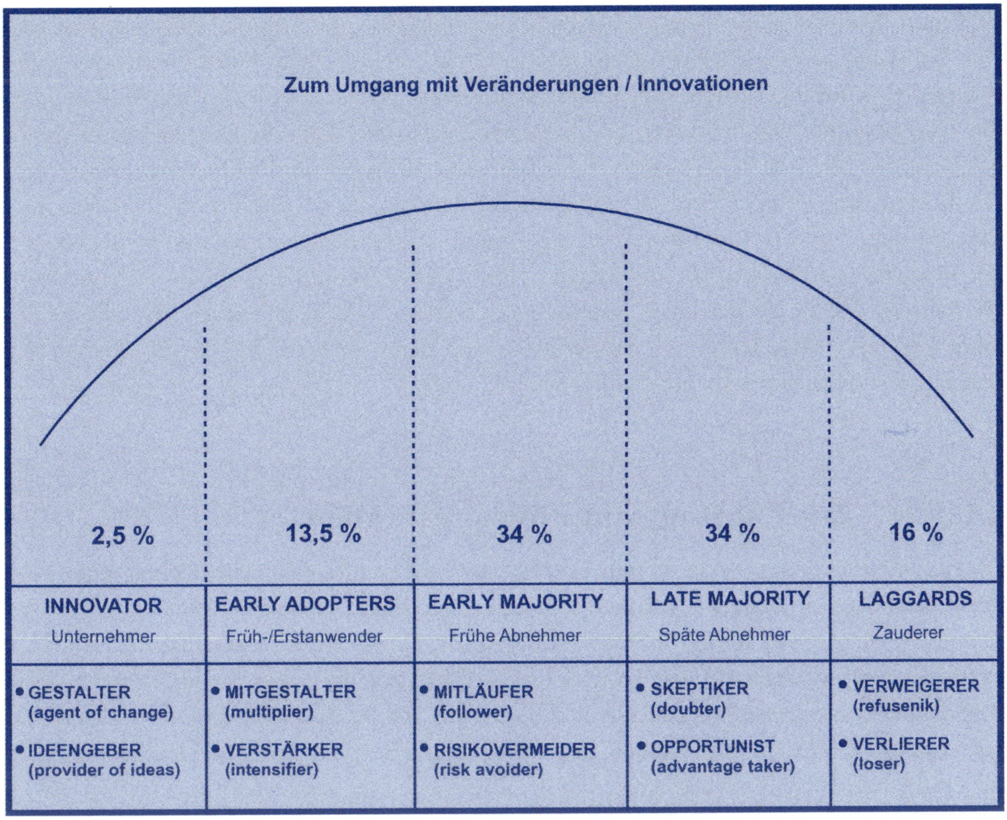

Abb. 7: Unterscheidung von Verhaltensweisen nach Innovations- und Anpassungsfaktoren

Quelle: Vgl. Rogers, Everett M. (2003): Diffusions of Innovations. 5th Edition, New York: 281.

Die verschiedenen Gruppierungen sind in der Unternehmensrealität nicht so kategorisch voneinander abgrenzbar, sondern verbinden sich bei der Durchsetzung ihrer jeweiligen Interessen. Beispiel: Damit der Einfluss der „Early und Late Majority" erhalten bleibt, bemüht man sich gemeinsam, die Leitlinien und Verfahren zur Rekrutierung von Führungskräften und Mitarbeitern so zu gestalten, dass nur diejenigen berufen werden, die in ihr „System" passen. Insofern werden zwar über die Personalabteilung Vorschläge zur Bewertung von Positionen gemacht – nach Qualifikation und Leistung vorselektiert, aber die abschließenden Gespräche mit den Bewerbern führen Vertreter aus dieser Gruppierung selbst durch. Damit soll vor allem gewährleistet werden, dass die für sie passende Führungskraft oder der für sie passende Mitarbeiter eingestellt wird. In Phasen einer Krise oder eines anstehenden raschen Entwicklungsbedarfs (Umbaus) wird durchaus auch ein „Innovator" oder „Early Adopter" berufen, dem sie genau signalisieren, wem er seine Position zu verdanken hat. Eine weitere gemeinsame Vorgehensweise der Vertreter der „Early und Late Majority" wird auch dadurch praktiziert, **dass man solche Führungskräfte und Mitarbeiter befördert, die ihnen gegenüber am loyalsten (nicht am qualifiziertesten) er-**

scheinen. Damit wird der administrierende Führungskreis, der Veränderungen organisiert, aber selbst nicht bewerkstelligen kann, proportional stabil und der Anteil an entwicklungsorientierten Führungskräften und Mitarbeitern niedrig gehalten. Nur in Ausnahmesituationen wird ein Innovator befördert, der ihnen dabei hilft, eine kritische Unternehmenssituation (Krise) zu überstehen oder eine zeitlich befristete Verbesserungsmaßnahme umzusetzen. Die Beförderung ist dann eine Anerkennung für den Einsatz des Innovators. Ist seine Aufgabe erledigt, wird der Innovator a) in eine weitere Veränderungsmaßnahme involviert, um ihn beschäftigt zu halten, b) mit weiteren Innovatoren verbunden, sodass sich diese im Wettbewerb um die besten Ideen gegenseitig aufzehren, oder c) mit einer Abfindung „belohnt", sodass er das Unternehmen verlassen und damit nicht zu viel an Einfluss in der erneuerten Unternehmensorganisation gewinnen kann.

4.1.2 Zur Führung von Führungskräften

Für die Mitarbeiter geht es in diesem Feld um die Initiierung und Durchsetzung einer richtigen Veränderung („The Right Change"), wozu man die Entscheider (Führungskräfte) zu gewinnen hat bzw. auf diese Einfluss nehmen muss. Hierzu ist es notwendig, sich in deren Verhaltensweisen hineinzuversetzen und ausgewählte „kognitions-, emotions- oder interessenorientierte Kooperationsstrategien" aufzubauen. Dadurch kann eine Einflussnahme „pro change" unternommen werden, deren Bedeutung Stephen R. COVEY (2010, o. S.) in seinem Beitrag „Become the Leader of Your Boss" wie folgt beschreibt:

> "Think of your boss's challenges, problems, concerns, and future plans – this is empathy. With empathy and anticipation you can act independently of your boss to deal with concerns and discover opportunities and underlying threats. By acting independently and keeping your boss's needs in mind (or the company's needs) you are, in effect, leading. Your ability to anticipate needs is limitless, making your power and influence in the workplace limitless. You'll always be frustrated if you get hung up on formal hierarchies. However, if you are focused on empathy, regardless of your position, you can achieve the leadership and influence you desire."

Konkret lassen sich drei grundsätzliche Vorgehensweisen der **Verhaltensbeeinflussung auch von „unten (Mitarbeitern) nach oben (Führungskräften)"**, von Veränderungstreibern zu Veränderungsentscheidern beschreiben:

Eine **kognitionsbezogene Verhaltensbeeinflussung** basiert auf der Überlegung, dass die Führungskraft (oder der Leiter eines Veränderungsteams) sehr stark von Zahlen, Daten und Fakten getrieben ist. Sie reagiert zwar stets freundlich, muss aber überzeugt sein, dass sie sich für eine sinnvolle Veränderung einsetzt. Deshalb ist bei Gesprächen zu sichern, dass sie die Notwendigkeit der Veränderung („sense of urgency"), die Kosten und den Nutzen der Veränderung auf der Basis der ihr zugetragenen Informationen einschätzen kann.

Hierzu wird es notwendig sein, der Führungskraft übersichtliche und gut strukturierte Informationen in schriftlicher Form zukommen zu lassen, sodass sie die Sicherheit erlangt, dass ihr Gegenüber „weiß, was es tut" und das Veränderungsvorhaben konzeptionell im Griff hat. Die Kosten des Veränderungsvorhabens wurden berücksichtigt, ein Projektplan mit Meilensteinen wurde kreiert und es wurde genau geprüft, welche „Stakeholder" von dieser Veränderung betroffen sind. Es ist somit wichtig, dass sämtliche Informationslücken frühzeitig mit einem „überzeugenden und detailliert vorbereiteten Veränderungskonzept" geschlossen werden, um der Führungskraft die Sicherheit für die Genehmigung zu geben. Dies ist auch deshalb aus Sicht der Führungskraft wichtig, um bei späteren Abweichungen von diesem Konzept und bei Problemen die Schuldzuweisung und Sanktionierungen auf den Urheber der Veränderung abzuwälzen und diesem nachzuweisen, dass er sein „Wort", wie im Konzept beschrieben, nicht gehalten hat. Es ist ferner elementar, genau darzulegen, wer alles hinter dem Veränderungsvorhaben steht, ob es ein Einzelinteresse ist oder ob das Veränderungsvorhaben bereits von mehreren getragen wird. Dies erkennt die Führungskraft auch daran, dass das Veränderungsvorhaben von zwei oder mehreren Vertretern vorgetragen wird, womit der Handlungsdruck erhöht werden soll.

Eine **emotionsorientierte Verhaltensbeeinflussung** basiert auf der Überlegung, dass die Führungskraft (bzw. der Leiter eines Veränderungsteams) sehr stark von der Qualität einer sozialen Beziehung und einem persönlichen Miteinander geprägt wird. Für die offene Diskussion des Veränderungsvorhabens ist „die" zentrale Voraussetzung, dass eine „gemeinsame Chemie" bzw. das „Gefühl einer persönlichen, ja fast freundschaftlichen Partnerschaft" existiert.

Hierbei ist es notwendig, der Führungskraft durch Pflege der Beziehung unter Beweis zu stellen, dass diese „Partnerschaft" auch faktisch – abseits des Veränderungsvorhabens – praktiziert und gelebt wird: Man geht eben nicht nur aufeinander zu, wenn man sich gegenseitig braucht. Deshalb steht nicht das Veränderungskonzept im Vordergrund (dies wird vorausgesetzt), sondern die Bestätigung „gemeinsamer Werte und Überzeugungen", verbunden mit einem atmosphärisch wertschätzenden Umfeld. Entscheidend ist hier sowohl die Wahl des Gesprächsorts (außerhalb des Büros) als auch die Zeit füreinander, sodass das Gespräch nicht in eine Tagesphase des Partners fällt, in der dieser mit anderen Themen belastet ist.

Eine **interessenorientierte Verhaltensbeeinflussung** basiert auf der Überlegung, dass die Führungskraft (bzw. der Leiter eines Veränderungsteams) sehr stark an der Bewahrung und dem Ausbau ihres Status (Reputation), ihrer Position (Anerkennung) und ihres Netzwerkes (Einfluss) interessiert ist.

Hierbei ist es notwendig, der Führungskraft kontinuierlich die eigene Loyalität unter Beweis zu stellen. So werden die eigenen Vorschläge in der Art und Weise kommuniziert, dass klar erkenntlich wird, dass die Führungskraft der Initiator der Veränderung ist bzw. an der Veränderung wesentlichen Anteil hat. Das Konzept wird also derart aufgebaut, dass es als „Konzept der Führungskraft" verstanden wird. Zudem wird dargelegt, welche Vorteile die Führungskraft von dem Veränderungsvorhaben hat, wie dieses beispielsweise ihre Reputation (gegenüber der Geschäftsführung oder dem Kunden) steigern kann oder welche Vorteile die Veränderung für die Erweiterung ihres Netzwerkes (neue einflussreiche Kontakte) haben wird („Career Reputation"). Die interessenorientierten Führungskräfte bewerten das Veränderungsvorhaben mehr nach ihrem Image als nach seiner Substanz und sie beteiligen sich mehr an der Initiierung als an der Umsetzung der Veränderung. Für eine aktive Mitwirkung nehmen sie sich nicht die Zeit, da andere reputationsfördernde Projekte bereits warten, sie die Kommunikation als ihre Kernkompetenz sehen und selbst über keine Veränderungs- und Prozesskompetenz verfügen.

4.2 Zum Umgang mit Verhaltensweisen in Veränderungsprojekten

Der Kern des Misserfolgs von Veränderungen liegt nicht nur in einer mangelnden Unterstützung durch einen uneinheitlichen oberen Führungskreis, in dem eine latente Spannung zwischen Innovatoren (Veränderungstreibern) und Konservativen (Veränderungsmeidern) vorherrscht. Er liegt auch in einem unzureichenden Management von Emotionen durch die Führungskräfte, die den Motiven und Unsicherheiten ihrer Mitarbeiter zu wenig Beachtung schenken, sodass diese vorsichtig und zögerlich sind, wie sie a) mit ihren bisherigen negativen oder geringen Veränderungserfahrungen, b) mit ihren fehlenden oder lückenhaften Veränderungskompetenzen und c) mit ihren ziellosen oder unspezifischen Veränderungsinteressen umgehen sollen.

Wer Veränderungen initiieren und gestalten will, um Unternehmenswerte zu optimieren, der muss nicht nur darauf achten, „das Richtige zu tun" („The Right Change"), und hierfür die richtigen Verantwortungsträger und Entscheider gewinnen. Er muss die Veränderung auch „richtig tun" bzw. mit adäquaten Management- und Führungsinstrumenten durchführen („Getting Change Right"). Dies gewährleisten vorrangig entwicklungsorientierte Führungskräfte, aber auch administrierende Führungskräfte, wenn sie befristet mit Prozessberatern zusammenarbeiten und mehrere entwicklungsorientierte Mitarbeiter für das Projekt gewinnen können. Umgekehrt: Eine administrierende Führungskraft wird ohne interne oder externe Prozessberater und ohne konzeptionell starke, entwicklungsorientierte Mitarbeiter Veränderungsprojekte nicht umsetzen können. Elementar ist, dass eine Führungskompetenz vorhanden ist, um die Projektmitglieder zu bewegen, in einem Veränderungsteam zusammenzuarbeiten, und ihnen bei den Veränderungsphasen („auf und ab") professionell zur Seite zu stehen. In einem Veränderungsprojekt wird eine Führungskraft in der Regel selbst die Rolle eines Teamleiters übernehmen und dabei mit verschiedenen Verhaltensweisen seiner Projektmitglieder konfrontiert. Es liegt vor allem an ihm, die aufkommenden Emotionen in eine produktive Veränderungsenergie zu lenken und gegen Widerstandsformen zu wirken. George BINNEY und Colin WILLIAMS (1997) identifizieren in einem Veränderungsprojekt acht Verhaltensweisen, mit denen die Führungskraft umzugehen hat, einschließlich der Anforderungen an ihre eigene Rollenausübung:

4.2.1 Verhaltenstypus „Missionary"

Mit der Rolle des „missionary" übernimmt die Fach- oder Führungskraft folgende Aufgaben in einem Veränderungsteam:

- den Sinn der Veränderung klar zu formulieren, dabei mit einer überzeugenden Botschaft (mission) zu verbinden und konkrete Veränderungsziele zu definieren
- die positiven, aber auch negativen Auswirkungen einer Veränderung offenzulegen
- Erfahrungen mit früheren Veränderungsansätzen im Unternehmen aufzubereiten
- Anreize für ein Engagement im Veränderungsprojekt darzulegen (z.B. Lernmöglichkeiten, Chance zur Einflussnahme oder zur Verfügung stehende Belohnungssysteme)
- die Unterstützungsweise der oberen Führungskraft sichtbar zu machen, beispielsweise inwieweit diese sich zeitweise engagiert und dabei die Bedeutung des Veränderungsprojektes für die übergeordneten Unternehmensziele transparent und persönlich darstellt
- die zur Verfügung stehenden Ressourcen und den zeitlichen Aufwand für die Projektmitglieder zu klären
- die gemeinschaftlichen Befürchtungen und Ängste in Bezug auf Veränderungen anzusprechen

Neben technokratischen Planungsaufgaben eines Veränderungsprojekts gilt es, sich mit den „emotionalen Ressentiments" der Projektmitglieder auseinanderzusetzen: Durch diese kann der Teamleiter erkennen, wie skeptisch die Projektmitglieder gegenüber Veränderungen generell und diesem Veränderungsprojekt im Speziellen eingestellt sind und welche einzelnen Projektmitglieder beabsichtigen, das Veränderungsprojekt zu verlangsamen oder zu behindern. Dies erkennt man vielfach an folgenden bekannten „Sprachweisheiten" (vgl. PETER PRIBILLA FOUNDATION 2009: 23):

We tried this before
This place is different
It costs too much
That's beyond our responsibility
We're all too busy to do that
That's not my job
It's too radical to change
We don't have the time
There's not enough help
That's not our problem
Why change it? It's still working okay
You are right, but ...
You're two years ahead of your time

We don't have the personnel
It isn't our budget
It's a good thought, but impractical
We'd lose money in the long run
It's never been tried before
Let's form a committee
Has anyone else ever tried this?
Don't you think we should wait?
It won't pay for itself
I know a fellow who tried this way
That's too ivory-tower-like
The union will scream
Do you we get support from above?

In derartigen Äußerungen von Projektmitgliedern zeigen sich **Stimmungen bzw. Emotionen gegenüber dem Veränderungsprojekt,** wie Ablehnung, Skepsis, Angst, Verleugnung, Unsicherheit, Zweifel, Selbstschutz oder Verdrängung. Häufig werden diese Emotionen gepaart mit sachlichen Argumenten vorgetragen, z.B. einem Mangel an personellen oder finanziellen Ressourcen, zeitliche Restriktionen der Teammitglieder (Koordinationsproblem) oder eine unklare Unterstützung („Commitment“) durch die oberen Führungskräfte.

Damit kommen bereits legitime oder vorgeschobene „Formen des Widerstandes“ durch die Projektmitglieder zum Ausdruck, denen sich der „Missionary“ zuzuwenden hat. Er muss nicht nur eine logisch angedachte Veränderung lancieren, sondern er muss auch in der Lage sein, die Beteiligten für die Veränderung zu gewinnen und ihre Emotionen in die „richtige Richtung“ zu bewegen. Stellt er sich nur unzureichend auf die Verhaltensweisen und Motive seiner Projektmitglieder ein, werden diese „schneeballartig“ **Widerstandsformen** entwickeln, beispielsweise:

- Fortlaufend kommunizierte Skepsis, um den eigenen „Schrebergarten“ bzw. den bestehenden Aufgabenbereich bestmöglich zu schützen
- Zurückhaltung in der produktiven Mitarbeit im Veränderungsteam, auch um mehr Zeit zur Gewinnung weiterer Skeptiker zu haben
- Infragestellung jeder Einzelmaßnahme wie auch der gesamten Veränderung

- Abwertung des Veränderungsprojekts mithilfe von Sarkasmus und Ironisierung des Veränderungsziels

- Streuung von Gerüchten über den bevorstehenden Misserfolg des Veränderungsprojekts

- Zunehmende Abwesenheit von Projektmeetings durch eine vorgeschobene „Krankmeldung“ oder Vortäuschen von Arbeitsbelastung

- Ablehnung von Verantwortung bzw. der Übernahme von Teilaufgaben

- Übernahme der Wortführerschaft bei den Veränderungsmeidern, sodass der Sinn des Projekts immer wieder kritisiert wird: „Das bringt doch nichts“ oder „Das Bestehende ist doch gut genug“ oder „Bei uns funktioniert dies nie.“

Um nicht in diese Widerstandsfalle der Veränderungsmeider zu geraten, muss der Teamleiter folgende Grundregeln beachten:

- am „Teamgeist“ kontinuierlich arbeiten (aktives Mitmachen und nicht „**T**oll **E**in **A**nderer **M**achts“)
- sein Engagement und Durchhaltevermögen leben, um damit Vorbild für andere zu sein und sie in ihrer Partizipation zu bekräftigen
- eine Integrität demonstrieren, indem Worte und Taten stets stimmig sind
- erreichte Meilensteine und weitere Erfolgsaussichten strukturiert kommunizieren
- Wertschätzung gegenüber allen (sympathischen und weniger sympathischen) Projektmitgliedern zum Ausdruck bringen
- seine Mitstreiter bei Fragen oder Informationsdefiziten unterstützen
- das Vertrauen zu den Projektmitgliedern über persönliche Kontakte entwickeln
- ein partizipatives und kommunikativ offenes Arbeitsklima gewährleisten
- Zuständigkeiten und Verantwortlichkeiten untereinander klären
- die gemeinsam entwickelte Veränderungsstrategie „halten“ und kontinuierlich auf das Ziel ausrichten („Navigator“)

Jedes Veränderungsprojekt wird demnach von „rational nachvollziehbaren Chancen“, aber auch „emotional gefärbten Ressentiments“ geprägt. Der Teamleiter hat dementsprechend nicht nur den Sinn, die Ziele, die Chancen einer Veränderung zu proklamieren, sondern auch dafür Sorge zu tragen, dass ein aktives Engagement bei den einzelnen Projektmitgliedern in Gang gesetzt wird und die Veränderungsenergie auf dem bevorstehenden Veränderungsweg erhalten bleibt. Deshalb gilt es, sich auf die **Motive der jeweiligen Verände-**

rungsteilnehmer einzustellen und sich hierbei zwei Fragen zu stellen: (a) Wie gehe ich am besten mit den verschiedenen Verhaltensweisen, wie einem „believer“, einem „member of the lip service“, einem „hider“, einem „refugee“, einem „member of the underground resistance“, einem „honest opponent“ und einem „emigrant“, um? (b) Was sollte ich nie mit ihm bzw. ihr tun?

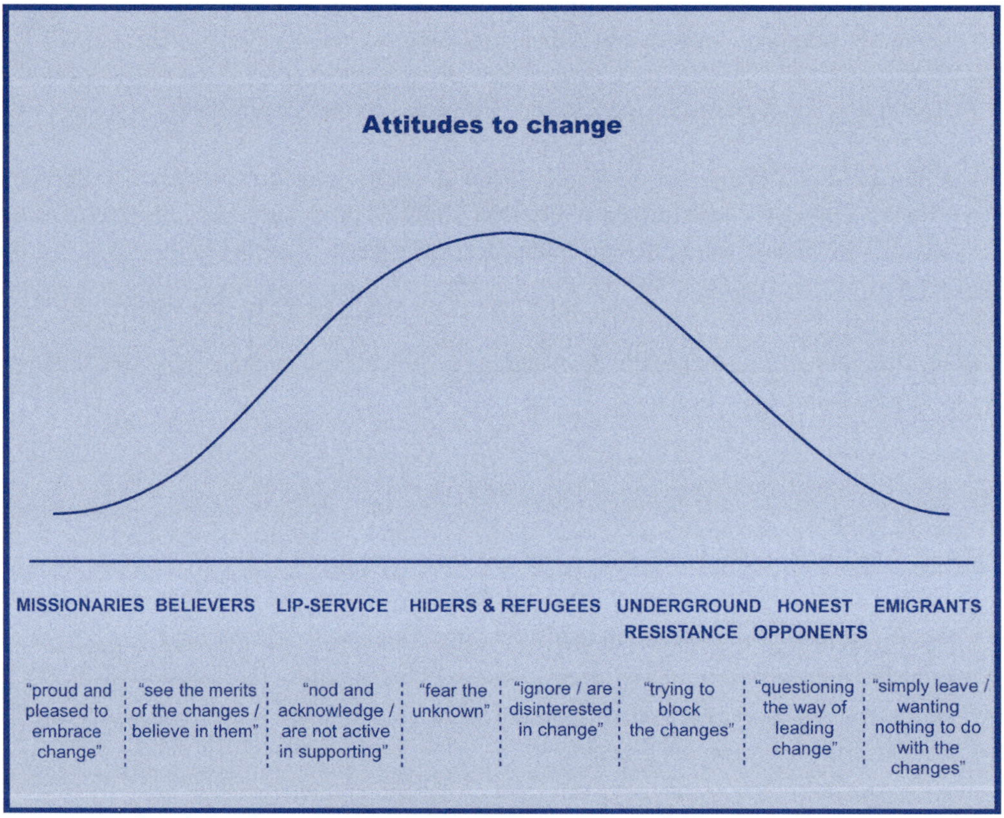

Abb. 8: Zum Umgang mit Widerstand bei Change-Management-Projekten

Quelle: Vgl. Binney, George & Williams, Collin (1997): Learning into the Future – Changing the Way People Change Organizations. London: 110.

4.2.2 Verhaltenstypus „Believer“

Als „believer“ werden diejenigen bezeichnet, die als Sympathisanten und aktive Mitgestalter in einem Veränderungsprojekt wirken. Sie sind aus drei Gründen an einem zeitlich und persönlich starken Engagement für das Veränderungsprojekt interessiert: (1) Sie sind zutiefst von der Sinnhaftigkeit, von der Notwendigkeit und Dringlichkeit des Veränderungsziels überzeugt und wünschen sich die – lange erwartete – Veränderung für ihren Unternehmensbereich. (2) Sie schätzen den Teamleiter in hohem Maße, haben ein persönlich sehr gutes Verhältnis zu ihm und versuchen, ihn durch ihr Vertrauen und ihre Mitarbeit zu unterstützen, auch wenn das Veränderungsprojekt für sie thematisch und persönlich nicht so wichtig sein sollte. (3) Sie erhoffen sich kurzfristig Lern- und Entwicklungsmöglichkeiten und mittelfristig auch Karrierechancen, indem sie in erfolgreicher und engagierter Weise an komplexen Herausforderungen mitarbeiten.

- Der Teamleiter geht am besten mit dem „Believer“ um, indem er sich *Zeit* für ihn nimmt, insbesondere außerhalb der Kernarbeitszeit und außerhalb der Teamarbeit. Der Teamleiter bietet ein persönliches Gespräch an, um den „Believer“ über die geplanten Veränderungsschritte vorab zu informieren und sich auch sein Feedback bzw. seine Meinung zur Veränderung einzuholen. Durch das zeitlich zusätzliche Miteinander, den speziell ausgewählten Gesprächsort und die zugetragenen Informationen erfährt der „Believer“ eine hervorgehobene Vertrauensstellung zum Teamleiter, die jedoch anderen gegenüber nicht offengelegt wird. Der *Teamleiter vereinbart mit dem „believer“ vorab zentrale und verantwortungsvolle Aufgaben,* die dieser im Veränderungsprojekt übernehmen kann, sodass dem „Believer“ das Gefühl gegeben wird, einen wichtigen Beitrag für das Veränderungsprojekt realisieren zu können.

- Der Teamleiter sollte den „Believer“ im Veränderungsprojekt nicht – zu frühzeitig – in eine formale Position bringen, beispielsweise in die Funktion eines Stellvertreters. Zum einen verstehen die anderen Projektmitglieder nicht, warum gerade dieser für eine hervorgehobene Funktion im Veränderungsprojekt gewählt wurde. Sie vermuten eine enge informelle Beziehung zwischen Teamleiter und „Believer“. Sollten Vorbehalte gegenüber dem Teamleiter bereits bestehen, übertragen sich diese auch auf den „ Believer“: Wer gegen den Teamleiter vorgehen will, beginnt – da weniger bedrohlich – bei seinem offiziellen Stellvertreter. Erst wenn sich der „Believer“ über Wochen hinweg hervorragend durch Leistung im Veränderungsprojekt ausgezeichnet hat, kann über eine offizielle Funktion, wie die Stellvertretung, nachgedacht werden. Diese wird dann von den anderen Projektmitgliedern aufgrund der erbrachten Leistungen anerkannt. Der Teamleiter hat zudem zu vermeiden, dem „Believer“ durchschnittliche, nicht erhebliche Aufgaben zuzuweisen oder sich im Vorfeld keine Zeit für ihn zu nehmen.

4.2.3 Verhaltenstypus „Member of the Lip Service“

Als „member of the lip Service“ werden diejenigen bezeichnet, die sich in der Rolle eines „Politikers“ oder „Business Statesman“ sehen. Es geht also um Persönlichkeiten, die über ein umfassendes Netzwerk im Unternehmen verfügen, das sie mit ihren Kernfähigkeiten, der Kommunikation und Informationspolitik, pflegen. Nicht die Tätigkeit an sich ist für sie wichtig, sondern die Möglichkeit, „Menschen miteinander zu verbinden“, Kontakte herzustellen und Wissen anzureichern, um ein „Geben und Nehmen“ (ein Profitieren) zwischen ihnen und anderen herzustellen. Sie werden an allen Meetings teilnehmen und sich dort mit der Kraft ihrer Kommunikation und ihres Informationsstandes einbringen, um neue bzw. erweiterte „Seilschaften“ um sich herum zu entwickeln.

- Der Teamleiter geht am besten mit dem „Member of the lip Service“ um, indem er sich auf dessen Kernfähigkeiten, Kommunikation und Informationspolitik zu betreiben, konzentriert. Nach „außen“ kann er als *Sprachrohr* dienen, um obere Führungskräfte oder einflussreiche Kollegen im Umfeld des Veränderungsprojektes für sich zu gewinnen. Da der „Member of the lip Service“ über ein sehr gutes Netzwerk im Unternehmen verfügt, kann er an die verschiedensten Entscheider und Führungskräfte sowohl die (hervorragende) Idee als auch die (exzellenten) Ergebnisse des Veränderungsprojektes vermitteln und vermarkten. Nicht immer hat der Teamleiter selbst eine gute Verankerung im Unternehmen („zu jung, zu neu, zu wenig vernetzt“), weshalb der „Member of the lip Service“ als *Multiplikator* in „inoffizieller Weise“ dienen kann. Nach „innen“ kann er als *Moderator* hilfreich sein, indem er im Veränderungsprojekt Meetings einleitet und die Zusammenarbeit zwischen den Projektmitgliedern koordiniert. Auch hierbei nutzt er seine kommunikative Kernkompetenz. Voraussetzung für die Mitarbeit eines „Member of the lip Service“ ist, dass der Teamleiter eine vertrauensvolle und persönliche Beziehung zu ihm pflegt. So muss sich der Teamleiter bereits in der Vergangenheit zum „Member of the lip Service“ als „Partner des Vertrauens“ bewiesen haben, beispielsweise indem er ihn als Ratgeber bei schwierigen Themen herangezogen hat oder ihm neue und wichtige Kontakte für dessen Netzwerk vermittelt hat.

- Der Teamleiter sollte dem „Member of the lip Service“ keine aufwendigen Aufgaben zuführen, die diesen enorm viel Zeit kosten. Dadurch schränkt er ihn in seinem „Netzwerken und Kommunizieren“ ein: Je stärker der Teamleiter den „Member of the lip Service“ vom „netzwerken und kommunizieren“ abhält, desto weniger Zugang wird er zu ihm gewinnen. Vielmehr sollten Aufgaben, die den Einsatz von Kommunikation und Kooperation erfordern, dem „Member of the lip Service“ zugeteilt werden. Bei zu hohem (Arbeits-)Druck kann es sogar passieren, dass der „Member of the lip Service“ eine „negative Stimmung“ in seinem Netzwerk über den Teamleiter verbreitet und ihm mehr schadet als nutzt: Der „Member of the lip Service“ wird zum Feind. Zudem sollte der Teamleiter ihm nie das Gefühl geben, ihn für Aufgaben zu „instrumentalisieren“. Dies kommt dann zum Ausdruck, wenn er die Beziehung zum „Member of the lip Service“ in der Vergangenheit nicht gepflegt hat, aber diesen nun in einer spezifischen Situation für seine Veränderungszwecke braucht. Gegenüber solchen Instrumentalisierungsversuchen erweist sich der „Member of the lip Service“ in der Regel als resistent.

4.2.4 Verhaltenstypus „Hider“

Als „Hider“ werden diejenigen bezeichnet, die eine aktive Mitwirkung vermeiden, weil sie verunsichert sind, beispielsweise a) die anderen Teilnehmer noch nicht kennen und sich unklar über ihre Teamrolle sind, b) die fachliche Ausrichtung ihres Bereiches nicht vollständig erfassen, den sie erst vor Kurzem neu übernommen haben, c) sich mit der Veränderungsthematik noch nie auseinandergesetzt haben oder d) sich auch persönlich eher introvertiert und verschlossen verhalten. Grundsätzlich sind es **aufmerksame und zuverlässige Projektmitglieder, „die wollen, aber noch nicht können“.**

- Der Teamleiter geht am besten mit dem „Hider“ um, indem er ihm *dem Reifegrad entsprechende und damit bewältigbare Aufgaben* zuweist. Er darf den „Hider“ weder über-, noch unterfordern, da Letzteres als Abwertung interpretiert werden könnte. Bei komplizierten Aufgaben sollte ein *Coach oder Mentor* an die Seite des „Hider“ gestellt werden, sodass er Aufgaben – abgesichert durch Feedbacks seines Partners – umsetzen bzw. mit ihm gemeinsam die Ergebnisse vortragen kann. Als Coach kann sowohl der „Missionary“ selbst, aber vor allem der „Believer“ dienen. Wichtig ist, den „Hider“ aktiv in das Veränderungsprojekt einzubeziehen, ihn also wegen seiner Unsicherheit oder Verschlossenheit nicht zu übersehen und zu isolieren. Es hilft dem „Hider“, wenn der Teamleiter ihn öfters persönlich anspricht, ihm dabei Informationen für seine Aufgabe zuführt oder ihm hilfreiche Kontakte vermittelt.

- Der Teamleiter sollte den „Hider“ aufgrund dessen geringerer fachlicher Kenntnisse oder seiner Selbstunsicherheit nicht „aus den Augen verlieren“, um sich letztlich nur noch auf die „High Potentials“ zu konzentrieren. Zum einen wird der „Hider“ dadurch anfälliger, sich für Kritiker des Veränderungsprojektes zu öffnen, zum anderen neigt er stärker dazu, auch gegenüber Dritten die Führungsqualität des Teamleiters infrage zu stellen. Zudem werden Enttäuschungen verursacht, die zukünftig, wenn der „Hider“ sich in Bezug auf seine Karriere weiterentwickelt hat, noch nachwirken.

4.2.5 Verhaltenstypus „Refugee“

Als „Refugee“ werden diejenigen bezeichnet, die eine Mitwirkung verweigern und aus dem Veränderungsprojekt „flüchten“. „Sie können, wollen aber nicht.“ Die Gründe liegen einerseits in einer völligen Ablehnung des Projektleiters, den sie von Anfang an für nicht qualifiziert halten oder mit dem sie in der Vergangenheit negative Erfahrungen gemacht haben („seelisch-soziale Narben“). Sie liegen andererseits in einer Ablehnung des Veränderungsziels, da sie dieses für sich und für ihr Arbeitsumfeld als unnötig erachten. Auch trauen sie dem Unternehmen und seiner Lern- und Entwicklungsfähigkeit nicht mehr, da sie nach langjähriger Betriebszugehörigkeit zahlreiche erfolglos verlaufende Veränderungsprojekte beobachten mussten. Dementsprechend ignorieren sie Veränderungsprojekte oder reduzieren ihr Engagement nur auf das „disziplinarrechtlich noch Vertretbare".

- Der Teamleiter geht am besten mit dem „Refugee" um, indem er die *Ursachen* für seinen zurückhaltenden Einsatz überprüft, sozusagen eine „Anamnese" durchführt. Hintergrund für ein verringertes Engagement können private Probleme im Umfeld des „Refugee" sein oder eine tatsächliche Arbeitsbelastung durch ein parallel laufendes Projekt. Hierzu ist ein offenes Gespräch zwischen Teamleiter und „Refugee" zu führen, das im Ergebnis eine „Entschuldigung" für die Zurückhaltung in diesem Veränderungsprojekt sein kann. Entsprechend den tatsächlichen Belastungen des „Refugee" kann der Teamleiter diesen etwas zurücknehmen und gegenüber den anderen Projektmitgliedern offiziell oder inoffiziell (bei privaten Problemen) in Schutz nehmen. Solch nachvollziehbar belastete Projektmitglieder werden durch die Kollegialität der anderen Projektmitglieder mitgetragen. Sollten jedoch keine Gründe für ein geringes Engagement zu ermitteln sein, so hat der Teamleiter dem „Refugee" *konkrete Aufgaben und klare Fristen* aufzuerlegen. Die Arbeitsanweisungen müssen „fair, aber unzweifelhaft" oktroyiert und Ergebnisse eingefordert werden. Der „Refugee" wird die eindeutigen Arbeitsanweisungen durchaus als Druck verstehen, aber Konflikte mit dem Teamleiter scheuen.

- Der Teamleiter darf dem „Refugee" es nicht überlassen, welche Aufgaben er bis wann zu erledigen gedenkt. Der „Refugee" wird vielfach versuchen, an einfache Aufgaben zu gelangen und sich die Termine großzügig vorgeben, wobei er dann auch noch den Versuch unternehmen wird, die Fristen zu verlängern. Zudem wird er seine Absenzen vergrößern, also immer öfters von Meetings fernbleiben („verspätet eintreffen oder früher gehen") und wichtigere Themen und drängendere Meetings als Grund vorschieben. Wenn der Teamleiter hier nicht Druck aufbaut und von dem „Refugee" gleiches Engagement und gleiche Zuverlässigkeit wie von allen anderen Projektmitgliedern einfordert, wird der „Refugee" zu einem negativen Vorbild für die anderen Projektmitglieder. Damit steigt die Gefahr, dass sich diese auch „verselbstständigen und abseilen" und nur noch „Dienst nach Vorschrift" tun, aber kein größeres Engagement für das Veränderungsprojekt mehr zeigen.

4.2.6 Verhaltenstypus „Underground Resistant"

Als „Member of the Underground Resistance" werden diejenigen Projektmitglieder bezeichnet, die im „Untergrund" (außerhalb des Projektes) gegen das Veränderungsprojekt und den Teamleiter aktiv vorgehen. Sie suchen nicht den offenen Konflikt im Veränderungsprojekt, wo sie keine Mehrheit für ihre Argumente finden und auch mit dem Teamleiter sich in einen Machtkampf begeben würden, sondern sie versuchen, außerhalb des Projekts „Partner“ zu generieren, die Einfluss auf den Projektverlauf haben. Hierzu kommt vor allem die obere Führungskraft infrage, die über den Fortgang des Veränderungsprojekts zu entscheiden hat. Hat man zu dieser keinen persönlichen Zugang, so wendet man sich auch an Kollegen oder Führungskräfte anderer Abteilungen, die am Veränderungsprojekt nicht beteiligt sind, aber Einfluss auf die obere Führungskraft haben. Über diese kann man ebenfalls seine negativen Eindrücke an die obere Führungskraft kommunizieren lassen. Wichtig ist für den „Underground Resistant“ „unter vier Augen“, als „Insider aus dem Veränderungsprojekt“, negative Informationen sowohl über das Projekt an sich als auch über die problematische Führungsqualität des Teamleiters zu streuen. Da er selbst im Projekt verankert ist und er Nachweise für den schleppenden Verlauf des Veränderungsprojekts geben und konkrete Beispiele für die Managementfehler der Führungskraft darstellen kann, wird ein „Member of the Underground Resistance“ durchaus ein „offenes Ohr“ bei den oberen Führungskräften oder Kollegen aus anderen Abteilungen finden. Letztere wollen ja ihre eigenen Projekte umgesetzt sehen und können vom Misserfolg der Kollegen aus anderen Abteilungen durchaus profitieren. Die obere Führungskraft wiederum vermeidet alles, ein von ihr im Führungskreis durchgesetztes Veränderungsprojekt nun durch Führungsprobleme im Projekt scheitern zu lassen. Deshalb wird sie den Darlegungen des „Member of the Underground Resistance“ zuhören und dem Teamleiter bei späteren Gesprächen mit größerer Skepsis gegenübertreten, beispielsweise genauer nachfragen oder auch den Teamleiter auffordern, den Fortgang des Veränderungsprojektes ihr gegenüber schriftlich zu dokumentieren. Damit wird die Kontrolle über das Veränderungsprojekt enger und ein möglicher Abbruch des Veränderungsprojektes kann anhand der Dokumentation begründet werden.

- Der Teamleiter geht am besten mit dem „Member of the Underground Resistance“ um, indem er seine *obere Führungskraft kontinuierlich und frühzeitig (proaktiv) über die Fortschritte im Veränderungsprojekt informiert.* Es ist entscheidend, dass die obere Führungskraft immer das Gefühl hat, alle Informationen „aus erster Hand“ über ein Gespräch mit dem Teamleiter zu bekommen, wobei auch das Vertrauen zueinander konstant erhalten oder gar verbessert wird. Das Ergebnis ist, dass die obere Führungskraft dem Teamleiter seine Unterstützung und sein weiteres „Commitment“ zum Veränderungsprojekt übermittelt. Sollte nach solchen Gesprächen nun ein „Underground Resistant“ auf die obere Führungskraft zukommen, so wird er sich nicht vollständig für dessen Argumente öffnen, da er vorab alle relevanten Informationen vom Teamleiter selbst erhalten hat und diesem auch gegenüber eine Verpflichtung eingegangen ist. Sowohl fachlich wie auch persönlich bleibt die obere Führungskraft dem Teamleiter eher loyal und lässt sich durch anderslautende Informationen nicht sofort in seinem Bild gegenüber dem Teamleiter und dessen Veränderungsprojekt erschüttern. Sollte der Teamleiter wider Erwarten den „Underground Resistant“ identifizieren können (was dieser konstant zu vermeiden sucht), so hilft eine offene Konfrontation wenig: Der „Underground Resistant“ wird seine Handlungen herunterspielen, als übertrieben oder gar falsch interpretiert darstellen. Zudem wird er nach einem solchen Gespräch vorsichtiger agieren und neue Widerstandsstrategien, die weniger schnell entdeckt werden können, gegen den Teamleiter und dessen Veränderungsprojekt aufbauen. Deshalb ist es besser, den entdeckten oder vermuteten „Underground Resistant“ zu isolieren, indem man ihn in einem Gespräch bittet, einen eigenen Vorschlag zu unterbreiten, wie er das Veränderungsprojekt in bestimmten Teilbereichen optimieren würde. Da Menschen darauf konditioniert sind, nicht gegen eigene Ideen und Vorschläge vorzugehen und diese selbst zu diskreditieren, wird der „Underground Resistant“ seine Gegenwehr gegen den Teamleiter und das Veränderungsprojekt minimieren. Denn eine fortgesetzte Klage gegenüber Dritten beschädigt die Glaubwürdigkeit des „Underground Resistant“ selbst: Man kann nicht eigene Ideen in ein Projekt einbringen und dann gegen dieses Veränderungsprojekt vorgehen, ohne damit seinen eigenen Beitrag mit zu entwerten und seine Integrität zu beschädigen.

- Der Teamleiter sollte einen „Underground Resistant“ nicht übersehen bzw. nicht davon ausgehen, dass keine geäußerten kritischen Anmerkungen im Projektteam auch automatisch eine Zustimmung bedeuten. Zahlreiche Veränderungsprojekte werden heutzutage im Umfeld zersetzt, indem die Entscheidungsträger außerhalb des Veränderungsprojekts vorsätzlich falsch oder einseitig informiert und verunsichert werden. Als Ergebnis vergrößert die zuständige obere Führungskraft ihre Kontrolle über das Veränderungsprojekt, mischt sich mehr und mehr ein oder reduziert die Ressourcen von Quartal zu Quartal, sodass das Veränderungsprojekt schrittweise seine Energie verliert. Beides vergrößert die Unzufriedenheit des Teamleiters.

4.2.7 Verhaltenstypus „Honest Opponent“

Als „Honest Opponents“ werden diejenigen bezeichnet, die als „aufrichtige Kritiker“ in einer konstruktiven, ja fast freundschaftlichen Weise dem Teamleiter ein „Feedback“ über seine Worte und Taten geben. Sie verfolgen keine karrierebezogenen Ziele, wie beispielsweise eine zukünftige höherwertige Funktion, Status oder eine materielle Belohnung, sondern sie verfolgen ein persönliches Interesse: Wertschätzung! Sie erwarten für ihre offenen und konstruktiven Hinweise und Empfehlungen eine Vertiefung ihrer „kollegialen bis freundschaftlichen“ Beziehung zum Teamleiter.

- Der Teamleiter geht am besten mit dem „Honest Opponent“ um, indem er sich diesem stets zugewandt zeigt, *ihm Zeit für seine Hinweise und Ratschläge gibt, ihm genau zuhört und ihn ernst nimmt.* Er setzt sich inhaltlich mit den Themen und Informationen des „Honest Opponent“ auseinander, wobei die „Zeit füreinander“ im Vordergrund steht. Es geht dem „Honest Opponent" vorrangig um die Wahrung einer positiven zwischenmenschlichen Beziehung, die von Sympathie und Vertrauen getragen wird. Die gegenseitige Wertschätzung soll nicht durch eine Instrumentalisierung untereinander geschwächt werden. So will der „Honest Opponent" auch nur seinen Rat geben, aber er will diesen nicht zwingend durchgesetzt haben: Der Teamleiter bleibt frei in seiner weiteren Vorgehensweise und Entscheidung.

- Der Teamleiter sollte einem „Honest Opponent" nicht das Gefühl geben, keine Zeit für ihn zu haben oder seine Hinweise nicht ernst zu nehmen. Versucht der Teamleiter, aus der persönlichen Beziehung für seine Tätigkeit Vorteile zu ziehen, also den „Honest Opponent" auszunutzen, so wird sich dieser vom Teamleiter zurückziehen und den Kontakt zum Teamleiter auf das Nötigste beschränken.

4.2.8 Verhaltenstypus „Emigrant"

Als „Emigrants" werden diejenigen bezeichnet, die sich jeglicher Teilnahme am Veränderungsprojekt entziehen („sich abseilen"). Meist versuchen sie, selbst Maßnahmen einzuleiten, die dazu beitragen, sich aus dem Projekt zu entfernen, indem sie an andere – zeitlich anspruchsvolle – Sonderaufgaben gelangen oder eine Abordnung in eine andere Abteilung durchsetzen, was einen Rückzug aus dem Veränderungsprojekt erfordert. Ebenso können Hinweise auf eine bald anstehende berufliche Veränderung, eine Versetzung oder die Pensionierung gegenüber dem Teamleiter vorgebracht werden.

- Der Teamleiter geht am besten mit dem „Emigrant" um, indem er ihn rasch aus dem Veränderungsprojekt, das dieser sowieso bis zum Ende nicht vollständig mit unterstützen wird, herausnimmt oder mit „Ablaufdatum" einsetzt. Er kann ihm eine weniger relevante oder nur auf einen Meilenstein bezogene Aufgabe zuweisen, sodass bei einem Weggang des „Emigrant" der Informationsverlust nicht zu groß und das Veränderungsprojekt nicht gefährdet wird.

- Der Teamleiter sollte lernen, bereits bei der Zusammenstellung der Projektmitglieder deren Verfügbarkeit zu überprüfen, und „potenzielle Emigranten" aus dem Projekt heraushalten: **„Nicht die besten, sondern die richtigen Projektmitglieder"** sind auszuwählen.

Fazit: In einem Unternehmen scheitern schätzungsweise zwischen 70 % bis 80 % aller Veränderungsprojekte. Zum einen liegt dies in der mangelnden Unterstützung eines uneinheitlichen oberen Führungskreises, in dem eine latente Spannung zwischen Treibern und Vermeidern von Veränderungen besteht. Zum anderen liegt dies in einem unzureichenden Management von Emotionen durch die Führungskräfte, die den Unsicherheiten und den daraus resultierenden Widerständen ihrer Mitarbeiter zu wenig Beachtung schenken. **Veränderungsprojekte werden demnach vorrangig durch die Führungskräfte selbst vernichtet.** Vielfach weil sie die Rolle einer Führungskraft übernommen haben, ohne jedoch je Führungskompetenz im Sinne von „People und Change Management“ erworben zu haben, oder Führung ausschließlich als Interessenpolitik verstehen, in der das Eigeninteresse Vorrang hat.

5 Aktionsfelder für eine „Leadership-Roadmap“ zur Optimierung von Unternehmenswerten

Das Führungsverständnis in Unternehmen wird häufig von der Vorstellung geleitet, dass man mit einer umfassenden Management- bzw. Planungs- und Organisationskompetenz und einer zusätzlichen Kompetenz in sogenannter „Menschen-/Personalführung“ ausreichend qualifiziert sei, um höherwertige Führungspositionen zu übernehmen. Es wird ferner davon ausgegangen, dass man gegebenenfalls weitere Führungsfähigkeiten, wie die Kompetenz zur (periodisch) notwendigen Innovation und Veränderung, an qualifizierte Personen übergeben oder unternehmensextern einkaufen kann. Doch mit Position und Titel versehene „Führungskräfte“, die sich Personal- und Veränderungskompetenz zukaufen bzw. zuführen lassen, müssen nicht automatisch Führungskräfte sein. Nach den neueren Untersuchungen von KOUZES und POZNER erfährt man jedoch als Führungskraft erst dann eine Anerkennung, wenn zumindest nachfolgende fünf Basiswerte – nach Bedeutung gewichtet – erfüllt sind: (1) Vertrauen (wohlwollend und loyal gegenüber Gesprächspartnern eingestellt sein), (2) Integrität (glaubwürdig, aufrichtig und vorbildhaft sein), (3) Innovations-/Veränderungsfähigkeit (vorwärts-/zukunftsgerichtet sein) (4) Inspiration (energisch, positiv und leidenschaftlich sein) und (5) Kompetenz (kenntnisreich und erfahren sein). Erst mit einem derartigen Persönlichkeitsprofil erfüllt man die Voraussetzung für eine Führungskraft, wobei die individuelle Innovations- und Veränderungsfähigkeit gleich an dritter Stelle rangiert. Denn diese Fähigkeit ist wichtiger denn je, um die Unternehmenswerte („Business Values“) zu entwickeln und weiter zu optimieren. Damit tritt zu den Managementfähigkeiten (Planung, Organisation, Controlling) und zur Kompetenz der Mitarbeiterführung (Motivation, Delegation, Kommunikation) die Innovations- und Veränderungsfähigkeit, um im eigenen Umfeld eine Optimierung des Unternehmenswertes zu gestalten und zu verantworten. Wer führt, „der bewegt“ auch als Vorbild durch eigene Kreativität, durch eigenen Ideenreichtum und durch eigene Visionskraft. Dieses ganzheitliche Anforderungsprofil wird vom ehemaligen Vorstandssprecher von O2 Deutschland, Rudolf GRÖGER, wie folgt beschrieben:

> “Leaders must walk. You must lead by example. You can’t push people into behaviors you are not doing. You must get out of your office, out of your safety zone … Everybody is in charge! … You need self-directing teams, people who are taking

over the responsibility. You need emotions! There is no energy in human beings without emotions. And you must allow people to push these emotions to other companies, if you want to survive and win. This energy, of course, needs direction. I have said that you have to have mission statements, et cetera. You must look at your processes. And I do not accept processes that do not start with the customer and end with the customer. An innovation process in particular must start with the customer and end with the customer. If this is not the case, we have a kind of broken process. Never start to be happy, because if you are not cannibalizing yourself, somebody else will. ... You must allow your people to be the stars. As a leader, you must work to grow the employability of your people. You want your people to be so attractive in the market that there is a future role for them in other companies if not your own.

But the last and final thing is very simple: *There is no one job to do, there is a logical chain of things that must be done and they depend upon each other.* This means you have to have a vision. You have to communicate it and then work on capabilities and understanding. People must understand what you are saying to them. Once you have done it, you need action plans. You must give people tools so they can accomplish what you point to. Then you have to give them incentives so that they see a benefit if they go in your direction, and I do not necessarily mean money" (vgl. PETER PRIBILLA FOUNDATION 2009: 25).

Weit weniger als 20 % der Führungs- und Mitarbeiterschaft in einem Unternehmen besitzt eine Innovations- und Veränderungskompetenz. GRÖGER (2009: 24) spricht gar von 5 %. Ein besonderes Problem ist, dass diese zahlenmäßig wenigen entwicklungsorientierten Führungskräfte und Mitarbeiter auch noch unter schwierigen Rahmenbedingungen arbeiten, da sie a) die Veränderungsleistungen neben ihrer Kerntätigkeit zu erbringen haben (Zeitdruck), b) ihnen meist wenig Ressourcen zur Verfügung stehen, c) sie durch das Veränderungsengagement kaum bessere Aufstiegschancen zu erwarten haben (Mangel an Anreizen) und d) sie eine Frustration bewältigen müssen, da die meisten Veränderungsprojekte letztlich scheitern. Hinzu kommen die aufreibenden zwischenmenschlichen Widerstände von Kollegen, die sich oft nur deshalb an Innovations- und Veränderungsprojekten beteiligen, um alles für sie und ihr Umfeld Negative zu blockieren. Ermutigend sind derart problematische Rahmenbedingungen hingegen für die große Mehrheit an administrierenden Führungskräften und Mitarbeitern: Sie sehen sich darin bestätigt, dass mit einem überdurchschnittlichen Engagement für Veränderungen sich nicht nur die gegenwärtige Arbeitsbelastung vergrößern würde, sondern das Engagement sich auch nicht auszahlt, weil sich die Aufstiegschancen dadurch nicht zwangsläufig verbessern: **„Nichtstun" bzw. Dienst nach Vorschrift erscheint gesünder und lohnenswerter.**

Vedrana Miljak

Projektreferentin

econsense – Forum Nachhaltige Entwicklung der Deutschen Wirtschaft e. V.

ist ein Zusammenschluss 31 führender global tätiger Unternehmen der deutschen Wirtschaft, die gemeinsam nachhaltige Entwicklung und Corporate Responsibility fördern wollen. Gegründet im Jahr 2000 auf Initiative des Bundesverbandes der Deutschen Industrie (BDI), ist econsense heute eine der führenden Unternehmensplattformen für den Dialog mit Politik, Wissenschaft, Medien und gesellschaftlichen Gruppen zum Leitbild der nachhaltigen Entwicklung und zu Fragen unternehmerischer Verantwortung.

UNTERNEHMENSWERT NACHHALTIGKEIT

Zum Nachweis von Unternehmen zu ihren ökologisch verträglichen, sozial förderlichen und wirtschaftlich profitablen Wertschöpfungsketten

econsense und seine Mitgliedsunternehmen verstehen unter einer nachhaltigen Entwicklung die gleichberechtigte Berücksichtigung wirtschaftlicher, ökologischer und sozialer Aspekte. Um dabei im konkreten Einzelfall eine nachhaltige Entwicklung im Unternehmen zur gewährleisten, muss geklärt werden, wie wirtschaftliches Handeln gestaltet werden muss, um **„ökologisch verträglich"**, **„wirtschaftlich profitabel"** und **„sozial förderlich"** zu sein. Dabei stehen diese drei Dimensionen mitunter in Konkurrenz und stellen unterschiedliche Ansprüche an unternehmerisches Handeln. Besonders wichtig ist die optimierte Balance der drei Dimensionen. Bei Zielkonflikten muss jedes Unternehmen für sich abwägen, welche Entscheidung sowohl kurz- als auch langfristig der **Nachhaltigkeitsstrategie des Unternehmens** am besten entspricht und das Wachstum des Unternehmens am wirksamsten sichert.

Grundsätzlich gilt, dass Entscheidungsoptionen nicht in Frage kommen, die eine der drei Dimensionen der Nachhaltigkeit unverhältnismäßig beeinträchtigen - das gilt auch für die ökonomische Dimension. Aber auch ein einseitiger Fokus der Politik nur auf ökologische oder soziale Faktoren und die Vernachlässigung ökonomischer Aspekte, würde die Leistungsfähigkeit der Wirtschaft beeinträchtigen. Ineffiziente Maßnahmen im Bereich Ökologie, die beispielsweise hohe bürokratische Kosten nach sich ziehen, ohne im Ergebnis einen positiven Einfluss auf den Schutz der Umwelt zu haben (Kosten-Nutzen-Verhältnis), entziehen dem Unternehmen Gewinne, die sonst in Forschung und Entwicklung investiert werden könnten. Die Entwicklung neuer, nachhaltiger Produkte würde somit ins Stocken geraten und die Wettbewerbsfähigkeit gegenüber internationalen Konkurrenten darunter leiden. Umgekehrt kann ein nachhaltig erzieltes Wirtschaftswachstum die Grundlage für Fortschritte auch in der ökologischen und der sozialen Dimension bilden. Somit bedingen sich Wettbewerbsfähigkeit und die Dimensionen Umweltschutz und soziale Sicherung gegenseitig und sind gleichermaßen entscheidend für den Erfolg des jeweils anderen.

Noch hat sich der Nachhaltigkeitsgedanke nicht in allen Unternehmen durchgesetzt. Denn im laufenden Geschäft geht manchmal die strategische Perspektive, die eine nachhaltige Herangehensweise mit sich bringt, unter. Zudem ist es oftmals schwierig, das Engagement im Bereich Nachhaltigkeit zu quantifizieren. Erst langsam werden in den Unternehmen Key-Performance-Indikatoren im Bereich Nachhaltigkeit entwickelt.

Dennoch: Immer mehr Unternehmen nehmen Nachhaltigkeit in ihre Unternehmensstrategie mit auf. Das Verständnis darüber wächst, dass nachhaltiges Wirtschaften ein strategischer Wettbewerbsfaktor ist. Denn eine konsequente Umsetzung von Nachhaltigkeitsstrategien im unternehmerischen Handeln kann kurz- und langfristige Wettbewerbsvorteile gegenüber Konkurrenten auf nationalen und internationalen Märkten bedeuten. Nachhaltige Entwicklung ist damit eine Strategie, um sich von der Konkurrenz abzuheben und somit die eigene Wettbewerbsfähigkeit zu steigern. Sowohl Abnehmer als auch Investoren verlangen zunehmend eine nachhaltige Ausrichtung. Eine langfristige Orientierung der unternehmerischen Tätigkeit an einem von Nachhaltigkeit geprägten Leitbild stellt damit sicher, dass die unternehmerische Aktivität in unserer Gesellschaft und an den Standorten der Unternehmen die notwendige Akzeptanz findet.

Für Unternehmen wird es immer wichtiger, entlang ihrer Lieferketten die **Verwendung von ausschließlich nachhaltig gewonnenen bzw. hergestellten Rohstoffen und Vorprodukten nachzuweisen**. Denn inzwischen verlangen hierüber nicht nur Endkonsumenten und Finanzinvestoren transparente Informationen. Auch Zulieferer und Kunden entlang der Lieferkette erwarten die **Einhaltung strikter sozialer und ökologischer Richtlinien**. Die Wirtschaft selbst fungiert demnach als der wichtigste Treiber, um hohe Standards entlang der Wertschöpfungskette zu gewährleisten.

Zudem glaubt die Mehrheit an Führungskräften sowieso, sich eine Innovations- und Veränderungskompetenz, die man selbst nicht besitzt oder die in der Führungs- und Mitarbeiterschaft in zu geringem Maße vorhanden ist, bei Bedarf „zukaufen" zu können. Was man selbst an unternehmerischer Intelligenz nicht (mehr) hat, wird organisiert. Wenn der Bestand an entwicklungsorientierten Führungskräften und Mitarbeitern im Unternehmen ausgetrocknet sein sollte, so kann man, so das Denken, auch die Innovations- und Veränderungskompetenz auf dem Markt einkaufen. Damit besteht einerseits für das Unternehmen die **Gefahr, dass „Innovation & Change" zu einer konstant „outgesourcten Ressource" wird und andererseits das Unternehmen mehr und mehr von externen Dienstleistern abhängig bleibt.** Das Geschäft von Beratungsdienstleistern, die mit ihren Produkten einen Innovations- und Veränderungserfolg versprechen, floriert. Das Kernproblem ist, dass die externen Dienstleister nicht immer adäquate Veränderungspartner im Unternehmen vorfinden, mit denen sie ihre Veränderungskonzepte so umsetzen können, dass sie die Unternehmenswerte wirklich optimieren. Sicherlich wird eines von vielen Managementkonzepten aufgenommen, um zu signalisieren, dass etwas zur Verbesserung und Veränderung unternommen wird, aber die positive Wirkung dieser Managementkonzepte auf die Unternehmenswerte („Impact Assessment") wird selten überprüft und nachgewiesen. Hinzu treten weitere Probleme, beispielsweise dass die Auswahl und die Integration von externen Innovations- und Veränderungsakteuren zeitaufwendig und extrem kostenintensiv ist. Deshalb greifen Führungskräfte gerne auf große und bekannte Beratungsgesellschaften zurück, die nicht zwingend passgenaue Lösungen im Sinn der „Innovation Scorecard" offerieren. Sollten Beratungsprozesse aus verschiedenen Gründen ins Stocken geraten oder gar nicht abgeschlossen werden, ist eine Kritik an der Führungskraft und an einem namhaften Beratungsunternehmen eher „klein zu halten". Obwohl ein Misserfolg an den externen Dienstleistern „hängen bleibt", übt er dennoch eine negative Strahlkraft auch auf die Auftraggeber aus, da diese anscheinend nicht mal in der Lage sind, die professionellsten „Veränderungsberater und -konzepte" einzukaufen. Den administrierenden Führungskräften wird vorgehalten, dass, wenn sie schon keine eigene Innovations- und Veränderungskompetenz haben, sie nun auch noch in ihrer originären Management- bzw. Planungs- und Organisationskompetenz versagen. Wenn sie darüber hinaus auch noch in ihrer Fähigkeit, Mitarbeiter professionell zu führen, Defizite aufweisen, ist ihr Ansehensverlust komplett.

Die Kunst zur Führung („The Art of Leadership") basiert auf der Fähigkeit von Führungskräften und Mitarbeitern, mithilfe einer ausgeprägten Innovations- und Veränderungskompetenz die Unternehmenswerte messbar, transparent und zielgerichtet zu optimieren. Entwicklungsorientierte Führungskräfte und Mitarbeiter übernehmen die Rolle von „Wertemanagern" und stellen sich der kontinuierlichen Entwicklung und Optimierung von Unternehmenswerten. Es geht dabei nicht um die Übertragung einer Aufgabe bzw. eines „Jobs", der abgearbeitet wird, sondern um eine ständige und messbare Wertschöpfungsleistung, welche die laufende Optimierung eines Unternehmenswertes zum Ziel hat. Der Wertemanager ist in seiner Arbeit weniger geprägt von einer analytischen Vergangenheitsbetrachtung, beispielsweise indem die Ergebnisse der letzten Jahre im Kunden-, Mitarbeiter-, Finanz- oder Prozessmanagement aufbereitet werden, sondern von der Formulierung einer Vision, die man mit dem Unternehmenswert verbindet („Agenda 2020"). Der Wertemanager richtet somit seinen Blick auf zukünftig einzigartige Entwicklungschancen eines Unternehmenswertes. Hierzu formuliert er einen Aktionsplan, in dem eine strategische Vision zum Unternehmenswert auf der Basis von Messbarkeit, von Transparenz, von Umsetzbarkeit und von Entwicklungsfähigkeit operationalisierbar gemacht wird: „Make innovation walk, not just talk." Dies gestaltet bzw. steuert die Führungskraft über vier „Hebel":

- **Strategie-Cockpit: Zur Führung von visionären Werte-Portfolios**

  Das Ziel der Wertemanager ist erstens, eine inspirierende und einzigartige **Vision**, die das Unternehmen mit dem Unternehmenswert verfolgt, klar und gemeinschaftlich zu formulieren sowie die darauf ausgerichteten **strategischen Zielsetzungen** (Erwartungen) zu fixieren. Beide Aspekte, Vision und strategische Zielfestlegung, bilden den Ausgangspunkt, um ein **Konzept** zu entwickeln, in dem die strategischen Ziele detaillierter auf ihren Umfang, ihren Nutzen und ihre Kosten (Nutzwertanalyse) betrachtet werden. Damit werden die Erwartungen entlang von bewältigbaren und überprüfbaren Messgrößen festgelegt. Das Konzept wird schlussendlich zu einem Aktionsplan ausgebaut, in dem Vision, strategische Ziele sowie auf *Messbarkeit* ausgerichtete Erfolgspunkte miteinander verbunden werden.

- **Struktur-Cockpit: Zur Führung von Wertschöpfungs-Designs**

  Das Ziel der Wertemanager ist zweitens, den **Unternehmenswert in seinem gegenwärtigen Wertschöpfungsprozess abzubilden** („actual process value"). Dadurch wird der Blick auf den Aufbau und Ablauf des bisherigen Wertschöpfungsprozesses, beispielsweise auf die einzelnen Tätigkeiten, die beteiligten Entscheidungs- und Verantwortungsträger oder die Schnittstellen zu den Kunden, gerichtet. Nach der Beobachtung und Beschreibung der Aktivitäten gilt es, über eine „Stärken-Schwächen-Analyse" zentrale Problemfelder herauszuarbeiten, beispielsweise bestehende organisatorische Schwachstellen und Ineffizienzen zu identifizieren. Zentral ist somit die Schaffung von *Transparenz* in Bezug auf alle mit dem Unternehmenswert verbundenen Aktivitäten und Probleme. Zudem wird für alle Beteiligten „Orientierung" über ihre Tätigkeit und die Einbettung ihrer Arbeitsleistung in den Wertschöpfungsprozess hergestellt. Erst dann wird entlang des Aktionsplans, einschließlich der neuen Vision, der **Unternehmenswert in einem zukünftigen Wertschöpfungsprozess abgebildet** („future process value").

- **Kultur-Cockpit: Zur Führung von Werte-Kraftfeldern**

  Das Ziel der Wertemanager ist drittens, die treibenden und hemmenden Kräfte, die auf den Unternehmenswert wirken, zu beobachten, zu beschreiben und zu bewerten. Es ist eine **Kraftfeld-Analyse** zu erstellen! Denn je nachdem, wie das Kraftfeld auf den Unternehmenswert wirkt, findet eine mehr oder weniger effiziente und effektive *Umsetzung* dieses Unternehmenswertes statt. Die Kraftfeld-Analyse identifiziert nicht nur den Stellenwert des Unternehmenswertes im Unternehmen, sondern sie identifiziert die Interessen unternehmensinterner und unternehmensexterner „Stakeholder" an diesem Unternehmenswert. Sie eignet sich deshalb als Ansatzpunkt, um eine schriftlich ausgearbeitete **Kommunikationsstrategie** gegenüber den verschiedenen Kräften aufzubauen, beispielsweise um die Befürworter des Unternehmenswertes weiter „am Ball" und die hemmenden Kräfte des Unternehmenswertes „in Schach" zu halten.

- **Mitarbeiter-Cockpit: Zur Führung von iTalent Pools**

  Das Ziel der Wertemanager ist viertens, über die Optimierung des Unternehmenswertes zu informieren, um einerseits ein Veränderungsklima im Unternehmen zu propagieren und andererseits den Stand des Veränderungsprojektes kontinuierlich zu dokumentieren. Es wird ein **„iReporting"** bzw. eine innovative Berichterstattung realisiert, die sich nur auf die Veränderungsergebnisse konzentriert. Sollten jedoch die Vision, die strategischen Zielsetzungen, die vorgedachten Programme und Maßnahmen sowie der neu modellierte Wertschöpfungsprozess – auch aufgrund struktureller Barrieren und personeller Widerstände – nicht weiter entwickelt werden können, also „ins Stocken geraten", so werden sowohl der Aktionsplan als auch die modellierten Bilder zum Wertschöpfungsprozess an einen **Talent-Pool** weitergeleitet. In diesem befassen sich Nachwuchskräfte mit alternativen Wegen zur *Entwicklungsfähigkeit dieses Unternehmenswertes.*

Eine Optimierung eines Unternehmenswertes wird somit durch diese vier vorgenannten Aktionsfelder („Scores") gewährleistet. Sie bilden zentrale Bausteine einer sogenannten „Innovation Scorecard", die sich vorrangig auf folgende Werte bezieht:

1. Gewinnmaximierung, beispielsweise durch Umsatz-/Absatzerweiterung oder Effizienzsteigerungen („**Shareholder Value**")

2. Kundenorientierung durch Kundenzufriedenheit und -bindung („**Customer Value**")

3. Wachstum und Expansion, durch Geschäftserweiterungen oder -zukäufe, um den Marktanteil zu erhöhen („**Company-Growth**")

4. Qualitätsfähigkeit („**Quality Value**")

5. Innovations-/Technologieführerschaft („**Innovation Value**“)

6. Unternehmensimage durch Markenwertsteigerung („**Brand Value**“)

7. Mitarbeiterproduktivität („**Human Capital Value**“)

8. Corporate Social Responsibility bzw. „Sustainability“, um beispielsweise eine gesellschaftlich verantwortungsvolle, rechtlich einwandfreie und mit Umweltressourcen schonende Unternehmensausübung zu gewährleisten („**Social & Green Value**“)

5.1 Strategie-Cockpit: Führung über visionäre Werte-/Zukunftskonzepte

Eine Führungskraft trägt ihre Unternehmenswerte zum Erfolg, indem sie unter Zuhilfenahme von Veränderungswissen und Veränderungsinstrumenten „Innovation“ betreibt. Eine hierfür notwendige „Leadership-Roadmap“ ist erstens davon geprägt, eine „Innovation Scorecard“ umsetzbar zu gestalten. Dies wird ermöglicht, indem

- eine inspirierende und einzigartige **Vision**, die das Unternehmen mit seinen Unternehmenswerten verfolgt, entwickelt wird sowie

- ein **Werte-/Zukunftskonzept** aufgebaut wird, in dem die strategischen Zielsetzungen (Erwartungen) in detaillierter Weise – auf ihren Umfang, ihren Nutzen und ihre Kosten hin geprüft (Nutzwertanalyse) – ausformuliert sind.

Ausgangspunkt für die Optimierung eines Unternehmenswertes ist somit eine klar formulierte Vision. Zweifelsohne löst der Begriff der Vision bei vielen Führungskräften und Mitarbeitern Emotionen aus: **„Wer eine Vision hat“**, so ein deutscher Politiker, „**soll zum Arzt gehen**.“ Und: „Wer keine Vision hat“, so ein Unternehmer, „kann Politiker werden.“ Grund für die Unsicherheit im Umgang mit Visionen ist, dass a) Bestehendes infrage gestellt wird und das Neue sich noch nicht konkret auf seine Vor- und Nachteile bewerten lässt und b) „Visionäre“ vielen Führungskräften und Mitarbeitern grundsätzlich „wesensfremd“ sind. Der „Visionär“ verfügt einerseits über eine Art „präkognitive Fähigkeit“, um vorausschauend, fast „hellsichtig“ in die Zukunft zu blicken. Er ist ohne aufwendige Unternehmensanalysen in der Lage, zu beschreiben, wo das Unternehmen bzw. der Unternehmenswert in einigen Jahren stehen soll. Ein „**Visionär**“ baut andererseits auf seine persönliche und überzeugende Inspirations- und Begeisterungsfähigkeit, um andere mitzunehmen. Gerade auf diese beiden Fähigkeiten („Future Potential Capability & Inspiration Skills“) können viele Führungskräfte und Mitarbeiter sowie zahlreiche Berater nicht zurückgreifen (vgl. JAQUES, CLEMENT 1991).

Peter SCHMIDINGER
Director, Babor International

Dr. Babor GmbH & Co KG

BABOR (Aachen) ist ein international ausgerichtetes Unternehmen mit familiärer Tradition und eine der führenden Marken in der Institutskosmetik. Die BABOR-Gruppe ist heute in über 60 Ländern vertreten und beschäftigt weltweit über 350 Menschen. Allein in Deutschland arbeiten 250 Menschen im Dienste der Schönheit. BABOR Cosmetics steht für exklusive Kosmetik- und Wellnessprodukte, herausragende Produktqualität und Wirkstoffperformance sowie professionelle Behandlungssysteme. Dr. Michael Babor gründet das Unternehmen 1956 unter dem Namen Dr. Babor GmbH.

ZUKUNFTSWERT VISION

„Emotional Leadership" als Schlüssel des Unternehmenserfolgs

Es wird immer schwieriger, sich von anderen Mitwettbewerbern abzugrenzen und am Markt etwas Einzigartiges längerfristig aufzubauen. Einerseits täuschen sich Unternehmen selbst, wenn sie vorrangig darauf bedacht sind, ihre Erfolgsmuster aus der Vergangenheit immer und immer wieder in die Zukunft weiter zu tragen: Warum, so eine häufig anzutreffende Grundeinstellung, sollen wir etwas ändern, das sich bewährt hat und unseren gegenwärtigen Erfolg und Profit sichert? Das Bestehende ist doch gut genug! Andererseits unterschätzen Unternehmen die gestiegene Dynamik und Komplexität im Wettbewerb mit ihren Konkurrenten: Mitwettbewerber drängen heutzutage aus den verschiedensten Regionen in bisher „sichere Märkte". Immer schneller imitieren sie Produkte und bieten unter anderen „Markennamen", unter anderen „Qualitätsmerkmalen" und anderen „Preisen" ähnliche Produkte an. Damit kommt es zwischen den Unternehmen zu einer immer dramatischeren Kannibalisierung in den gleichen Produktbereichen und in den unterschiedlichsten Regionen dieser Welt. Der Preis des Wachstums besteht nicht nur darin, vielfach schneller, sondern auch immer einzigartiger sein zu müssen, um sich damit stärker als die Mitwettbewerber am Markt zu behaupten. Einzigartigkeit lässt sich jedoch nur über die frühzeitige Entwicklung und Umsetzung von Visionen herstellen. Eine Vision vermittelt zweifelsohne ein Bild über die gewünschten Zukunftswerte, aber auch über die „unternehmerische Intelligenz" des Unternehmens, Innovationen zu antizipieren. Visionslosigkeit hingegen ist Stillstand und das bedeutet im harten Wettbewerb mittelfristig auch Rückschritt.

Eine Vision startet mit einem Gedankengang bzw. mit einem „ungeschriebenen Plan". Hierbei dürfen Visionen nicht als „Träumereien einzelner Top-Manager" ausarten, sondern eine Vision ist als ein anzustrebendes Ziel zu verstehen, das nur gemeinschaftlich – unter Einsatz der verschiedensten Mitarbeiter eines Unternehmens – erreicht werden kann. Dabei ist es sicherlich weniger problematisch, eine Vision zu definieren. Vielmehr kritischer ist es, eine Vision erfolgreich umzusetzen. Die Herausforderung ist, dass sich Visionen nicht – wie vieles anderes im Unternehmen – von oben nach unten verordnen lassen. Mit „Papier und Druck von oben" wird kaum eine Vision zum Erfolg geführt. Eine Vision – eventuell per ermüdender Powerpoint – vorzustellen, dazu ein Feedback einzuholen und dann – über eine „verantwortliche Projektgruppe" – mithilfe von Kontroll-instrumenten im Unternehmen durchzusetzen, bleibt meist erfolglos. Führungskräfte müssen stärker lernen, die Mitarbeiter in ihren Emotionen gegenüber neuen Zielen mitzunehmen. Denn der „ungeschriebene Plan" muss schrittweise mit den Erfahrungswerten, den Meinungen und den Gefühlen der Beteiligten zu einem „geschriebenen Plan" ausgestaltet und gemeinschaftlich erlebbar gemacht werden. Dann erst beginnen die Beteiligten die Vision zu verinnerlichen.

Visionen müssen somit primär von den Beteiligten emotional angenommen werden: Diese werden eine Vision jedoch nur dann tragen, wenn man sie an der Visionsbildung beteiligt, mit ihnen konstant im Gespräch hierzu bleibt und ihren jeweiligen Beitrag zur Umsetzung wertschätzt. Entscheidend ist die Qualität des persönlichen Erfahrungsaustauschs bzw. des direkten Gesprächs, das von den Beteiligten meist höher eingeschätzt wird als die bloße Verbreitung von eMails oder Reports. Hinter schriftlich verbreiteten Informationen und Berichten steht vielfach ein Menschenbild, dass der Mitarbeiter seine „computerhaft" übermittelten Weisungen erfüllt und seine tagtäglichen Routineaufgaben „ohne Weitblick" erledigt. Für den Visionsprozess ist dies jedoch ein schwieriger, ja erfolgloser Management- und Führungsstil. Denn was bringen Mitarbeiter, die ihre Arbeitstätigkeiten und Arbeitsstunden ordentlich absolvieren, aber die Vision bzw. das Zukunftsbild nicht verstanden haben? Es gilt deshalb, den Mitarbeitern persönliche Aufmerksamkeit zu schenken, d.h. ihnen zuzuhören, ihre Meinungen anzunehmen, Standpunkte herauszuarbeiten und Gemeinsamkeiten festzumachen. Eine Führungskraft im Visionsprozess muss Begeisterung wecken können, Zweifel bei den Beteiligten nehmen, ihnen Wertschätzung entgegenbringen. Allerdings sind nur die wenigsten Führungskräfte in der Lage, die Beteiligten über „gegenseitige persönliche Achtsamkeit" („**T**ogether **E**verybody **A**chieves **M**ore") zu führen: Nach wie vor vertrauen sie mehrheitlich auf ihren tradierten Verhaltens- und Vorgehensweisen, den Visionsprozess als einen „technischen Prozess" (auch mit externen Beratern) zu organisieren: Sie werden damit scheitern! Sie scheitern dabei nicht nur am Unvermögen, einen gemeinschaftlichen und atmosphärischen Erfahrungsaustausch zu gestalten, sondern auch daran, die „Allianz an Unwilligen und Schläfern" mitzunehmen oder frühzeitig aus der Visionsgemeinschaft abzudrängen.

Wer Visionen entwickeln und umsetzen will, benötigt keine Berater von außen, sondern lebt über seine eigene „Persönlichkeit", über eine „ansteckende Begeisterungsfähigkeit" und über eine außergewöhnliche Fähigkeit zur Beachtung der Standpunkte, der Meinungen, der Erfahrungen der Beteiligten. Diese Art der „Achtsamkeit" führt zu mehr Akzeptanz einer gemeinschaftlich getragenen Vision, um einzigartiges bzw. innovatives für die Zukunft des Unternehmens zu sichern. Emotionale Führung bildet somit den Grundbaustein für eine erfolgreiche Visionsbildung, für die Innovationskraft und damit für die langfristige Sicherung des Zukunftswertes eines Unternehmens.

Eine Vision hat Richtungscharakter: Sie bringt Klarheit und Orientierung in das Handeln und Denken, denn Führungskräfte und Mitarbeiter wissen, was sie zusammen anstreben, wofür sie etwas tun und in welche Richtung sie ihre Unternehmenswerte entwickeln wollen. Die Vision vermittelt dabei eine wirklichkeitsnahe (nicht utopische) Vorstellung, wie Ziele und Ressourcen zukünftig richtig ausgelegt bzw. geplant und organisiert werden sollen. Damit wirkt eine Vision jedoch bis in die traditionelle Managementkompetenz der administrierenden Führungskräfte und Mitarbeiter hinein: Auf Neuausrichtungen, die Einfluss auf den eigenen Bereich einer Führungskraft ausüben, reagieren sie sehr sensibel oder wollen dann solche Visionen nicht verstehen. Die Vision wird damit rasch zu einem interessenspolitisch umstrittenen Thema zwischen verschiedenen Unternehmensakteuren, sodass eine Visionsdiskussion letztlich dem „hemmenden oder treibenden Spiel der Kräfte" ausgesetzt ist. Der Erfolg einer Vision in einem Unternehmen hängt deshalb entscheidend davon ab, wie sie organisiert wird:

- Die **Gestaltung einer Vision** kann über den Zukauf eines „Visionärs" stattfinden, der emotionsstark und eindeutig eine Zukunftsvision für das Unternehmen bzw. für einen oder mehrere Unternehmenswerte darlegen kann. Er bringt einzigartige Ideen, herausragende Konzepte oder innovative Produktvorschläge ein, mit denen sich ein zukünftiger Mehrwert für das Unternehmen erzielen lässt, vielfach gepaart mit einer „charismatischen Energie": **„Yes, we can"**. Dieser „Visionär" hat meist das Problem, die von der Visionsentwicklung übergangenen oder vom Visionspotenzial überforderten Führungskräfte und Mitarbeiter im Unternehmen mitzunehmen. Er erwartet, dass seine Zukunftsvision für den Unternehmenswert verstanden wird und seine Visionsformulierung und seine Persönlichkeit automatisch dazu beitragen, dass „alle an einem Strang ziehen". In der Tendenz werden die innovativen Führungskräfte und Mitarbeiter schneller mitziehen, während andere nur dann mitgehen, wenn sie Vorteile aus den konkreten Projekten für sich erkennen. Deshalb ist es wichtig, in sicherlich zeitaufwendiger Weise eine größere Anzahl an Führungskräften und Mitarbeitern für die strategischen Ziele, die aus der oktroyierten Vision resultieren, nacheinander zu gewinnen. Dadurch erhält der „Visionär" die notwendige Rückendeckung aus dem Management, sodass seine Innovationen eine höhere Umsetzungschance erhalten.

- Die Gestaltung einer Vision findet heutzutage auch über ein „Visions-Team" statt, das in kreativer und gemeinschaftlicher Weise eine Zukunftsvision für einen Unternehmenswert ausgestaltet. Dabei muss sich das „Zukunfts-Team" an folgende Regeln halten:

    - Den Fokus auf die Wahrnehmung von Chancen lenken! Beispielsweise die Chance, persönlich und gemeinsam zu lernen, oder die Chance, auf Veränderungen Einfluss nehmen zu können und nicht übergangen zu werden.

- Die persönliche Verantwortung aller Mitglieder des „Zukunfts-Teams“ für das Unternehmen, für den eigenen Unternehmensbereich und vor allem für den eigenen Arbeitsplatz klar und unmissverständlich formulieren! Dies kann in Form einer Appellation („Frage nicht nur, was das Unternehmen für dich tun kann, sondern frage auch, was du für dein Unternehmen tun kannst“) oder in Form einer Sanktionsdrohung („Derjenige, der jetzt stehen bleibt, darf später gehen“) geschehen.

- Die „Visions-Vampire“ mitnehmen, d.h. sich mit solchen Mitgliedern eines „Zukunfts-Teams“ auseinandersetzen, die ihre berufliche Vergangenheit eher als eine Ansammlung von Verlusten und Enttäuschungen bewerten und eine grundsätzlich negative Sicht zum Zustand ihres Unternehmens haben! Meist erkennt man diese Skeptiker daran, dass sie ihre Ideen im „Zukunfts-Team“ vorrangig als Forderungen formulieren, um aus dem Visionsprozess „Optimierungspotenziale“ ausschließlich für den eigenen Bereich zu erreichen.

- Die Vision konkret und bildhaft gestalten, damit die Mitglieder des „Zukunfts-Teams“ eine Vorstellung hinsichtlich ihrer Verwirklichung erhalten!

- Die Visionskraft auf einen einzelnen Unternehmenswert schwerpunktmäßig konzentrieren! Die Vision darf nicht in einen abstrakten Prozess zur generellen Leitbildentwicklung eines Unternehmens ausarten, aus dem keine konkreten Veränderungsprojekte hervorgehen. Leitbilder erkennt man an dem Umgang der Führungskräfte und Mitarbeiter mit ihnen: „Gelesen, gelacht, gelocht“!

- Atmosphärisch anregende Workshops gestalten! Das Ziel ist, abseits des Alltagsdrucks nicht nur neue Erwartungen an den Unternehmenswert zu klären und offen über deren Einfluss auf die gegenwärtige Unternehmensstrategie und -kultur zu sprechen, sondern auch das „Wir-Gefühl“ zu revitalisieren.

- Ein professionelles Coaching zum Thema „New Business Development“ einbeziehen! So sollte man von „Visionären“ anderer Unternehmen oder Beratern und Wissenschaftlern mit Zukunftsvorstellungen lernen.

- „Sponsoren“, wie obere Führungskräfte, kontinuierlich in das „Visions-Team“ einbeziehen! „Sponsoren“ haben die Aufgabe, einzelne Visionsthemen zu unterstützen.

- Aus der Vision einen Aktionsplan mit definierten Projekten ableiten! Dabei wird schriftlich festgelegt, wie die Vision in welchem Zeitraum durch welche Projekte – nacheinander oder parallel organisiert – umgesetzt werden kann.

- Den Aktionsplan im oberen Führungskreis „formal genehmigen“ lassen und mit diesem zusammen im Unternehmen veröffentlichen!

Die entwickelte Vision bildet gemeinsam mit den aufgezeichneten strategischen Zielen sowie den definierten Arbeitsprojekten ein „Werte-Konzept“, wobei abschließend zu prüfen ist, welchem Adressaten anstelle eines oberflächlichen und stichwortbezogenen Dokuments in Form von sogenannten PowerPoint-Vorlagen ein argumentativ plausibles, aber auch emotionalisierendes Konzept-Design zugeführt werden soll: „Real Leaders Don't Do Powerpoint!“ Zentral ist, dass auch Monate später die Ziele und Inhalte von neuen Mitarbeitern und Außenstehenden problemlos verstanden werden und an diesen Konzepten auch weitergearbeitet werden kann (z.B. im Rahmen von iTalent Pools).

5.2 Struktur-Cockpit: Führung über Wertschöpfungs-Designs

Eine „Leadership-Roadmap“ ist zweitens davon geprägt, die Auswirkungen der Visionsbildung auf die Arbeitsprozesse einschätzbar zu machen. Deshalb gilt es,

- **den Unternehmenswert in seinem gegenwärtigen Wertschöpfungsprozess abzubilden** („**actual process value**“), wobei die zentralen Charakteristika sowie spezifische Problemfelder, beispielsweise durch eine Stärken-Schwächen-Analyse, herausgearbeitet werden, sowie

- **einen zukünftigen Wertschöpfungsprozess** („**future process value**“) **auf der Basis des entwickelten „Werte-/Zukunfts-Konzeptes“** (einschließlich der neuen Vision) **aufzubauen.**

Wertschöpfungsprozesse stellen strukturierte und miteinander vernetzte Abläufe innerhalb eines Unternehmensbereiches und zwischen den Unternehmensbereichen dar, die den Wertzuwachs von Unternehmenswerten gewährleisten. In der klassischen Vorstellung wird dabei in einer transparenten Weise festgelegt, was getan werden muss (Aufgabe), wo es stattfinden muss (Arbeitsbereich), wann es realisiert werden muss (zeitliche Abfolge), von wem es umzusetzen ist (Verantwortungsträger) und wie es durchzuführen ist (Arbeitsstandards). Der Wertschöpfungsprozess wird von einem Prozess-Team gesteuert, das für die Planung und Organisation, vor allem aber für das Controlling des Wertschöpfungsprozesses verantwortlich ist. Ziele sind typischerweise,

- Schwächen und Fehler im Ablauf zu identifizieren und zu eliminieren,
- die Effizienz zu steigern, beispielsweise Verzögerungen im Ablauf (Durchlaufzeiten) zu verringern, Doppelarbeiten zu vermeiden oder den Ressourcenaufwand zu minimieren, sowie
- die Zuständigkeiten und Verantwortungsträger für die jeweiligen Tätigkeiten – gegebenenfalls auch zwischen den Unternehmensbereichen – eindeutig festzustellen.

Der Erfolg des Prozess-Teams hängt von seiner Professionalität ab, a) bei einem regelmäßigen „Jour fixe", b) im konstanten Dialog mit allen Betroffenen sowie c) unter Zuhilfenahme adäquater Prozessanalyse-Techniken (Software) eine kontinuierliche Verbesserung der Abläufe zu realisieren, um die gewünschten Vereinfachungen, Standardisierungen oder Rationalisierungen zu erreichen. Das Prozess-Team sieht sich hier vor allem in der Rolle eines „Process Maintenance Teams", das die „Stellschrauben" für einen eingespielten Wertschöpfungsprozess überwacht und sichert. Bei Bedarf werden einzelne Maßnahmen ergriffen, um das Bestehende zu bewahren (Fehlerbehebung) oder die Effizienz in einem spezifischen Teil zu steigern (Kosteneinsparung).

Gut gemeinte „Werte-/Zukunfts-Konzepte", welche die Unternehmenswerte weiter optimieren sollen, scheitern häufig, weil es den Mitgliedern des „Visions-Teams" nicht gelingt, die neue Vision und die neu definierten strategischen Zielsetzungen in die Prozessarchitektur des Unternehmens einzubauen bzw. einen passenden Wertschöpfungsprozess durch die Mitglieder des „Process Maintenance Teams" kreieren zu lassen. Diese verstehen die Neuausrichtung nicht, da sie nicht immer die vollständigen und notwendigen Informationen erhalten, um die bestehenden Wertschöpfungsprozesse auf die zukünftige Vision und die neu angedachten strategischen Zielsetzungen auszurichten. Schnell wird ihr Nachfragen als Blockade oder der hohe Kommunikationsbedarf als lästig empfunden. Der Fehler liegt zum einen im „Visions-Team" selbst, das sich bei der Entwicklung des „Werte-/Zukunfts-Konzeptes" zwar stark auf strategische Themen, wie die Definition der Wettbewerbs-/Branchenvorteile, „Unique Selling Points" oder Benchmarks, konzentriert, jedoch wenig Augenmerk darauf richtet, wie die zu Papier gebrachten Neuerungen mit den bestehenden Wertschöpfungsprozessen in Übereinstimmung gebracht werden können. Wie wirkt sich das „Zukunfts-Konzept" auf das „Was – Wo – Wann – Wie – Von wem" des bestehenden Wertschöpfungsprozesses aus bzw. wie wird letztlich der zukünftige Wertschöpfungsprozess konkret aussehen, vor allem: Was wird er kosten?

Der Fehler liegt zum anderen im „Process Maintenance Team" selbst, das nach seinem Rollenverständnis mit solchen „grundsätzlichen Prozessreformen" überfordert ist: Aus dem klassischen „Process Maintenance Team" wird eigentlich ein „Process Development Team", das strategische Vorstellungen und operative Realität verbinden soll (Bindeglied). Damit übernimmt es die Funktion einer Beratungsinstanz gegenüber dem „Visions-Team" – im Sinne von: „Wie sind Vision und strategische Zielsetzungen zu welchen Kosten und mit welchem Ressourcenaufwand machbar?“ Das „Process Development Team“ informiert das „Visions-Team“, wie sich die bestehenden Aufgaben wandeln (Qualifizierungsbedarf) und wie sich die Anforderungen an die Verantwortungsträger verändern (Neudefinition der Kompetenzen) oder welche zusätzlichen Ressourcenaufwendungen notwendig sind, aber auch welche Ressourceneinsparungen oder Qualitätsverbesserungen erreicht werden können. Es übermittelt somit eine Expertise an das „Visions-Team“, wie dessen „Zukunfts-Konzept“ umgesetzt werden kann bzw. wo gegebenenfalls zusätzliche Investitionen notwendig sind, um den zukünftig gewünschten Wertschöpfungsprozess effizient und effektiv zu implementieren.

Zentral ist, dass das „Process Development Team“ sich nicht überschätzt und versucht, das „Zukunfts-Konzept“ zu negieren oder gar zu verwerfen, sondern bei Kommentierungen ausschließlich die Sichtweise des „End-/Zielkunden des Unternehmenswertes“ vertritt. Beispielsweise kann dies der „klassische Kunde“ sein, sodass dessen Kundenperspektive (Customer Focus) in die Überprüfung der bestehenden Abläufe – stärker als bisher vom „Visions-Team“ getan – integriert wird. Das „Process Development Team“

- betrachtet einerseits diejenigen Faktoren besonders aufmerksam, welche die Prozesse zum Kunden wirklich konsolidieren (Lieferzeiten, Termintreue, Partnerschaft mit Lieferanten) und für die Kundenzufriedenheit und Kundenbindung ausschlaggebend sind und

- warnt andererseits dort frühzeitig, wo die angedachten Maßnahmen zur Optimierung des Kundennutzens ein Schadens-/Risikopotenzial implizieren können (zu hoher Investitionsaufwand).

Voraussetzung für den Aufbau eines „Process Development Teams“ ist, dass das Unternehmen bereit ist, in einen „organizational slack“, d.h. in einen Zeit-, Personal- oder Ressourcenüberschuss, zu investieren. Entweder es organisiert das „Process Development Team“ zusätzlich zum „Process Maintenance Team“ als eigene und befristet wirkende Task Force oder das Unternehmen führt dem „Process Maintenance Team“ so viel Zeit, Personal oder Ressourcen zu, dass Veränderungsexpertisen erstellt und ein Wandel zu einer „Dienstleistungs- und Beratungskultur“ vollzogen werden kann. Damit weicht das Unternehmen jedoch von seiner „reinen Effizienzideologie“ ab zugunsten eines „nachhaltigen Effektivitätsdenkens“. Mit der Zuführung von mehr Zeit, Personal und Ressourcen geht das „Process Development Team“ jedoch auch eine größere Verpflichtung ein, zukünftig in kontinuierlicher Weise qualifizierte Expertisen zur Optimierung von Wertschöpfungs-Designs in allen Unternehmensbereichen zu erstellen und in enger Zusammenarbeit mit den Beteiligten umzusetzen. Dann ist der anfängliche Zeit-, Personal- und Ressourcenüberschuss in einem „Kompetenzzentrum für Geschäftsprozessmanagement“ durch die umfassende Entwicklungsarbeit wieder aufgehoben.

5.3 Kultur-Cockpit: Führung über Werte-Kraftfelder

Eine „Leadership-Roadmap“ ist drittens davon geprägt, die kulturellen Rahmenbedingungen einschätzbar zu machen. Es müssen deshalb

- die treibenden und hemmenden Kräfte, die auf den Unternehmenswert wirken, beobachtet, beschrieben und bewertet werden, wozu eine **Kraftfeld-Analyse** genutzt wird, sowie
- **Kommunikationsstrategien** gegenüber den verschiedenen Kräften aufgebaut werden, beispielsweise um die Befürworter zur Optimierung des Unternehmenswertes weiter „am Ball“ und die hemmenden Kräfte einer Optimierung des Unternehmenswertes „in Schach“ zu halten.

Die Optimierung eines Unternehmenswertes mündet in verschiedenen konkreten Veränderungsprojekten. Diese Veränderungsprojekte beeinflussen wiederum die Interessen unternehmensinterner oder unternehmensexterner Akteure, weshalb diese prüfen, ob sich die Veränderung in ihrer persönlichen Bilanz positiv oder negativ niederschlägt. Es entwickelt sich ein „Feld“ (Raum) von sich gegenüberstehenden Kräften mit unterschiedlichen Interessen. Die Kraftfeldanalyse ist eine Technik, die dabei hilft, aufzuklären, in welchem Kräfteverhältnis sich Befürworter und Gegner des Veränderungsprojektes gegenüberstehen:

> “Force Field Analysis is a simple graphical tool to help to analyze forces that contribute to a given problem situation and the impact of those forces on the problem the team is attacking.
>
> Problem-solving teams sometimes confront situations that they would like to change but the situations do not seem to fit the more traditional problem solving techniques. Force Field Analysis is a method of managing change and, in addition, can be applied to situations where hard, factual data is not readily available.
>
> Force Field Analysis is a way to graphically determine positive and negative forces which influence a current situation or activity known as the current activity level (CAL). The CAL is a result of simultaneous operation of both drivers and restrainers pushing in opposite directions until a point of balance is achieved. The drivers are attempting to push the CAL to a higher level of activity and the restrainers are trying to push the CAL to a lower level of activity.
>
> A Force Field Analysis is useful in identifying what kind of forces are operating in a given situation and which ones are able to influence. As a first step toward understanding of the problem, the forces – both driving and restraining – should be identified as fully as possible. Identified forces should be listed and, as much as possible, their relative contributions or strengths should be noted” (CHITWOOD 1997: o. S.).

Als Antriebskräfte („Drivers“) werden alle positiven Kräfte genannt, welche eine Veränderung vorantreiben; als Hemmkräfte („Restrainers“) hingegen bezeichnet man diejenigen Kräfte, welche dem Veränderungsziel entgegenwirken. Meist nutzt man die Metaplan-Methode, um einerseits das Veränderungsprojekt klar zu definieren sowie andererseits die Veränderungstreiber und Veränderungsvermeider sichtbar positioniert gegenüberzustellen. Über aufeinander zulaufende Pfeile werden die jeweiligen Akteure und ihre Pro- und Contra-Argumente festgehalten. Die (Argumentations-)Kraft dieser Akteure wird anschließend durch verschiedene Stärken oder verschiedene Längen der Pfeile symbolisiert. Sind die Antriebs- und Hemmkräfte eines Veränderungsprojektes definiert, wird abschließend geprüft, ob diese Kräfte kontrollierbar oder beeinflussbar sind: (a) Kräfte, die vollständig kontrolliert werden können, (b) Kräfte, die nicht kontrolliert, aber beeinflusst werden können, und (c) Kräfte, die weder kontrolliert noch beeinflusst werden können.

Mit dieser Art der visuellen **Darstellung der Kräfteverhältnisse** werden somit die positiven und negativen Argumente einer Veränderung aufgezeichnet und nach ihrer Bedeutung gewichtet. Die Methode ermöglicht zudem einen umfassenderen Einblick in die Qualität der Argumente, die für und gegen das Veränderungsprojekt eingebracht werden. Das Kraftfeld identifiziert allerdings nicht nur das jeweilige Kräfteverhältnis zwischen Befürwortern und Gegnern des Veränderungsprojekts sowie deren Pro- und Contra-Argumente, sondern es enttabuisiert auch die informellen Beziehungsstrukturen. Es macht bestehende Interessenallianzen bzw. „Seilschaften“ sowie Schlüsselfiguren und Meinungsführer, aber auch zwischenmenschliche Spannungen sowie gegenseitige Abhängigkeiten im „Spiel der Kräfte“ sichtbar. Man erkennt zudem diejenigen, die „im Hintergrund“ mit zu entscheiden haben, beispielsweise über den Einsatz von Ressourcen. Es lässt sich ferner abschätzen, wie stark der Einfluss auf die Mitstreiter ist, beispielsweise wie die eigenen Werte und Überzeugungen auf das Veränderungsteam wirken und ob sie in ausreichendem Maße dazu beitragen, sich von den Veränderungsgegnern nicht auseinanderdividieren zu lassen. Die Veränderungsbefürworter können zudem einen Bedarf erkennen, ihre Argumente und Arbeitsstrategien noch weiterzuentwickeln, um ihr Veränderungsprojekt schrittweise immer besser abzusichern. Ihr Ziel muss es ja sein, durch geeignete Kommunikations- und Kooperationsmaßnahmen die eigene Veränderungskraft zu erhöhen sowie den Einfluss der Veränderungsblockierer zu schwächen. Eventuell reicht sogar der Einfluss auf die Blockierer des Veränderungsprojekts aus, sodass man aus deren Kreis Einzelne für die eigene „Einflusssphäre“ noch gewinnen kann.

Damit richtet sich der Blick – nach der direkten Arbeit am Kraftfeld – auf die Kommunikationsstrategien, die

1. dem Erhalt des eigenen bzw. gemeinsamen „Veränderungsgeistes“ dienen,
2. zur Reduzierung des Einflusses der Veränderungsgegner beitragen und

3. das „Commitment" der Entscheidungsträger für das Veränderungsziel gewinnen sollen.

Zentral ist, miteinander im Kommunikationsaustausch zu bleiben, um den eigenen Einfluss im Sinne des Veränderungsprojekts zu stabilisieren, sich der Unterstützung anderer zu versichern und einer gegen das Veränderungsprojekt gerichteten Kommunikation aktiv entgegenzuwirken. Für Führungskräfte ist es deshalb wichtig, exzellente „Kommunikation" in Form von Vorträgen und Beiträgen zu betreiben. Gerade hier können auch Berater (Führungs-/Kommunikations-Coachs) unterstützend wirken und mit der Führungskraft ein modular aufgebautes, aber insgesamt stringentes und konzeptionell durchdachtes Kommunikationskonzept entwickeln, das Mitarbeiter positiv emotionalisiert, also nicht langweilt oder abschreckt. Dies bedeutet, dass Führungskräfte kommunikativ sehr gut vorbereitet auf ihre Zielgruppen zugehen müssen, um Mitarbeiter zu überzeugen und für die anstehenden Veränderungsprojekte zu gewinnen. Ob tatsächlich weit über 60% aller Führungskräfte in Unternehmen und Verwaltungen „kommunikationsbehindert" sind, bleibt spekulativ. Es deutet allerdings den Bedarf an, dass Führungskräfte sich im Bereich der Kommunikation bzw. der Vermittlung von Unternehmenswerten und deren Optimierung – auf der Basis einer „Innovation Scorecard" – sich stärker trainieren lassen sollten. Führungskräfte müssen konzeptionell fesseln, strategisch Mitarbeiter mitreißen und von der Ausstrahlung verlässlich und verantwortungsbewusst wirken.

5.4 Mitarbeiter-Cockpit: Führung über iTalent Pools

Eine „Leadership-Roadmap" ist viertens davon geprägt, Multiplikatoren und Öffentlichkeit für Veränderungs- und Innovationsinitiativen und -erfolge zu generieren. Dies wird beispielsweise gewährleistet, indem

- ein **„iTalent Pool"** aufgebaut wird, der Nachwuchskräften die Chance gibt, alternative Wege zur Optimierung von Unternehmenswerten zu entwickeln, sowie
- ein **„iReporting"** bzw. eine innovative Berichterstattung realisiert wird, die sich nur auf die Wirkung der Veränderungs-/Innovationsergebnisse konzentriert.

Ein zentraler Ansatz zur Optimierung der Unternehmenswerte bildet der Aufbau sogenannter „iTalent Pools". **In diesen „innovativen Talent Pools" werden unternehmensrelevante Projektideen für das Unternehmen generiert oder bereits bestehende Verbesserungsmaßnahmen weiterentwickelt.** Ausgewählte Nachwuchskräfte bauen ein trag- und umsetzungsfähiges Veränderungskonzept auf, das dann dem Führungskreis vorgestellt und nach der Implementierung über das „iReporting“ im Unternehmen veröffentlicht wird.

Vorrangiges Ziel von „iTalent Pools“ ist, Nachwuchskräfte aufzubauen, welche die Veränderungs-/Innovationsprojekte im Unternehmen erfolgreich entwickeln, beraten und bei Bedarf auch mit umsetzen können. Ein weiteres Ziel ist, dass entwicklungsorientierte Nachwuchskräfte durch einen kreativen Freiraum längerfristig im Unternehmen gehalten werden, indem die – nach zirka drei bis fünf Jahren Zugehörigkeit zum Unternehmen aufkommende – Monotonie und Perspektivlosigkeit auch durch die Arbeit in „iTalent Pools“ verringert wird. Hinzu kommt der Effekt, dass man administrierende Nachwuchskräfte, die Veränderungen eher planen, organisieren und „controllen“, mit entwicklungsorientierten Nachwuchskräften vernetzt, sodass in späteren Phasen des „organisationalen Lebenszyklus“ das Verständnis und das Miteinander, insbesondere bei der Bewältigung von Krisen, sich konstruktiver entwickelt.

- „iTalent Pools“ bewirken, dass auf der Basis von konkreten Veränderungsprojekten, die sich unter anderem aus dem „Werte-/Zukunfts-Konzept“ ableiten lassen, die **Veränderungs-/Innovationskompetenz** der Nachwuchskräfte gestärkt wird. Die Fähigkeiten im Umgang mit Veränderungsstrategien und -techniken werden erhöht, indem die Nachwuchskraft u.a. folgende Aufgaben bewältigt:

    - Entsprechend dem organisationalen Reifegrad den richtigen Veränderungsansatz aufbauen
    - Rollen und Tätigkeiten der Mitglieder in einem Veränderungs-/Innovationsprojekt abklären
    - Prozessschritte und Meilensteine eines Veränderungs-/Innovationsprojektes fixieren
    - Der Umsetzungsphase (Implementierungsstrategie) einen mehrfach höheren Zeitanteil als der Konzeptualisierungsphase widmen

- „iTalent Pools“ bewirken, dass anhand von konkreten Veränderungsprojekten die **Lernkompetenz** der Nachwuchskräfte gestärkt wird. Die Fähigkeiten, sich selbst zu entwickeln, werden erhöht, indem die Nachwuchskraft u.a. folgende Fähigkeiten aufbaut:

    - Neue Denkmuster und Handlungsmaximen zur Optimierung von Unternehmenswerten verinnerlichen
    - Eine problemlösungsorientierte Kommunikation und Präsentation entwickeln

- Die Funktion eines Coaches für weniger erfahrenere „iTalent-Mitglieder" wahrnehmen

▪ „iTalent Pools" bewirken, dass anhand von konkreten Veränderungsprojekten die **Beziehungskompetenz** der Nachwuchskräfte gestärkt wird. Die Fähigkeiten, sich sowohl im Miteinander als auch in der eigenen Persönlichkeit weiterzuentwickeln, werden erhöht, indem die Nachwuchskraft „soziales Kapital" bzw. folgende Grundhaltungen aufbaut:

- Eine respektvolle Interaktion untereinander, d.h. kooperativ, höflich und offen, erlernen
- Problemlösungen verbindlich und zuverlässig, im gegenseitigen Vertrauen und in gemeinsamer Verantwortung, entwickeln
- Widersprüche und Spannungen konstruktiv aufnehmen und ohne zu starke Emotionalität klären

▪ „iTalent Pools" bewirken, dass anhand von konkreten Veränderungsprojekten die **Beratungskompetenz** der Nachwuchskräfte gestärkt wird. Es entwickeln sich Fähigkeiten, sowohl mit Beratern auf gleicher Augenhöhe umzugehen, d.h., deren Vorgehensweisen rascher zu analysieren, als auch selbst Beratungs-Tools zu erwerben, um in einer zukünftig höherwertigen Linienfunktion Veränderungsprojekte „beraterisch" zu unterstützen. Hierzu muss die Nachwuchskraft u.a. folgende Fähigkeiten aufbauen:

- Erwartungen bzw. Ziele an einen externen Berater abklären (Beratungsverständnis analysieren, gegenseitig tragfähige Vertrauensbasis entwickeln)
- Die Budgetmittel prüfen sowie die Leistungen, die das Beraterhonorar umfasst, definieren und eine verbindliche Vereinbarung bzw. einen Kontrakt ausgestalten
- Ein erstes Gespräch mit einem Berater realisieren bzw. Kriterien zu seiner Auswahl ermitteln
- Funktionen und Rollen des Beraters in verschiedenen Phasen des Veränderungsprojektes festlegen (Coach, Trainer, Steuermann)
- Den Veränderungsansatz des Beraters erkennen, z.B. ein strategischer, top-down geprägter Ansatz oder ein prozessorientierter, stärker umsetzungs- und lernorientierter Ansatz
- „Spielregeln" für eine Zusammenarbeit zwischen Berater und Auftraggeber („Project Owner") festlegen

Die **Vorteile von „iTalent Pools"** sind dadurch gegeben,

- dass innovative Neuerungen für die Unternehmensbereiche entwickelt werden, die diese aufgrund des Zeitdrucks und des Personalmangels kaum eigenständig angehen;
- dass das Unternehmen zunehmend Beratungskosten einspart, da eine „Change Generation" aufgebaut wird, sozusagen ein „Insourcing" von Veränderungskompetenz stattfindet;
- dass eine professionelle „Change Generation" heranwächst, die mit dem Thema Veränderung und Innovation weniger Skepsis verbindet und weniger Widerstände – auch in Krisenzeiten – zeigt, sodass sich Veränderungen schneller umsetzen lassen;
- dass entwicklungsorientierte Nachwuchskräfte mehr Know-how zur Umsetzung von Veränderungsprojekten erwerben, während administrierende Nachwuchskräfte zentrale Ansätze und Techniken im Umgang mit Veränderungen erlernen: Beide Habitusformen können in ihrer „Komplementarität" optimal für die Optimierung von Unternehmenswerten genutzt werden;
- dass eine Wertschätzung für die Nachwuchskräfte zum Ausdruck gebracht wird, da die Führungskräfte ein wichtiges Thema der Unternehmensführung, nämlich „Change", mit ihnen teilen;
- dass aus einem Unternehmensbereich oder auch aus verschiedenen Unternehmensbereichen Nachwuchskräfte über einen längeren Zeitraum miteinander an einem Veränderungs-/Innovationsthema arbeiten: Damit entwickelt sich oftmals ein langfristig tragfähiger persönlicher Kontakt, der auch bei anderen Aufgaben hilfreich sein kann.

Als **Voraussetzungen für den Aufbau eines „iTalent Pools"** zählen u.a.:

a) Es müssen Zeit, Budget und Ressourcen zur Verfügung stehen, einschließlich eines „Mentors", beispielsweise eine entwicklungsorientierte Führungskraft aus dem Unternehmen oder auch ein wissenschaftlicher Berater, der den „iTalent Pool" in professioneller Weise plant, erlebnisreich ausgestaltet und das Veränderungsprojekt fokussiert auf ein Umsetzungsergebnis hin ausrichtet.

b) Es müssen Führungskräfte als „Sponsoren" dem „iTalent Pool" zur Seite stehen: Sie geben „Insider-Tipps", wie sie selbst Veränderungsprojekte in der Vergangenheit entwickelt und gemanagt haben, und vermitteln, welches in dem gemeinsamen Unternehmen Erfolgs- und Misserfolgsfaktoren bei Veränderungsprojekten sind. Aus soziologischer Sicht ist dies auch ein Beitrag, über „altersgemischte Teams“ einen optimalen Erfahrungsaustausch zu ermöglichen.

c) Es müssen Nachwuchskräfte mit „Profis“ aus den Bereichen „New Business Development“, „Innovation“ und „Change“ vernetzt sein: Der Bereich Personalentwicklung ist nicht am „iTalent Pool“ beteiligt, um zu gewährleisten, dass es primär um die Gestaltung und Umsetzung von Veränderungs-/Innovationsprojekten und nicht um eine Qualifizierung „off the change“ geht. Wer sich jedoch in einzelnen Kompetenzen – gerade in starren, anpassungsfähigen oder teamorientierten Unternehmensorganisationen – zu bestimmten Einzelthemen mit Basiswissen vor- oder nachqualifizieren lassen will, kann dies bedarfsgerecht im eigenen oder in einem externen Weiter-/Fortbildungsinstitut tun.

Dass „iTalent Pools“, aber auch andere Strukturen zur Organisationsentwicklung in der Vergangenheit nicht in größerer Anzahl in Unternehmen aufgebaut wurden, hat mit drei **Kernproblemen** zu tun:

- **Verschleierung von Führungs- und Veränderungsinkompetenz**

Führungskräfte haben die Befürchtung, dass „iTalent Pools“ durch ihre Arbeit an einem Veränderungsthema auf (weitere) Probleme in ihrem Verantwortlichkeitsbereich stoßen. Der Veränderungsbedarf kann in Wirklichkeit größer sein, als es sich eine Führungskraft gewünscht oder vorgestellt hat. Zudem können derartige Veränderungsprojekte immer auch als ein Stück „Führungsversagen“ interpretiert werden, sodass die Führungskraft befürchtet, dass sie schlussendlich als inkompetent dasteht. Der Vorwurf: Sie selbst hat nicht frühzeitig genug Veränderungsinitiativen ergriffen oder das Problem nur unzureichend bewältigt, weshalb sich nun andere Bereiche („iTalent Pools“) diesem Veränderungsthema anzunehmen haben.

- **Führung ohne Veränderungsverantwortung**

Manche Unternehmen haben ihre Veränderungskompetenzen in der Vergangenheit stark „outgesourct“, weshalb Führungskräfte und Mitarbeiter sich mit Veränderungsthemen kaum mehr selbst zu befassen haben. Sie empfinden diese Situation durchaus auch als angenehm, weil sie sich auf ihre Fachthematik konzentrieren können und mit nervenaufreibenden Veränderungsprojekten „nicht mehr herumärgern müssen“. Diese Ansicht mündet in der Einstellung, dass Führungskräfte und Mitarbeiter mit einer Veränderungskompetenz sowieso kaum mehr benötigt werden, da in einem Unternehmen der Zeitgeist vorherrscht, bei Schwierigkeiten geeignete Kompetenzen „just in time“ und ohne Langzeitverpflichtung einzukaufen.

- **Angst vor Kontroll- und Machtverlust**

Die Mitglieder eines „iTalent Pools“ sollen Veränderungsprojekte auf der Basis eines „Werte-/Zukunfts-Konzeptes“ eigenständig entwickeln bzw. weitertreiben. Zahlreiche Führungskräfte befürchten deshalb, dass „über ihre Köpfe“ hinweg Veränderungsprojekte ablaufen, deren Dynamik und Auswirkungen sie nicht beeinflussen und kontrollieren können. Ungünstige Ergebnisse könnten zukünftig die eigenen Arbeitsbedingungen prägen. Deshalb gilt es, so weit als möglich solch unabhängigen Veränderungsinstanzen frühzeitig Einhalt zu gebieten. Zudem sehen Führungskräfte einen Machtverlust darin, dass sie bei Veränderungsprojekten nicht mehr so unabhängig auf „ihre“ externen Unternehmensberatungen zugreifen können, die ihre eigenen Vorstellungen und Ziele meistens „wunschgemäß“ durchsetzen. Es kommt zu einem sichtbaren Machtverlust, da man einen Bedarf für einen externen Berater umfassender begründen muss und damit ein Teil des weitverbreiteten autokratischen Führungsverständnisses (**„Jeder kann tun, was ich will“**) eingeschränkt wird. Bei der Beschränkung der freien Wahl eines Beraters reagieren die Führungskräfte deshalb so sensibel, weil es um wesentlich mehr geht: Bisher hatten sie in einer von ihnen ausgewählten Unternehmensberatung nicht nur einen loyalen Partner, der ihre Ziele umsetzte, sondern der ihnen auch einen „Mehrwert“ verschaffte. Beraterverträge kommen auch über „persönliche Beziehungen“ zustande, mit dem Ziel, sich langfristig gegenseitige Vorteile zu verschafften (z.B. berufliche Übernahme in die Beratungsgesellschaft bei Beschäftigungsverlust). Die Existenz von „iTalent Pools“ oder anderen „institutionalisierten Inhouse-Beraterstäben“, die der Organisationsentwicklung dienen, könnte – so die Befürchtung – auch diesen Nutzen einschränken.

Ob die Optimierung von Unternehmenswerten erfolgreich verlaufen ist, welche Veränderungsprojekte tatsächlich wirksam installiert wurden, wird schließlich in einem **„iReporting“**, einer Berichterstattung zu Veränderungs- und Innovationsprojekten, dokumentiert und veröffentlicht. Grundsatz eines „innovativen Reportings“ ist, dass nur solche Veränderungen und Innovationen dargestellt werden, die implementiert wurden, also nicht erst in Planung sind oder sich in Umsetzung befinden. Es wäre für Unternehmen ein Leichtes, viele Veränderungsprojekte aufzuzählen: Da aber die meisten aller Veränderungs-/ Innovationsprojekte scheitern, ist ein „iReporting“ in seinem Umfang relativ unspektakulär. Nicht Aktionismus und Unternehmensrhetorik ist Bestandteil der Berichterstattung, sondern ein „Impact Assessment“, d.h. ein Bericht über die Wirkung einer umgesetzten Veränderungs-/ Innovationsmaßnahme.

Die Berichterstattung wird in der Regel über einen zweiseitigen standardisierten Berichtsbogen realisiert, der auf der ersten Seite a) eine Definition des Veränderungsprojektes, b) die Mitglieder des Konzept- und Implementierungsteams, c) die Dauer und den betroffenen Unternehmensbereich, d) die Erfolgs- und Misserfolgsfaktoren, e) die Methoden und f) die Kontaktdaten des „Project Owners“ umfasst. Auf der nächsten Seite wird das Veränderungsprojekt hinsichtlich seiner Wirkung für bestimmte „Stakeholder" (Kunden und Mitarbeiter, Investoren und Analysten) bzw. das Unternehmen an sich beschrieben. Dieser Veränderungs-/Innovationsbericht wird nicht nur in einer Wissensdatenbank (App) abrufbar gespeichert, sondern auch allen Betroffenen sowie allen Führungskräften zugesandt. In einer Anlage können gegebenenfalls weitere inhaltliche Details komprimiert aufgeführt werden.

Ziel des „iReporting" ist ein Controlling der Optimierung von Unternehmenswerten, d.h. eine Überprüfung, inwieweit Unternehmenswerte in welchem Ausmaß durch welche Veränderungsmaßnahmen verbessert wurden. Im Rahmen dieses „Werte-Controllings" ist das „iReporting" ein Kommunikationsinstrument, um über konkrete Weiter- und Neuentwicklungen bei Produkten und Dienstleistungen, bei Kunden- und Qualitätskonzepten, bei Image- und Nachhaltigkeitsideen und bei operativen Arbeitsprozessen zu informieren. Obwohl die Fähigkeit zur strategischen Zukunftsorientierung gerne als ein Kernkriterium zur Bewertung von Unternehmen herangezogen wird, bleiben sie den Nachweis für eine breite Veränderungs- und Innovationskraft innerhalb ihres Unternehmens schuldig: Meist wird der Fokus vorrangig auf Produkt- und Technologieinnovationen (einschließlich Patente) beschränkt, während andere Unternehmenswerte „nebenbei" mitlaufen und dabei oftmals wenig Glanz und „Excellence" ausstrahlen.

Mit dem „iReporting" wird zwar eine weitere Art von Berichtssystem geschaffen, dieses Mal zum Nachweis der Veränderungs-/Managementfähigkeit von Unternehmen, aber es handelt sich nicht um einen zusätzlichen komplexen „jährlichen Geschäfts- oder Nachhaltigkeitsbericht", dem wieder hohe Publizitätskosten sowie das Risiko der Nutzung von Informationen durch Konkurrenzunternehmen anhaften. Vielmehr sollen vorrangig die eigenen Führungskräfte und Mitarbeiter die Effizienz und Effektivität ihrer Wertschöpfungsprozesse besser verstehen, professioneller managen und weiter optimieren lernen.

Mit der Berichterstattung wird somit bezweckt, Wissen und Erfahrungen über die Umsetzung und Wirkung von Veränderungen offenzulegen und damit einer „Kultur der Transparenz" sowie einer „Kultur der Verantwortlichkeit" Rechnung zu tragen (vgl. Di Piazza & ECCLES 2002). Die über alle gesellschaftlichen Bereiche bis weit in die Unternehmen hineinreichende Vertrauenskrise in Bezug auf Führungskräfte („Nieten in Nadelstreifen", „organisierte Verantwortungslosigkeit") bedürfen einer klaren Gegenwehr, indem die *Qualitäten und Leistungen von Führungskräften* offengelegt und die *Fähigkeiten von Führungskräften zur gemeinschaftlichen Unternehmensverantwortung* nachgewiesen werden. Schon heute besteht neben der gesetzlich obligatorischen Finanzberichterstattung eine freiwillige Managementberichterstattung („Management Commentary"), die Sonderberichte zur Nachhaltigkeit, zur „Corporate Governance" oder zur „Corporate Social Responsibilty" enthalten. Nicht alle diese Berichte sind authentisch, sondern häufig sehr grundsätzlich formuliert und in ihren Kernsätzen voneinander abkopiert. Bei den meisten Führungskräften und Mitarbeitern kommen diese „Schaufensterprogramme" nicht an. Anstatt jedoch weitere Standardberichte „über die Köpfe" der Führungskräfte und Mitarbeiter hinweg zu gestalten, ist es empfehlenswerter, die Alltagsrealität von Führungskräften und Mitarbeitern in Berichten aufzunehmen, um daraus zu lernen, wie die Wertschöpfungsprozesse zukünftig professioneller zu managen sind. Dass dies in Unternehmen nicht gerne angegangen wird, liegt darin, dass ein „iReporting" den Druck in Richtung Messbarkeit und Nachvollziehbarkeit der Veränderungs- und Managementleistung erhöht, insbesondere bei den (oberen) Führungskräften. Sie sehen in dem „iReporting" ein Instrument, das durchaus Auswirkungen auf Boni und Karrieren haben kann: **Nicht Positionen und nicht Seilschaften, so die Vermutung, entscheiden vorrangig über die Zukunft in einem Unternehmen, sondern die nachweisbaren Veränderungs-/Managementleistungen.** Zudem kann auch stärker nachvollzogen werden, welche Veränderungen „unterlassen" worden sind, sodass die „Haftung für unterlassene Veränderungs-/Managementleistungen" stärker thematisiert und bestimmten Unternehmenskreisen zugeordnet werden kann. Allen, die keine strategischen Zukunftsvorstellungen haben oder umsetzungsmüde sind, ist ein solches „iReporting" ein „Dorn im Auge".

Fazit: Eine „Leadership-Roadmap" zur **Optimierung von Unternehmenswerten** ist über vier „Hebel" (Strategie, Struktur, Kultur und Mitarbeiter) anzugehen:

1. Ein erster Schritt zur Optimierung von Unternehmenswerten geht von der Ebene der Strategie aus – mit dem Zweck, Veränderungsziele über ein **Werte-/Zukunftskonzept** (Value-/Innovation-Scorecard) zu fixieren.

2. Ein zweiter Schritt zur Optimierung von Unternehmenswerten geht von der Ebene der Struktur aus, mit dem Zweck, Veränderungsprojekte proaktiv in **zukünftig effizienteren und effektiveren Wertschöpfungs-Designs** abzubilden.

3. Ein dritter Schritt zur Optimierung von Unternehmenswerten geht von der Ebene der Kultur aus, mit dem Zweck, Veränderungsstrategien über eine überzeugende **Kommunikationspolitik** gegenüber den Befürwortern, Entscheidungsträgern und Kritikern abzusichern.

4. Ein vierter Schritt zur Optimierung von Unternehmenswerten geht von der Ebene der Führungskräfte und Mitarbeiter aus – mit dem Zweck, über ihr Management von Veränderungen durch einen **iTalent Pool und ein „iReporting"** zu berichten und aus den Erfolgsfaktoren weiter zu lernen. Der Mangel an „Innovationsleistung" im Managementbereich soll nicht Hauptursache der Wertvernichtung bleiben.

Diese vier Aktionsfelder zielen darauf ab, materielle und immaterielle Unternehmenswerte zu optimieren, wobei diese Entwicklungsleistung a) über ein professionelles Veränderungsmanagement nachweisbar erbracht werden muss und b) nicht ausschließlich auf Kosten von vielen Mitarbeitern und auch nicht zulasten von wenigen entwicklungsorientierten Führungskräften gehen darf. Nicht nur Unternehmenswerte, so nehmen es viele tagtäglich wahr, sind zugunsten des „Shareholder Value" in ein Ungleichgewicht geraten, sondern auch die „Werte der Führung", und zwar zugunsten hauptsächlich bonusorientierter, aber nicht immer zukunftsorientierter Führungskräfte. Beide Ungleichgewichte gilt es zu regulieren! Ansonsten setzt sich das Dilemma fort, dass der Gewinn kurzfristig steigt, aber der Unternehmenswert langfristig stagniert oder absinkt: Auf der einen Seite wird ein Unternehmenswert erfolgreich und wertschöpfend aufgebaut und auf der anderen Seite brechen Unternehmenswerte durch erfolglose Wertschöpfungsprozesse ein. Meist verlieren die immateriellen Unternehmenswerte („Green & Social Value", „Brand Value", „Customer Value", „Quality Value"). Genau dieses Führungsdenken, vorrangig und kurzfristig auf materielle Unternehmenswerte zu setzen und immaterielle Werte nur „scheinbar" und bei großen Defiziten (z.B. in der Qualität) anzugehen, soll durch ein besseres Verständnis der Bilanzierungspolitik materieller und vor allem immaterieller Unternehmenswerte korrigiert werden.

6 Zur bilanziellen Abbildung und Bewertung von Unternehmenswerten

Michael Sonnabend

Eine „Leadership-Roadmap“ kann nicht „ins Blaue“ konzipiert werden, sondern benötigt von den verantwortlichen Führungskräften eine klare Vorstellung über die Bedeutung, aber vor allem die Bewertung von einzelnen Unternehmenswerten im Jahresabschluss. Somit wird die bilanzielle Betrachtung und Bewertung von Unternehmenswerten zum „GPS“ bzw. zum „Navigationssystem“ der Führungskräfte. Umgekehrt argumentiert gilt es zu unterstellen, dass diejenigen Führungskräfte, die keinen Nachweis zum Unternehmenserfolg erbringen, d.h. ihre Tätigkeiten nicht im Sinne eines materiellen oder immateriellen Unternehmenswertes bilanziell darstellen können, keine Macht und keinen starken Einfluss im Unternehmen erzielen. Für sie bleibt letztlich nur die Aufgabe, sich immer und immer wieder „im Schaufenster der unternehmerischen Öffentlichkeit“ zu vermarkten, sich zu präsentieren **(„Mehr Schein als Sein“)** und mit einflussreicheren Partnern im Unternehmen zu vernetzen. Wirklichen politischen Einfluss auf die Entwicklung des Unternehmens haben die Führungskräfte und ihre Funktionsbereiche nicht.

Die Gestalter einer „Leadership-Roadmap“ werden rasch mit Themen wie „Value in Balance“ (Werte in der Bilanz), „Value Reporting“ (wertorientierte Berichterstattung), „Fair Value Accounting“ (zeitwertorientierte Bilanzierung), „Shareholder Value“ oder auch „wertorientierter Unternehmensführung“ konfrontiert: Diese bilanziellen Begrifflichkeiten und Konzeptionen sind in den Sprachgebrauch des Management- und Führungsalltags eingegangen. Dabei handelt es sich insgesamt um Konzepte, die – mehr oder weniger aussagekräftig und valide – versuchen, Unternehmenswerte gestaltbar, messbar, ja bewertbar zu machen. Führungskräfte müssen somit einerseits Rückschlüsse aus der Bedeutung und Bewertung von (immateriellen) Unternehmenswerten in der Bilanzierung für ihre Arbeit ziehen, andererseits müssen sie selbst durch die Kräftigung „ihres“ Unternehmenswertes – über Unternehmensberichte (Reporting) – „externe Stakeholder“ bzw. ihr Unternehmensumfeld beeinflussen. Schließlich soll auch das Vergütungssystem von der erfolgreichen Bewertung der jeweiligen Unternehmenswerte abhängig gemacht werden. Dies betraf in der Vergangenheit in besonderem Maße direkte Beiträge zur Umsatz-/Absatzsteigerung, zur

Effizienzsteigerung und im Allgemeinen zur Gewinnmaximierung und betrifft in zunehmendem Maße auch Beiträge zur Steigerung immaterieller Unternehmenswerte.

Damit werden auch die Führungskräfte „in der Linie" immer stärker von den Finanz- und Bilanzzahlen, die materielle und immaterielle Unternehmenswerte verkörpern, geführt. Die **Abhängigkeit der Führung von der Bilanzbetrachtung** hat auch deshalb zugenommen, da die technik-/produktorientierte Realwirtschaft durch eine personen-/serviceorientierte Dienstleistungsindustrie ergänzt wurde, wobei beide teilweise in einer „spekulativen und investmentorientierten Finanzwirtschaft" aufzugehen drohen („Aktien statt Anlagen", „Handel mit Unternehmen"). Selbst das Unternehmen als „berechenbares und stabiles Organisationssystem" wird infrage gestellt, da kurz- und wenige mittelfristige Planungen im Vordergrund stehen und nur noch bilanziell rentable Unternehmensbereiche erhalten werden. Damit entwickeln sich Unternehmen mehr und mehr zu „Netzwerkorganisationen" bzw. zu „Kooperations- und Partnerschaftsindustrien" („Industry Networks"), die nur noch die „bilanziell am stärksten ausgewiesenen Unternehmensteile" weltweit vernetzen und erhalten (KENIS, JANOWICZ-PANJAITAN, CAMBRÉ 2009).

Der Druck, bilanziell relevante Unternehmenswerte „manageriabel" zu machen, hat in Unternehmen deshalb zugenommen, da sich vielfach auch die Vergütungsstruktur (Boni) der Führungskräfte und Mitarbeiter im Management von Unternehmenswerten widerspiegelt. Allerdings erfolgt die Vergütungsstruktur nicht immer entlang einem nachweislich „erfolgreichen Management von Unternehmenswerten", sodass auch Missmanagement oder Dilettantismus von Führungskräften auf der Basis unternehmensschädlicher Arbeitsverträge belohnt werden. Kurzum: Erfolg, Nachhaltigkeit oder gar Leistung sind keine zwingenden Kriterien für eine herausragende Vergütung. Vielfach wird die rasche Bereicherung des Einzelnen zum wichtigen Ziel und das „nachhaltig erarbeitete und erfolgreiche Management von Unternehmenswerten" zu einem „Feigenblatt" für manche leistungsschwache, aber dafür „clevere und trickreiche (obere) Führungskräfte". So wurden Vorstände und Geschäftsführer nach wenigen Wochen und Monaten Tätigkeit mit sechs- bis siebenstelligen Euro-Beträgen abgefunden. Bei der Charakterisierung der relevanten Unternehmenswerte geht es auch nicht immer um Nachhaltigkeit. Das gestärkte Bewusstsein von einzelnen Unternehmen für den Unternehmenswert „Nachhaltigkeit" („Green Value") ist häufig von ökonomischen Zwängen getrieben, wie Energieeinsparungen, Reputationseffekte, veränderte Kundenwünsche oder neue Markt-/Investitionschancen. Dennoch kommt der Unternehmenswert „Nachhaltigkeit" den Bedürfnissen einer „umweltbewussten Gemeinschaft" stark entgegen und erreichte damit in den vergangenen Jahren bereits eine hohe gesellschaftliche Aufmerksamkeit. Es geht aber auch weniger um ethisch-moralische oder soziokulturelle Werte, sondern um den „Mehrwert" den ein Unternehmen für seine Eigentümer, seine Fremdkapitalgeber, seine Führungskräfte, eventuell seine Mitarbeiter und gegebenenfalls andere „Stakeholder" generiert. Es geht somit vorrangig um den „Unternehmenswert als Größe der Marktkapitalisierung".

Ethisch-moralische Begriffskategorien spielen in der „Bilanzwelt" also keine wesentliche Rolle. Wahrscheinlich kann ein ethisch zumindest zweifelhaft agierendes Unternehmen (umweltschädigend, zur Korruption neigend, in der Produktqualität fragwürdig, zur Ausbeutung von Mitarbeitern neigend) eine hervorragende Unternehmensbewertung ausweisen und eine hohe Marktkapitalisierung verzeichnen, während andere Unternehmen, einem – wie auch immer gearteten – sozialen, moralischen oder ökologischen Gewissen folgend, eine schlechte Leistungsbilanz („Bad Value-Performance") ausweisen. Der Eindruck bleibt, dass in den Jahresabschlüssen der lateinische Satz „Lucrum in acra, damnum in conscientia" (Gewinn in der Kiste, Schaden im Gewissen) Gültigkeit hat. Damit werden von den (oberen) Führungskräften in einer „Unternehmensbilanz" bzw. in einem veröffentlichten Jahresabschluss nicht irgendwelche (z.B. nachhaltigen) Unternehmenswerte betrachtet, sondern nur solche, die eine Auswirkung auf die gesetzlichen Grundlagen der Bilanzierung und der Unternehmensbewertung durch „Shareholder und Stakeholder" haben. Die Bewertung, Messung und Gestaltung von „erfolgsrelevanten Unternehmenswerten" steht bei Führungskräften im Vordergrund.

Bei der Abbildung und Bewertung von Unternehmenswerten stellen sich somit neben der bereits angesprochenen Festlegung des oberen Führungskreises auf die „richtigen Unternehmenswerte" folgende bilanzrelevanten Fragen für die Führungskräfte:

- Wie wirkt sich eine an Unternehmenswerten ausgerichtete Führungsarbeit auf das externe Berichtswesen im Rahmen der „Jahresabschlusspolitik" aus?

- Honorieren die an einer Unternehmenswertsteigerung interessierten Gruppen („Stakeholder") die Investitionen in ein Werteportfolio, das sowohl materielle als auch immaterielle Unternehmenswerte umfasst (z.B. eine zukunftsgewandte „Innovation Scorecard")? Werden beispielsweise auch Investitionen in die Mitarbeiter („Human Capital") wirklich anerkannt oder geht es vorrangig doch nur um die Optimierung des „Shareholder Value"?

- Wie wirkt sich ein kostenintensives Engagement in das Management von Unternehmenswerten auf die monetären Vergütungs- und Anreizsysteme der Führungskräfte aus? Profitieren nachfolgende Management-/Mitarbeiterebenen davon?

6.1 Der bilanzielle Druck der Unternehmenswertgestaltung auf die Führungskräfte

Um Unternehmenswerte messbar und gestaltbar zu machen, müssen Führungskräfte die vielfach komplizierten „rechnungstechnischen Denkrichtungen und gesetzlichen Vorgaben" erfassen: Führungskräfte müssen somit Faktoren des betriebliches Rechnungswesens, Bausteine des Jahresabschlusses, Ansätze der Berichterstattung kennen, um **die „wahren materiellen und immateriellen Werte der Bilanz"** zu verstehen. Die Bilanzierung selbst wird hierbei synonym für die Erstellung eines Jahresabschlusses verwendet. Damit haben sich Führungskräfte in die Techniken des Rechnungswesens, des Jahresabschlusses und der Berichterstattung hineinzuarbeiten, um über diese „Bilanzbrücke" ihren Unternehmenswert bewertbar und messbar zu machen bzw. ihre Managementstrategien auf ihren Unternehmenswert optimaler auszurichten.

Ähnlich wie beim klassischen Jahresabschluss werden auch in einer „wertorientierten Unternehmensführung" Einnahmen bzw. Erträge den entsprechenden Ausgaben und Aufwendungen (z.B. für das Humankapital) gegenübergestellt. Dabei hat sich eine größere Anzahl von „Rechnungskonzepten" entwickelt, die Daten des betrieblichen internen oder externen Rechnungswesens einbinden. Insofern werden Daten aus dem Rechnungswesen als Steuerungsgrößen verwendet. Inwieweit anschließend noch eine Modifikation des Datenmaterials erfolgen muss, hängt unter anderem von der „Qualität der Informationsverarbeitung" und dem ausgewählten „Rechnungslegungsstandard" sowie deren ökonomischer Nähe zur unternehmerischen Realität ab. Vereinfachend kann konstatiert werden: Je geringer das bilanzielle Gestaltungspotenzial oder gar die steuerlichen Einflüsse auf den erstellten Jahresabschluss sind, desto hochwertiger ist die Aussagekraft der erhaltenen Informationen für die wertorientierte Unternehmensführung. Auch darum scheint ein Jahresabschlussbestandteil wie die Kapitalflussrechnung, welche weitestgehend die „Manipulationen" der Bilanzpolitik aufdeckt, ein geeignetes Mittel für die wertorientierte Unternehmensführung zu sein (vgl. SONNABEND & RAAB 2009).

Führungskräfte wissen, dass (nach § 242 HGB) jedes Unternehmen zu Beginn seines Handelsgewerbes und für den Schluss eines jeden Geschäftsjahres einen das Verhältnis seines Vermögens und seiner Schulden darstellenden Abschluss aufzustellen hat, sofern es nicht (über § 241a HBG) von der Buchführungs- und Abschlusserstellungspflicht befreit ist. Der Jahresabschluss besteht aus einer Bilanz und einer Gewinn- und Verlustrechnung. Für Kapitalgesellschaften wird (gem. § 264 HGB) der Umfang des Jahresabschlusses um einen Anhang als weiteren Bestandteil erweitert. Zusätzlich ist ein Lagebericht aufzustellen (§ 289 HGB), sofern keine Befreiungsvorschrift greift. Dabei hat der Jahresabschluss (gem. § 264 Abs. 2 HGB) ein den tatsächlichen Verhältnissen entsprechendes Bild zur Vermögens-, Finanz- und Ertragslage der Kapitalgesellschaft zu vermitteln („True and Fair View").

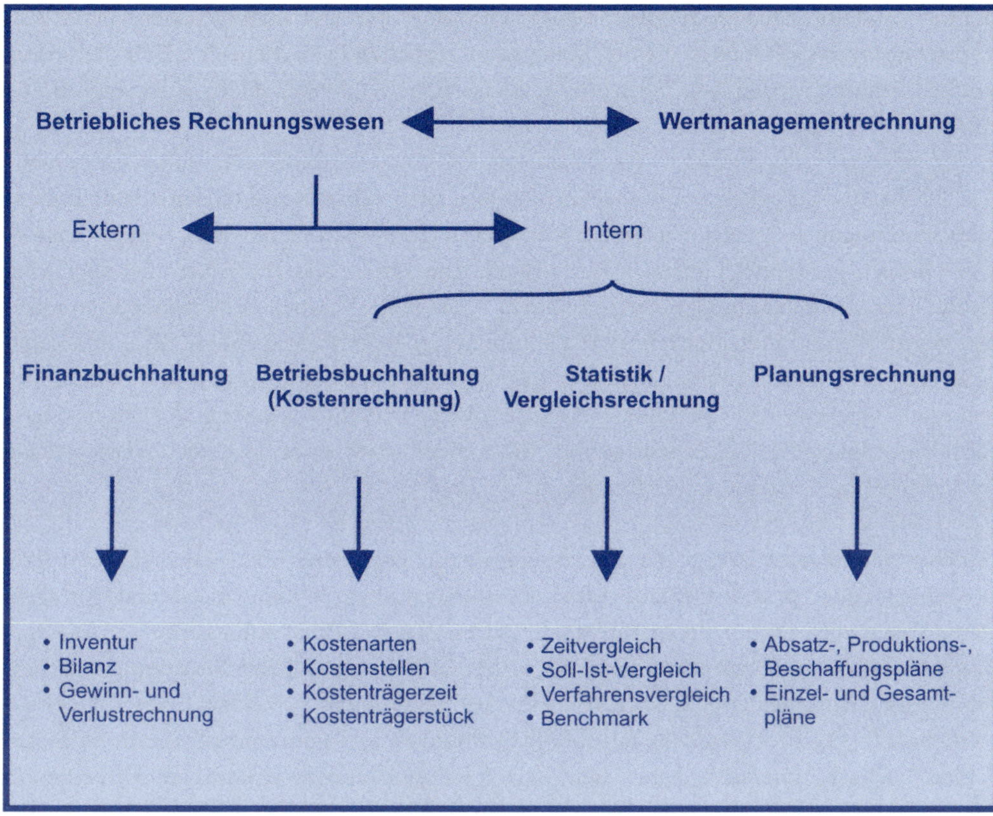

Abb. 9: Struktur des betrieblichen Rechnungswesens

Quelle: Sonnabend, Michael (2012)

Insofern ist die grundsätzliche Pflicht zur Aufstellung eines Jahresabschlusses im deutschen Handelsgesetz geregelt. Nicht konkret und abschließend geregelt ist jedoch, für wen und für welchen Zweck der Jahresabschluss zu erstellen ist. Da der Jahresabschluss ein Teil des gesamten betrieblichen Rechnungswesens ist, hilft Führungskräften eine Betrachtung der „Aufgaben des betrieblichen Rechnungswesens". Als betriebliches Rechnungswesen bezeichnet man die systematische, regelmäßige und/oder fallweise durchgeführte Erfassung, Aufbereitung, Auswertung und Übermittlung der das Betriebsgeschehen betreffenden quantitativen Daten (Mengen- und Wertgrößen). Das Ziel dieser erfassten Daten ist es, sie für Planungs-, Steuerungs- und Kontrollzwecke innerhalb des Betriebes sowie zur Information und Beeinflussung von Außenstehenden (beispielsweise von Gläubigern, potenziellen Investoren, Wirtschaftsmedien, Gewerkschaften) zu verwenden. Führungskräfte wiederum liefern Daten, letztlich Informationen, zur wertorientierten Unternehmensführung. Grundlage dieses „Informationssystems" bilden die Belege, welche die Geschäftsfälle dokumentieren. Ausgehend von den erfassten Daten werden in einem Prozess der Informationsverdichtung und Informationsverarbeitung zahlenmäßige Berichte (Status/Lageberichte, Jahresabschlüsse) erstellt und – häufig über einen eigenständigen Bereich „Unternehmenskommunikation" – den jeweiligen Interessensgruppen („Stakeholdern") zugänglich gemacht.

Die Rechnungslegung wird insgesamt als das kraftvollste Kommunikationsinstrument eines Unternehmens gegenüber seinen internen und externen Interessensgruppen angesehen. Deshalb versuchen Führungskräfte, durch ihre Daten und Informationen wiederum Einfluss auf die Rechnungslegung zu nehmen. Gerade im Rahmen der Finanzkommunikation gegenüber den individuellen oder institutionellen Eigenkapitalgebern, den Fremdkapitalgebern und Finanzanalysten, aber auch gegenüber der Wirtschaftspresse und den Ratingagenturen versucht das Unternehmen, seine Ziele, wie die „Senkung der Eigen- bzw. Fremdkapitalkosten", die „Stabilisierung des Aktienkurses" oder auch die „Verbesserung des Unternehmensimages", voranzutreiben.

Den heterogenen Zielen der Interessengruppen wird durch die gesetzlich geforderte Dokumentations- und Informationsfunktion des Jahresabschlusses Rechnung getragen. Damit sollen allen unternehmensrelevanten Adressaten möglichst verlässliche und aussagefähige Maßstäbe zur Beurteilung der finanziellen und wirtschaftlichen Situation des Unternehmens als Entscheidungsbasis (Entscheidungserheblichkeit) geliefert werden („Decision Usefulness"). Da aber Eigenkapitalgeber (Shareholder) und „unternehmensexterne Stakeholder" vielfach unterschiedliche Ziele verfolgen, sind Interessenkonflikte vorprogrammiert. Der obere Führungskreis, hier vor allem der Vorstand bzw. die Geschäftsführung, kann nicht alle Interessenlagen vollumfänglich berücksichtigen. Deshalb wird man sich im Rahmen der Bilanzpolitik auf eine Grundstrategie ausrichten (müssen): **Damit wird der Jahresabschluss im Wesentlichen von der Stärke der (außenstehenden) „Stakeholder und Shareholder" beeinflusst, da diese in Abhängigkeit ihrer Machtposition auch ihre Interessen (in den Dokumentationen wiederspiegelnd) umgesetzt sehen möchten**. Als Grundstrategie gilt bei einem (familiär geprägten) mittelständischen Unternehmen die „Substanzerhaltung" und damit auch die „Nachhaltigkeit der unternehmerischen Tätigkeit" als vorrangiges bzw. gar dominierendes Ziel. Insofern wird auch tendenziell – im Rahmen des gesetzlich Erlaubten und Möglichen – ein möglichst niedriger Gewinnausweis angestrebt, indem im Unternehmen stille Reserven gebildet werden, welche zunächst nicht für eine Ausschüttung zur Verfügung stehen („stille Selbstfinanzierung"). Ein unternehmensexterner Investor wiederum wird sein Hauptaugenmerk i.d.R. auf eine schnelle Refinanzierung, z.B. im Rahmen eines „Leveraged Buy-Out" (kreditfinanzierter Kauf eines Unternehmens durch Investoren) richten. Nur durch einen entsprechend gestalteten hohen Gewinnausweis ist auch die rechtliche Grundlage für höchstmögliche „Ausschüttungen" (Dividende) gegeben. Damit richtet sich seine Bilanzpolitik i.d.R. auf einen möglichst hohen Gewinnausweis und damit an einer „progressiven Bilanzpolitik" aus („Heuschrecken").

Die oberen Führungskräfte eines Unternehmens sind somit „Bilanzaufsteller bzw. Bilanzexperten“ und „Diener vieler Herren“, da unter anderem die Interessen von Banken, von Arbeitnehmern, von Lieferanten, des Fiskus und der Öffentlichkeit zu berücksichtigen hat. Die bestehenden „kodifizierten und nicht kodifizierten Rechnungslegungsvorschriften“ sollen zwischen den verschiedenen Interessen die „Sicherstellung von Individualansprüchen durch Normierung von Mindestinformationen, aber auch Mindestgeheimhaltungen“ gewährleisten.

Neben der dargestellten Dokumentations- und Informationsfunktion – auch zu immateriellen Unternehmenswerten – hat der (veröffentlichte) Jahresabschluss die Funktion der Zahlungsbemessung. Keine unternehmerische Tätigkeit, gleichgültig in welcher Rechtsform sie ausgeübt wird, stellt einen Selbstzweck dar. Vielmehr ist das Ziel der Geschäftsführung (bzw. des oberen Führungskreises), aus ihrem unternehmerischen Engagement einmalige oder periodische Zahlungsströme zu erhalten, die das eigene Einkommen und Vermögen steigern. Als Unternehmer ist dabei auch im weitesten Sinne jeder Eigenkapitalgeber anzusehen, auch wenn er nicht tatsächlich unternehmerisch operativ handelt und lediglich sein Geld zur Verfügung stellt. Das Verlustrisiko seines eingesetzten Kapitals macht ihn zum Unternehmer. Unterstellt man das Ideal eines ökonomisch handelnden Unternehmers, so wird dieser daran interessiert sein, das Unternehmen, welches ihm die Erzielung der Einkommensströme ermöglicht, zu erhalten, solange sich keine günstigere Investitionsalternative ergibt. Der Betrag, der dem Unternehmen als Einkommen entzogen werden kann, ist also immer durch den Betrag begrenzt, der im Unternehmen verbleiben muss, um zukünftige Einkommensströme zu sichern.

Wie dieser Betrag zu ermitteln ist, gehört zum Gebiet der „Unternehmenserhaltungskonzepte“. Die handelsrechtlichen Vorschriften folgen dagegen dem Grundsatz der „Nominalkapitalerhaltung“: Gewinn ist der Betrag, um den das Eigenkapital zum Schluss eines Geschäftsjahres das Eigenkapital zu Beginn des Geschäftsjahres übersteigt. Einlagen und Entnahmen sind dabei zu isolieren. Dieser Zusammenhang zwischen unternehmerischer Tätigkeit (wertorientierter Unternehmensführung) und dem Wunsch der Geschäftsführung bzw. des oberen Führungskreises, aus der Tätigkeit (ein hohes) Einkommen zu erzielen, macht das Instrument des Jahresabschlusses notwendig, um das zu erzielende Einkommen zu bemessen. Dieses ermittelte Ergebnis ist Grundlage für viele (ergebnisabhängige) Zahlungsansprüche, also die „Zahlungsbemessungsgrundlage“. Der Jahresabschluss und das damit ermittelte Jahresergebnis bildet somit die Grundlage zur Festlegung der Dividenden- und Steuerzahlungen, aber auch der „Tantiemevergütungen“, der „Provisionen“ und der „variablen Gehaltsbestandteile“, wie z.B. „Aktienoptionen“. Nicht zuletzt kann der gesamte Unternehmenswert am Wert des (gestiegenen) Eigenkapitals ermittelt werden und hat damit direkten Einfluss auf den Aktienkurs.

Wenn somit der Jahresabschluss eine wesentliche Bemessungsgrundlage für Vergütungen, Ausschüttungen und Wertsteigerungen darstellt, dann müssten doch auch Investitionen in einzelne Unternehmenswerte, wie beispielsweise den Mitarbeiterwert bzw. in die Kompetenzen und das Wissen der Mitarbeiter, einen konkreten Einfluss haben? Es kann unterstellt werden, dass Ausgaben und Auszahlungen für die Mitarbeiter negativ beurteilt werden, weil sie als Aufwand den (ausschüttbaren) Gewinn mindern. Wenn der Gewinn negativ beeinflusst sein sollte, welche Möglichkeiten existieren, um die zukünftigen Vorteile aus der Investition bereits zum Investitionszeitpunkt adäquat und transparent nachvollziehbar nach außen zu kommunizieren? Mit anderen Worten: **Welche Möglichkeiten bestehen bei der Unternehmens- und Finanzkommunikation, die getätigten Investitionen in die Mitarbeiter bilanziell auszuweisen**, um schlussendlich auch eine erfolgsabhängige Vergütung (auf der Basis des „Human Capital Value") für die Führungskräfte rechnerisch nachvollziehbar zu machen und zu verifizieren?

6.2 Die Unternehmensberichterstattung als Ansatz zur Abbildung von Unternehmenswerten

Seit Beginn der 90er-Jahre findet insgesamt eine intensivere Auseinandersetzung mit immateriellen Unternehmenswerten und ihrem Beitrag zum Unternehmenserfolg statt. Dabei spielt wiederum das Thema der „Bilanzierung von Kompetenzen und Wissen" (Mitarbeiterwert) eine besondere Rolle: Wenn es Möglichkeiten gibt, „Kompetenz- und Wissensinvestitionen" in den Jahresabschlüssen nicht nur als Aufwand, sondern auch als Wert darzustellen, hätte dies unmittelbar Einfluss auf die Unternehmensleistung und ebenso auf „ergebnisorientierte Vergütungssysteme". Zumindest ist es zu wesentlichen Veränderungen bzw. Neubetrachtungen in der Unternehmensberichterstattung gekommen, nachdem bereits „Großunternehmen" die **Möglichkeiten der Unternehmensberichterstattung über immaterielle Unternehmenswerte** (über die Anwendung von § 315a HGB auf Basis der IAS/IFRS) nutzen. Gerade für kapitalmarktorientierte Unternehmen, aber auch deren Vorstände und Führungskräfte ist die Außendarstellung sowohl ihrer materiellen als auch ihrer immateriellen Unternehmenswerte überlebenswichtig. Schließlich will man damit auch das „Rating" bzw. die Unternehmensbewertung beeinflussen. Da ein Rating auch die Vermögenslage analysiert, haben aktivierte Investitionen einen positiven Einfluss auf die Unternehmensbewertung. Zudem würde sich das Eigenkapital besser darstellen lassen, was wiederum zu günstigeren Kennzahlen führen würde. Aber auch wenn es nicht um die Interessenlage der Eigen- und Fremdkapitalgeber geht, bleibt der Einfluss einer Aktivierung von immateriellen Werten auf die Vergütungsansprüche, d.h. ihre Messbarkeit und zielorientierte Gestaltung, im Fokus der Beteiligten.

Wenn also Investitionen in einzelne Unternehmenswerte, wie beispielsweise den Mitarbeiterwert („Human Capital Value"), bilanziell über die Unternehmens-/Finanzkommunikation ausgewiesen werden, um damit auch eine erfolgsabhängige Vergütung für die Führungskräfte rechnerisch nachvollziehbar zu machen, wie sieht dann diese Art der Bilanzierung aus? Was in einer Bilanz aufgenommen und ausgewiesen wird, regeln grundsätzlich die

Bilanzansatzvorschriften (§§ 246 ff. HGB). Danach hat der Jahresabschluss sämtliche Vermögensgegenstände, Schulden, Rechnungsabgrenzungsposten sowie Aufwendungen und Erträge zu enthalten, soweit gesetzlich nichts anderes bestimmt ist. Erst danach ist zu klären, mit welchem Wert die zu „aktivierenden oder passivierenden Vermögensgegenstände und Schulden" in die Bilanz aufgenommen werden. Die **Abbildung von materiellen Vermögensgegenständen (Werttreibern)** in den Jahresabschlüssen der Unternehmen, wie z.B. Maschinen, Gebäude und Wertpapiere, ist in einer (unübersehbaren) Anzahl von Gesetzen und Bilanzierungsrichtlinien („International Accounting Standards") geregelt. Für den Bereich der immateriellen Vermögensgegenstände sind die Regelungen dagegen lückenhaft und teilweise schwerer nachvollziehbar. Dies macht auch den Zugang zur Bewertung, nicht zur Bedeutung, von immateriellen Unternehmens-/Vermögenswerten in der Bilanzierung schwer. **Die Entwicklung der Bilanzierungsvorschriften von immateriellen Werten ist jedoch durch die Umsetzung das Bilanzmodernisierungsgesetz („BilMoG") im Jahre 2009 vorangetrieben worden.**

Problematiken in der Berichterstattung gerade von immateriellen Unternehmenswerten sind wohl darin begründet, dass in den Jahresabschlüssen ein den tatsächlichen Verhältnissen entsprechendes Bild der Vermögens-, Finanz- und Ertragslage auszuweisen ist (vgl. § 264 HGB). Diese Eingrenzung auf vorrangig materielle Vermögenswerte lässt sich damit erklären, dass historisch betrachtet die Unternehmen mit „körperlichen" Vermögensgegenständen und den damit oder daran produzierenden Mitarbeitern ihre Wertschöpfung erzielten. Zudem war das (bilanzierte) Vermögen ein genaueres Abbild des „Schuldendeckungspotenzials" und zeigte potenziellen Gläubigern auf, welche Sicherheiten zur Verfügung stehen. Während auf der Aktivseite das (verwertbare) Vermögen ausgewiesen wird, steht auf der Passivseite der Bilanz korrespondierend die Herkunft der dafür benötigten Mittel. Betriebswirtschaftlich lässt sich die Aktivseite somit auch als Mittelverwendung (Investition) und die Passivseite als Mittelherkunft (Finanzierung) bezeichnen.

Da das deutsche Bilanzrecht ganz entscheidend vom Gläubigerschutz dominiert ist, sorgen eine Vielzahl von Bilanzierungsgrundsätzen, beispielsweise die „Grundsätze ordnungsmäßiger Buchführung" (GOB), dafür, **dass sich Unternehmen tendenziell eher ärmer als reicher darstellen müssen** (vgl. das „Niederstwertprinzip im Umlaufvermögen" und das „Imparitätsprinzip" nach §§ 252 und 253 HGB). **Das macht die Hinzunahme „werthaltiger immaterieller Unternehmenswerte" in die Bilanzierung nicht zwingend attraktiver**. Aus traditioneller Sicht stehen die „Finanzierung zur Aufrechterhaltung des betrieblichen Leistungsprozesses" und die „korrespondierende Bilanzierung des Unternehmensvermögens" in einem engen Zusammenhang. In der modernen Finanzierungslehre stehen hingegen die Investoren im Mittelpunkt der Betrachtung. Das Unternehmen hat dann „lediglich" unter Beachtung einer „Risiko-Ertrags-Strategie" das Vermögen der Eigenkapitalgeber zu vermehren. Insofern sind dann auch andere Bilanzierungsstandards notwendig. Das gesetzliche Angebot für den (europäischen) Markt sind die IFRS/IAS als Pendant zu den US-GAAP. Beiden Systemen gemein ist die Ausrichtung der Bilanzierung an den Interessen der Investoren, wogegen das HGB in seiner Grundtendenz auch nach Umsetzung des BilMoG weiterhin das Gläubigerschutzprinzip betont.

Eine wertorientierte Unternehmensführung rein auf Basis der Entwicklung des Unternehmenswerts am Kapitalmarkt auszurichten, hat seine Schwächen aufgezeigt, sodass der Ansatz des „kapitalmarktorientierten Shareholder-Value-Prinzips" seine Aufgabe nicht (mehr) zu erfüllen scheint. Ein erfolgreiches Management immaterieller Unternehmenswerte ist Ausgangsbasis für eine ganzheitliche Unternehmensberichterstattung im Jahresabschluss und im Lagebericht eines Unternehmens. Doch welchen Unternehmenszahlen können Anleger überhaupt noch trauen und welche konzeptionellen Mängel haften traditionellen Jahresabschlüssen und den Rechnungsgrundlegungssätzen sowohl für die Bilanzierungsstandards nach HGB, US-GAAP als auch IAS/IFRS an? Wann endet „legale Bilanzpolitik durch Ausnutzung des Gestaltungsrahmens" und wann beginnt (illegale) „Bilanzfälschung"? Sicherlich bleibt der Grundsatz: **Eine gute Bilanz ist in Wirklichkeit noch besser, eine schlechte Bilanz in Wirklichkeit oft noch schlechter!** Unternehmen versuchen, ihre schlechten Nachrichten in den Geschäftsberichten zu verstecken. Oftmals stehen auch Abschlussprüfer diesem Vorgehen machtlos gegenüber, da im Rahmen der Bilanzpolitik die jeweiligen Bilanzierungsmaßnahmen – insbesondere bei Anwendung des HGB vor Einführung des BilMoG – durch gezieltes Ausnutzen von Bilanzierungs- und Bewertungswahlrechten ein „Versteckspiel" zulassen.

Verschiedene Bilanzskandale haben bereits das Vertrauen von Anlegern in die Aussagen von Unternehmen erschüttert, womit auch die Zweifel an den veröffentlichten Daten in der Berichterstattung zugenommen haben. Gerade wenn das zu bewertende Vermögen aus immateriellen Unternehmenswerten besteht, scheint eine Verifizierung ihrer Werthaltigkeit nur schwer möglich: Wer kann schon exakt darlegen, welchen Wert ein Patent zu einem bestimmten Zeitpunkt wirklich hat? Dass die eher investorenfreundlichen Rechnungslegungsstandards des US-GAAP den **Ausweis von „Scheinwerten"** vereinfachte, war ein Grund, warum im Rahmen von sogenannten „Stresstests" viele bilanzierte Werte sich im Nachhinein als relativ wertlos darstellten. Bemerkenswert ist, dass die Änderungen des deutschen Bilanzrechts durch das BilMoG auf die Übernahme oder zumindest auf die Annäherung an die internationalen Rechnungslegungsgrundsätze ausgerichtet ist. Wie aber können Unternehmen dann im Rahmen des Jahresabschlusses **Wertsteigerungen durch Investitionen in ihre Führungskräfte und Mitarbeiter** überhaupt darstellen, zumal wenn diese aus eher nüchternen, mehr oder weniger gut aufbereitetem und abbildbarem Zahlenmaterial bestehen? Grundsätzlich stellt sich die Frage, ob der Jahresabschluss zusammen mit dem Lagebericht und gegebenenfalls einer Segmentberichterstattung und einer Kapitalflussrechnung für die **Darstellung von Unternehmenswertsteigerungen** tatsächlich das geeignete Medium darstellt („One Report").

Das deutsche Bilanzrecht ist in seiner Grundkonzeption durch die „einfache Maßgeblichkeit“ (§ 5 EStG der Handelsbilanz) für die Steuerbilanz gekennzeichnet. Danach gilt der Grundsatz, dass die Steuerbilanz der Handelsbilanz folgen soll und somit die Handelsbilanz maßgeblichen Einfluss auf die steuerliche Gewinnermittlung hat. Der Grundsatz der Maßgeblichkeit stellt somit das „Scharnier zwischen Handels- und Steuerbilanz“ dar. Diese an sich vorteilhaft zu wertende Verbindung, die nicht nur Kosten sparen soll, wird indes durch die Wahrnehmung steuerlicher Vorteile teilweise ad absurdum geführt. Dies beruht darauf, dass das Steuerrecht die Wahrnehmung steuerlicher Subventionen oftmals nur dann zulässt, wenn eine entsprechende Bilanzierung in der Handelsbilanz vorgenommen wird. Auf diese Weise werden außerfiskalische Zielsetzungen, die im Rahmen der Besteuerung zu staatlich gewollten Subventionen führen, in die Handelsbilanz hineingetragen. Als wichtigste Gruppe seien hier z.B. die steuerlichen Mehrabschreibungen und die Bildung steuerfreier Rücklagen (zum Beispiel nach § 7g oder § 6b EStG) genannt. Durch diese Umkehrung des Maßgeblichkeitsgrundsatzes (umgekehrte Maßgeblichkeit; § 5 Abs.1 Satz 2 EStG) nimmt das Steuerrecht Einfluss auf die Ermittlung der Unternehmenszahlen und damit direkt Einfluss auf die Darstellung von Wertsteigerungen bzw. Wertvernichtungen. Wenn dann die Unternehmen aus Kostengründen und soweit rechtlich möglich eine „Einheitsbilanz“ erstellen, dann ist es mit einem Ansatz der immateriellen Unternehmenswerte vorbei, denn § 5 EStG verbietet kategorisch den Ansatz immaterieller Wirtschaftsgüter des Anlagevermögens, wenn diese nicht entgeltlich erworben wurden. Da international eine Verknüpfung zwischen der Handelsbilanz und der Steuerbilanz so gut wie unbekannt ist, ist eine Vergleichbarkeit deutscher Jahresabschlüsse mit internationalen Jahresabschlüssen oftmals schwierig, wenn nicht sogar unmöglich. Einen ersten Schritt zur „ehrlicheren“ und vom Steuerrecht entkoppelten Bilanzierung ist durch die Umsetzung des BilMoG eingeleitet worden. Nach der Gesetzesbegründung soll mit der Modernisierung des Bilanzrechts das Ziel verfolgt werden, den Unternehmen eine gleichwertige, aber einfachere und kostengünstigere Alternative zu den „International Financial Reporting Standards“ zu bieten. Dabei bleibt der Jahresabschluss Grundlage der Gewinnausschüttung und es werden die Vorzüge der Maßgeblichkeit des handelsrechtlichen Jahresabschlusses für die steuerliche Gewinnermittlung bewahrt. Zudem bleiben die Eckpfeiler der handelsrechtlichen Rechnungslegung ebenso bestehen wie das System der „Grundsätze ordnungsmäßiger Buchführung“.

Kleinere Unternehmen sind nicht unbedingt Gegenstand einer Unternehmensberichterstattung („Value Reporting“). Spätestens bei den Gesprächen mit potenziellen Investoren oder den kreditgebenden Banken stehen aber auch diese Unternehmen vor der Aufgabe, ihre wertsteigernden Faktoren zu präsentieren. Dies umso mehr, als dass die Kreditvergabe an sich bzw. der Kreditzins wesentlich vom „Rating der Kreditgeber“ abhängt. Basel II und nunmehr Basel III verschärfen diese Ratingsituation, sodass die **Unternehmen immer stärker gezwungen werden, neben ihren materiellen auch die immateriellen Unternehmenswerte, die den Unternehmenserfolg belegen, zu kommunizieren.**

Jahresabschlüsse und Lageberichte werden vielfach in Geschäftsberichte eingebunden und zusammen mit zusätzlichen Informationen veröffentlicht. So bekommt ein bestimmter, aber auch interessierter (anonymer) Personenkreis nähere Informationen zum Unternehmen zur Verfügung gestellt, welche aus dem reinen Zahlenmaterial des Jahresabschlusses nicht erkennbar sind. Dies können zum Beispiel Informationen über zukünftige Investitionen, die Beschäftigungslage, Auftragseingangslage oder Entwicklung neuer Produktlinien sein. Diese Informationen, welche nicht Bestandteil des gesetzlichen Jahresabschlusses oder des Lageberichts sind, werden nur in stark eingeschränkten Umfang seitens der Abschlussprüfer auf deren Richtigkeit überprüft. Meistens bleibt es bei einem „kritischem Lesen" (vgl. IDW PS 202, Tz. 6ff). Für den externen Bilanzleser wiederum droht ein „Bilanzierungs- und somit Informationswirrwarr". Nicht nur dass der „Wahrheitsgehalt der veröffentlichten Informationen" an sich geprüft und beurteilt werden muss, sondern durch die Hinwendung zur internationalen Rechnungslegung muss nun auch aus einer Vielzahl von „Bilanzen" die Informationsgewinnung erfolgen. Dies könnte zum Beispiel der „US-GAAP Jahresabschluss für die SEC" sein, der „IFRS-Konzernabschluss für die Veröffentlichung" in Deutschland, der „IFRS-Einzelabschluss für Informationszwecke" auf freiwilliger Basis (zum Beispiel für Banken oder internationale Geldgeber), der „HGB-Einzelabschluss für Ausschüttungszwecke", die „Steuerbilanz für die Steuerdeklarationspflichten" und nicht zuletzt die „interne Bilanzierung für das Controlling". Dazu käme dann noch die Erweiterung um Zwischen-, Quartals- und unter Umständen auch Monatsberichten. Da inzwischen der (internationale) Kapitalmarkt aber eine immer größere Bedeutung für die Unternehmensfinanzierung gewinnt – zum Beispiel durch die Emission von Aktien oder Anleihen –, ist es für die Investitionsentscheidung der Anleger notwendig, ausreichende und richtige Informationen bereitzustellen, damit jene ihre Entscheidungen auf Grundlage einer „true and fair presentation" treffen können. Insofern ist eine transparente Rechnungslegung wichtig, um die „asymmetrischen Informationsverteilungen" abzubauen und den nun immer mehr in den Mittelpunkt rückenden Investoren die Informationen bereitzustellen, die sie für ihre Entscheidungen benötigen. Die internationale Anerkennung des IFRS ist ein erster Meilenstein zur Vereinheitlichung und schlussendlich zur Vereinfachung.

6.3 Führungskräfte: Ihre Investitionen in Kompetenzen und Wissen von Mitarbeitern

Wenn die immateriellen Unternehmenswerte für den Unternehmenserfolg im verstärkten Umfang bedeutsam sind, dann stellen sich aus Sicht der Bilanzierung die Fragen, welche konkreten Vermögenswerte damit gemeint sein könnten, welche Aufwendungen für diese entstehen und wie sie in dem Jahresabschluss abgebildet werden (können).

Die Industriegesellschaft hat sich bereits zur Dienstleistungsgesellschaft gewandelt, wobei eine klare Aufteilung in Industrie- und Dienstleistungssektor schwierig und verwirrend ist. Große, klassische Industrieunternehmen generieren heute einen beachtlichen Anteil ihrer Umsätze nicht mehr durch die „Industrieproduktion", sondern durch das nachgelagerte Servicegeschäft. Manche Unternehmen haben sich vom Produktlieferanten zum „Full-Service Provider" entwickelt. Teilweise lassen sich Produkte nur noch dann verkaufen, wenn anschließend ein entsprechender Service erbracht bzw. vorab garantiert werden kann. Die Ausgaben und Aufwendungen für Serviceleistungen steigen bei den meisten Unternehmen, womit auch die kompetenz- und wissensbasierten Investitionen zunehmen: Technische Lösungen, Software und weitere immaterielle Werte bestimmen den Leistungsprozess. Noch gravierender ist die Lage, wenn Produkte unter den eingesetzten Kosten verkauft werden müssen und dann (lediglich) mit den anschließenden Serviceaufträgen tatsächlich Gewinne erzielt werden können. Kurzum: Der Dienstleistungsanteil am Produkt steigt! Bemerkenswert ist der Trend, dass die nachgelagerten Dienstleistungen nicht mehr (nur) die Wartung oder Reparatur betreffen („Brawn Services"), sondern verstärkt in das Projektmanagement, das Consulting oder das (Re-)Engineering („Brain Services") übergehen. Somit rückt auch hier das Kompetenz- und Wissensmanagement und dessen Außendarstellung in den Fokus der Bilanzierungswelt. **Das „Erarbeiten" von Kompetenzen und Wissen (Know-how), dessen Management sowie langfristige Lern- und Entwicklungsprozesse ist in vielen Branchen zu einem zentralen Wertreiber geworden.** Dies erkennt man auch daran, dass sich der Bereich des Kompetenz- und Wissensmanagements im betriebswirtschaftlichen Diskurs sehr stark ausgeweitet hat. Begriffe wie „unternehmerische Intelligenz", „Kompetenzmanagement" und „Change Management" gehören mehr und mehr zum Alltag von Führungskräften. Und doch stellt sich die Frage: **Was bringt der Einsatz von Ressourcen in das Kompetenz- und Wissensmanagement dem Unternehmen und welche Vorteile haben Führungskraft und Mitarbeiter aus ihrem Engagement, in ihre Kompetenzen und in ihr Wissen zu investieren?**

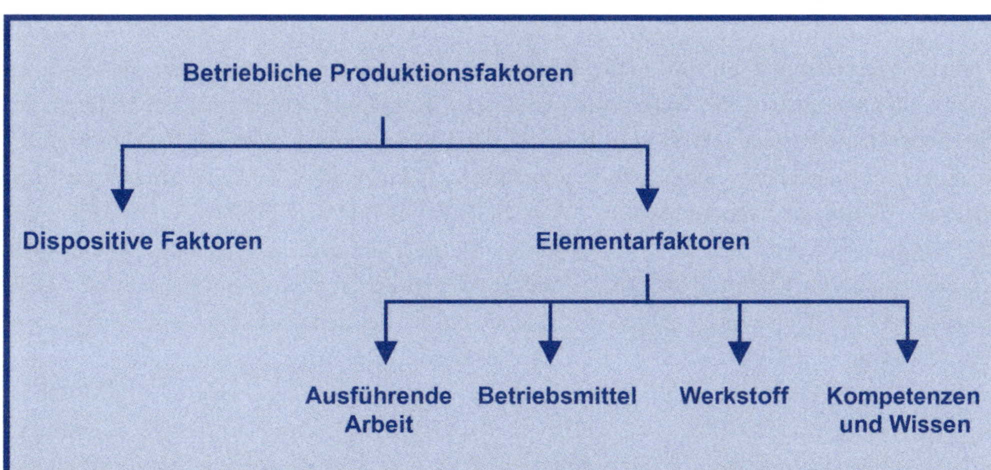

Abb. 10: Betriebliche Produktionsfaktoren

Quelle: Sonnabend, Michael (2012)

Bei der Bilanzierungsbetrachtung sollen nicht die unternehmensinternen Vergütungs- und Bewertungsstrukturen betrachtet werden: Interne Zielvereinbarungen, deren Einhaltung und anschließende Vergütung sind nach außen, zumindest im Rahmen der Jahresabschlussdaten, nicht kommunizierbar. Es geht vor allem darum, ob Außenstehende anhand der veröffentlichten Daten eines Jahresabschlusses und eines Lageberichts in der Lage und bereit sind, Kompetenz- und Wissensmanagement zu honorieren: **Würdigt der (Kapital-) Markt die Investitionen in das Kompetenz- und Wissensmanagement** und ist er bereit, dem Unternehmen auch einen höheren Wert zuzusprechen, welcher sich eben nicht unmittelbar auf den Gewinn oder sofort auf den „Cashflow" positiv auswirkt? Und sollte der Kapitalmarkt positiv auf Investitionen in Kompetenzen und Wissen reagieren, wie kommt der „Stakeholder" an diese Informationen über derartige Investitionen bzw. Kompetenz- und Wissensleistungen eines Unternehmens? Interne Berichte werden ihm nicht zugänglich sein und Aussagen wie „Unsere Mitarbeiter sind unser höchstes Gut" oder „Der Mitarbeiter steht im Mittelpunkt" oder „Wir müssen die Mitarbeiter mitnehmen" bleiben vielfach Worthülsen. Es geht also um die Fragen, die ein höheres Maß an Nachvollziehbarkeit und Messbarkeit im Blickpunkt haben:

- Welche Werte sind stark kompetenz- und wissensbasiert und wie werden sie im Jahresabschluss, im Lagebericht oder im Geschäftsbericht eines Unternehmens dargestellt?
- Kann der Jahresabschluss auch hinsichtlich seiner „Zahlungsbemessungsfunktion" in Bezug auf die Gestaltung kompetenz- und wissensorientierter Investitionen optimiert werden?
- Welche Berechnungs- und „Performance"-Modelle lassen sich aus den Jahresabschlussdaten ableiten, um transparente und nachvollziehbare Vergütungsmodelle zu entwickeln?

Kompetenzen und Wissen sind nicht materiell oder gegenständlich. Folglich müssen kompetenz- und wissensbasierte Werte immateriell sein. Tatsächlich ist dem aus der Industriebetriebslehre stammenden HGB der Begriff der „immateriellen Vermögensgegenstände" bekannt, wenn auch nur eingeschränkt anwendbar. Nicht zuletzt hat der Arbeitskreis „Immaterielle Werte im Rechnungswesen" (vgl. SCHMALENBACH-GESELLSCHAFT FÜR BETRIEBSWIRTSCHAFT E.V. 2001) angemerkt, dass die externe Rechnungslegung trotz der Reformen von 1965 und 1985 weiterhin im Wesentlichen auf die Erfassung und Abbildung materieller Werte ausgerichtet ist. In einer Studie bei den im C-Dax notierten Unternehmen wurde der Einfluss interner Faktoren, wie das „Human-, Struktur- oder Innovationskapital", auf den Unternehmenserfolg als besonders wesentlich bewertet (vgl. PRICE-WATERHOUSECOOPERS, GÜNTHER & BEYER 2003). Die Europäische Kommission fasst die Bedeutung der immateriellen Vermögenswerte wiederum wie folgt zusammen: „Today, a firm's intagible assets are often the key element in its competitiveness" (vgl. EUSTACE & EUROPEAN COMMUNITIES 2001: 6).

Aus einer Umfrage geht hervor, dass jedes vierte Unternehmen der Konsumgüter- und Handelsbranche mindestens 40 % des Gesamtvermögens nicht bilanzieren kann, weil es sich um immaterielle Vermögensgegenstände handelt (vgl. KPMG 2008): Im Jahr 1985 lag der Anteil der materiellen Werte am Marktwert der im S & P 500 Index gelisteten Unternehmen bei 67,6 %, der der immateriellen Werte bei 32,4 %; bereits 2005 betrug der Anteil materieller Werte nur noch 20,3 %. Folglich ist es auch nicht verwunderlich, dass die an dieser Umfrage beteiligten Unternehmen die Erwartung hatten, dass immaterielle Vermögenswerte in Zukunft „bilanzierbarer" werden und sich diese in Steuerungs- und Managementinformationssyteme integrieren lassen.

Nach SCHOLZ (vgl. 2004) lassen sich die Werte eines Unternehmens wie folgt typologisieren:

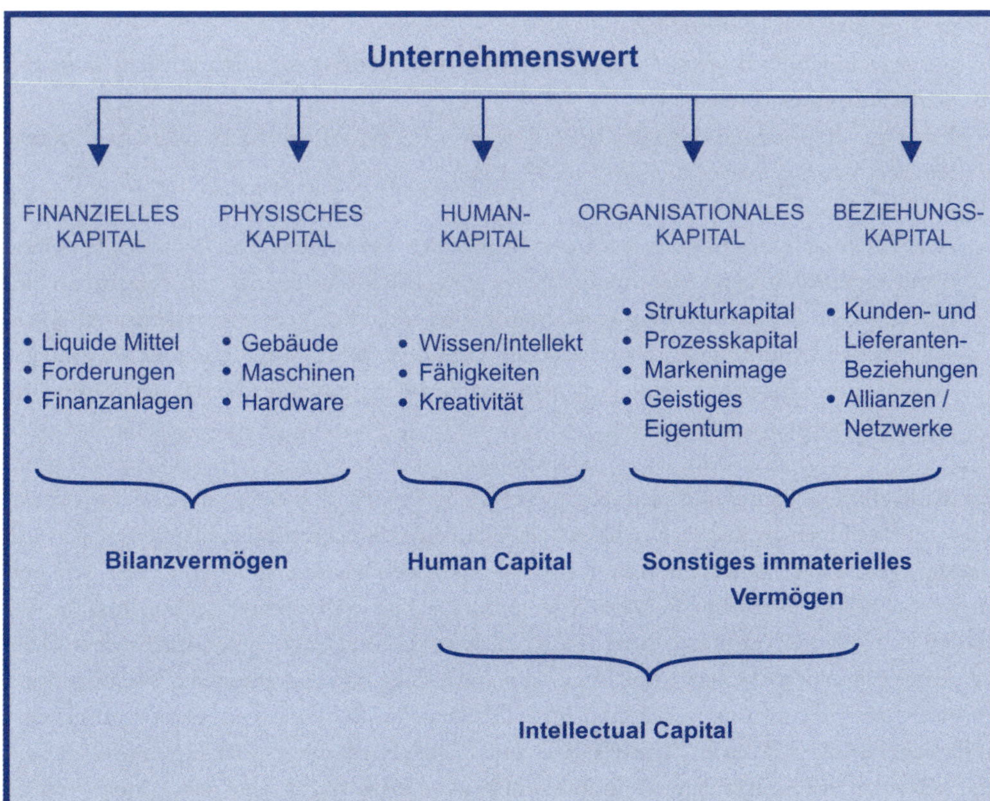

Abb. 11: Immaterielle Unternehmenswerte

Quelle: Sonnabend, Michael (2012) in Anlehnung an Scholz, Christian; Stein, Volker; Bechtel, Roman (2004): Human Capital Management – Wege aus der Unverbindlichkeit, München

Kompetenzen und Wissen und damit die Investitionen in die Fähigkeiten der Mitarbeiter werden dem sogenannten „Humankapital" zugeordnet. Doch wie kann das Humankapital im Jahresabschluss und damit in der externen Berichterstattung im Sinne eines „Human Capital Reporting" dargestellt werden? Die EUROPEAN COMMISSION – DIRECTORATE FOR EMPLOYMENT; SOCIAL AFFAIRS AND EQUAL OPPORTUNITIES (vgl. 2007) definiert Humankapital „als die Fähigkeiten und Fertigkeiten sowie das Wissen, das in Personen verkörpert ist und das durch Ausbildung, Weiterbildung und Erfahrung erworben werden kann". Es stellt also das Ergebnis von Investitionen in die (lernfähigen) Mitarbeiter dar. Das Humankapital ist ein Bestandteil der immateriellen Werte (neben „Customer Capital", „Supplier Capital", „Process Capital", „Innovation Capital", „Location Capital" oder „Investor Capital") eines Unternehmens. Um nun immaterielle Unternehmenswerte in der Rechnungslegung einordnen zu können, ist folgende Abgrenzung notwendig:

- Handelsrechtlich wird (gem. §§ 246 und 248 Abs. 2 HGB) von (immateriellen) Vermögensgegenständen gesprochen.
- Steuerrechtlich wird (gem. § 5 Abs. 2 EStG) der Begriff des (immateriellen) positiven Wirtschaftsgutes verwendet.
- Nach den Regelungen des IAS/IFRS bzw. den US-GAAP ist die Bezeichnung (immaterieller) Vermögenswert üblich (IAS 38; 1998).

Aus Vereinfachungsgründen wird der Begriff des Vermögenswertes verwendet (ohne damit regelmäßig einer Beschreibung des IAS/IFRS-Wertbegriffs zu folgen). In der Terminologie der Bilanzierung ergeben sich aber inhaltlich keine bemerkenswert unterschiedlichen Definitionen für immaterielle Vermögenswerte. Im Kern wird ein immaterieller Vermögenswert als ein identifizierbarer, nicht monetärer Vermögenswert ohne physische Substanz beschrieben.

Für die Rechnungslegung muss jedoch eine spezielle Einordnung des immateriellen Vermögenswertes erfolgen. Sollen Rückschlüsse aus den veröffentlichten Bilanzdaten bezogen auf das Management von Kompetenzen und Wissen gezogen werden, so ist zu klären: Wie und wo werden solche Werte im Rahmen von Jahresabschlüssen berichtet („Reporting")? Wie werden immaterielle Vermögenswerte in der Bilanz aktiviert? Nach handelsrechtlicher „Lesart" können auf der Aktivseite der Bilanz nur (materielle oder immaterielle) Vermögensgegenstände aktiviert werden. Zwar sind im HGB einzelne Beispiele von Vermögensgegenständen aufgezählt (z.B. nach § 240 HGB Grundstücke, Forderungen, Betrag des baren Geldes), an einer grundsätzlichen Definition fehlt es jedoch. Somit liegt ein „unbestimmter Rechtsbegriff" vor, dessen Konkretisierung den Grundsätzen ordnungsgemäßer Buchführung vorbehalten bleibt. Nach überwiegender Meinung liegt ein Vermögensgegenstand dann vor, wenn er einzeln bewertbar und veräußerbar ist. Nach FEDERMANN (vgl. 2000) lässt sich eine differenzierte Umschreibung des handelsbilanziellen Objekts „Vermögensgegenstand" wie folgt vornehmen:

- Konkretisierung als wirtschaftlicher Wert (Sachen, Rechte und sonstige wirtschaftliche Vorteile)
- Selbstständige Bewertungsfähigkeit (einzelobjektbezogene Zurechenbarkeit von Aufwendungen, Verwendbarkeit eines bestimmten Wertmaßstabes)
- Selbstständige Verwertbarkeit (konkrete Fähigkeit, im Handelsverkehr selbstständig gegen Entgelt verwertet zu werden, z.B. durch Veräußerung oder Nutzungsüberlassung).

Der steuerliche Begriff des „Wirtschaftsguts" umfasst Sachen und Rechte im bürgerlich-rechtlichen Sinne sowie sonstige wirtschaftliche Vorteile, die a) durch eindeutig und klar abgrenzbare Aufwendungen erlangt wurden (Entgeltlichkeit), b) dem Betrieb einen über das Ende des Wirtschaftsjahrs hinausgehenden Nutzen bringen und c) selbstständig bewertungsfähig sind. Sollte ein Vermögensgegenstand abstrakt vorliegen, ist anschließend die konkrete Bilanzierungsfähigkeit zu klären. Konkret bedeutet dies, dass der Vermögensgegenstand rechtlich oder wirtschaftlich dem Unternehmen zuzurechnen ist. Zudem muss er dem Unternehmen zugeordnet sein und diesem (zumindest für das Steuerrecht) nicht schaden (verlustbringende Wirtschaftsgüter). Sofern dann kein Aktivierungswahlrecht oder ein Aktivierungsverbot vorliegt, hat die Aufnahme auf der Aktivseite zu erfolgen. Erst nach der Frage der Aktivierungsfähigkeit ist dann in einem zweiten Schritt die Bewertung beim Zugang und in den folgenden Perioden zu prüfen.

Für die Frage der abstrakten und konkreten Aktivierungsfähigkeit spielt es zunächst keine Rolle, ob der zu aktivierende Gegenstand materieller oder immaterieller Natur ist. Entgegen dem internationalen Recht ging das HGB jedoch bis zur Umsetzung des BilMoG (gem. § 248 Abs. 2 HGB) von einem Aktivierungs**verbot** von immateriellen Vermögensgegenständen des Anlagevermögens (welche nicht entgeltlich erworben werden) aus. Damit war die Frage der „Materialität" und des Ausweises im Anlagevermögen in der Folge von entscheidender Bedeutung. Ein Ausweis im Anlagevermögen hat (gem. § 247 Abs. 2 HGB) dann zu erfolgen, wenn die entsprechenden Vermögensgegenstände dazu bestimmt sind, dem Geschäftsbetrieb dauerhaft zu dienen. Dabei kommt es weniger auf die tatsächliche Nutzung als vielmehr auf das ursprüngliche Vorhaben an. Im Umkehrschluss sind die Vermögensgegenstände, die nicht dem Anlagevermögen zuzuordnen sind, im Umlaufvermögen auszuweisen. Mit § 248 Abs. 2 HGB sollte gewährleistet werden, dass nur solche Werte einer Aktivierung zugänglich gemacht werden, deren Eigenschaft als Vermögensgegenstand bzw. deren Wert sich bereits am Markt bestätigt hat. Als Folge des „Vorsichtsprinzips" scheint es gerechtfertigt zu sein, dass für Werte, die noch von keinem Markt bestätigt wurden, auch keine Aktivierung und damit einhergehend eine Vergrößerung des Vermögens und des

Schuldendeckungspotenzials erfolgen sollte. Gläubiger sollten davor geschützt werden, Vermögensgegenstände als Sicherheiten zu „akzeptieren", deren Wert in einer tatsächlichen Verwertung, z.B. im Rahmen einer Insolvenz, zumindest unsicher ist. Für Vermögensgegenstände, die dem Umlaufvermögen zuzuordnen sind, kann dagegen eine entsprechende Marktnähe unterstellt werden, sodass für diese immateriellen Vermögensgegenstände das Aktivierungsverbot nicht zur Anwendung kommt. Durch das (strenge) Niederstwertprinzip ist gewährleistet, dass bei fehlendem Marktwert eine Abschreibung auf den beizulegenden niedrigeren Marktwert zwingend vorzunehmen ist.

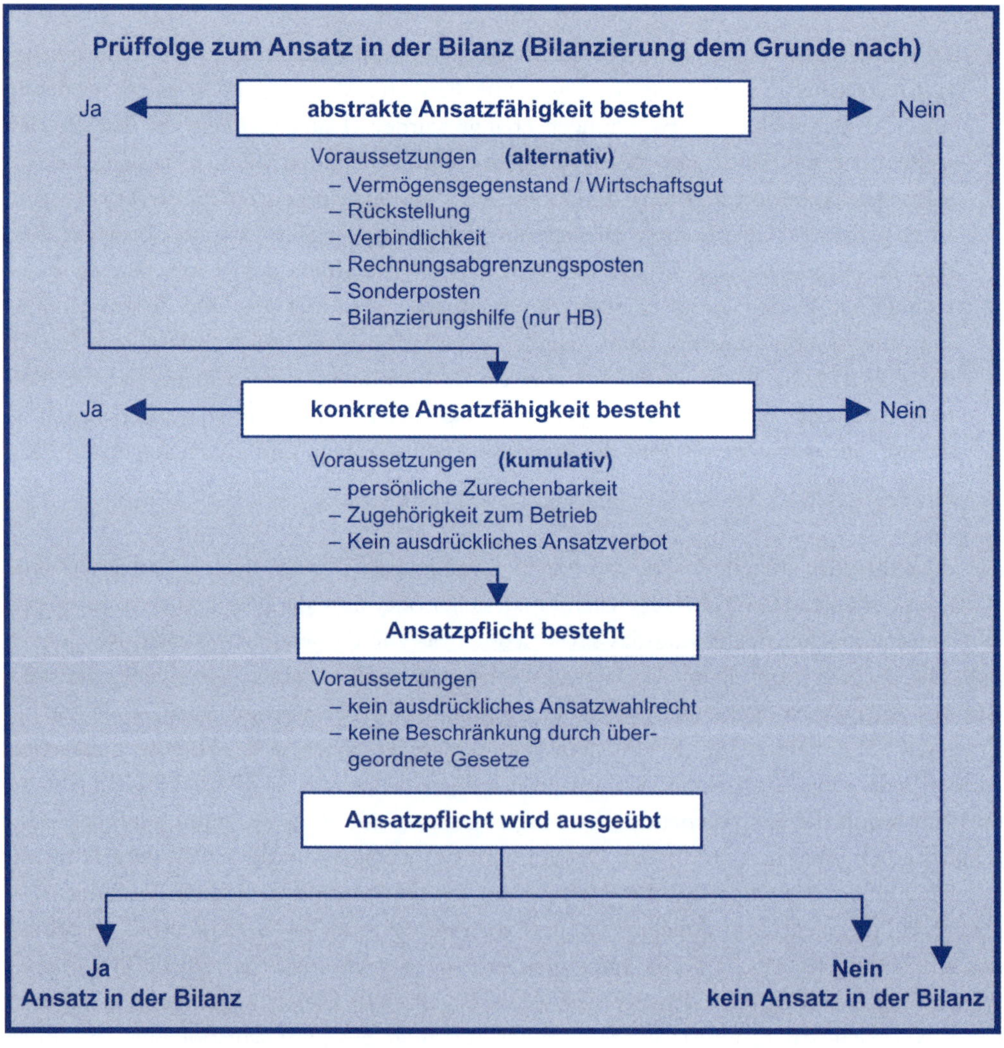

Abb. 12: Prüffolge der Ansatzpflicht nach HGB

Quelle: Sonnabend, Michael (2012)

Dagegen ist die internationale Rechnungslegung tendenziell investorenorientiert. Der Gläubigerschutz steht nicht im Vordergrund. Die Erkenntnis, dass durch den Wandel von der Industrie- zur Dienstleistungsgesellschaft auch ein Wandel in den zu aktivierenden Werttreibern einsetzen muss, hat sich in der Entwicklung der IAS/IFRS frühzeitig durchgesetzt. Erhebliche Teile des Gesamtvermögens eines Unternehmens betreffen immaterielle Vermögenswerte. Exemplarisch sind hier Patente, Markennamen, Schutzrechte, Drucktitel, Internetauftritte sowie Computersoftware zu nennen. IAS 38 regelt den Ansatz, die Bewertung, die Anhangangaben und den Ausweis erworbener oder selbst erstellter immaterieller Vermögenswerte des Anlagevermögens. IAS 38 ist damit die zentrale Norm zur Aktivierung von immateriellen Werten (selbst wenn diese nicht entgeltlich erworben wurden). Grundsätzlich stellt sich jedoch auch in der Rechnungslegung nach den IAS/IFRS das Problem des Nachweises der Werthaltigkeit solch eines Vermögenswertes. Um auch hier keine „Luftschlösser" einer Aktivierung zugänglich zu machen, werden in IAS 38 strikte Kriterien als Voraussetzung für eine Aktivierung genannt. Demnach ist (gem. IAS 38.8) ein immaterieller Wert ein identifizierbarer, nicht monetärer Vermögenswert ohne (wesentliche) physische Substanz. Er muss sich (nach IAS 38.10) in der Verfügungsmacht des Unternehmens befinden und einen künftigen wirtschaftlichen Nutzen verkörpern. Als Voraussetzungen sind dabei zu beachten:

1. **Identifizierbarkeit:** Diese liegt vor, wenn (nach IAS 38.11 und IAS 38.12) der immaterielle Vermögenswert sich eindeutig vom „derivativen Geschäfts- oder Firmenwert" unterscheidet, d.h. separieren lässt. Separieren bedeutet hierbei die Fähigkeit, den immateriellen Wert unabhängig vom derivativen Firmen- oder Geschäftswert oder anderen Vermögenswerten einzeln zu verwerten (veräußern), zu tauschen oder zu vermieten.

2. **Verfügungsmacht**: Diese besteht (nach IAS 38.13 bis IAS 38.16) dann, wenn dem Unternehmen der wirtschaftliche Nutzen aus der Ressource zufließt und es Dritte rechtlich und/oder faktisch von der Nutzung ausschließen kann. Damit scheint bereits hier die Aktivierung von Fachwissen der Mitarbeiter ausgeschlossen, da diese (jederzeit) zu einem anderen Arbeitgeber wechseln könnten.

3. **Künftige wirtschaftliche Nutzen**: Ein wirtschaftlicher Nutzen liegt (nach IAS 38.17) vor, wenn aus und mit der Ressource die Erzielung von Einnahmen aus Produktverkäufen oder der Erbringung von Dienstleistungen möglich ist. Zudem kommen auch Kosteneinsparungen oder weitere Vorteile, die dem Unternehmen aus der eigenen Verwendung des Vermögenswertes entstehen, infrage.

Neben den drei besonderen Ansatzkriterien sind aber auch die Ansatzvoraussetzungen nach IAS 38.21 kumulativ zu erfüllen. Demnach ist ein immaterieller Vermögenswert nur dann zu aktivieren, wenn

a) wahrscheinlich ist, dass dem Unternehmen künftig ein wirtschaftlicher Nutzen aus dem Vermögenswert zufließen wird und

b) die Anschaffungs- und Herstellungskosten verlässlich ermittelt werden können.

Wenn die speziellen Definitionskriterien eines immateriellen Vermögenswertes und die Ansatzvorschriften (gem. IAS 38.21) vorliegen, ist der Bilanzansatz zwingend. Bei selbst erstellten immateriellen Vermögenswerten sind (zur Sicherheit) zusätzlich die postenspezifischen Ansatzkriterien (gem. IAS 38.57a–f) zu erfüllen. Zudem ist zu beachten, dass der Erstellungsprozess eines immateriellen Wertes in eine Forschungsphase und eine Entwicklungsphase unterteilt wird. Eine Aktivierung von Forschungsausgaben ist (gem. IAS 38.54) verboten! Hingegen können unter der Voraussetzung weiterer Kriterien die Entwicklungsaufwendungen aktiviert werden. Zu beachten sind auch die geltenden expliziten Bilanzierungsverbote gem. IAS 38.48 (selbst geschaffener Geschäfts- oder Firmenwert), IAS 38.63 (selbst geschaffene Markennamen, Drucktitel, Verlagsrechte, Kundenlisten) und IAS 38.69 (Ausgaben für Aus- und Weiterbildungsmaßnahmen, Werbekampagnen). Zwar ergeben sich auch unter den Bedingungen der IAS/IFRS noch (zum Teil wesentliche) Einschränkungen bei der **Aktivierung für Aufwendungen in das Kompetenz- und Wissensmanagement**, ein restriktives Ansatzverbot wie im HGB besteht jedoch nicht.

Im Rahmen der Angleichung an internationales Recht wurde das deutsche Handelsrecht durch die Regelungen des BilMoG angepasst. Die Anpassung basiert nicht zuletzt auf der Grundlage der für das Konzernrecht bindenden Standards des DRSC. Konkret soll ein entgeltlich erworbener immaterieller Vermögenswert (nach DRS Nr. 12) dann aktivierbar sein, wenn er folgende Kriterien erfüllt:

- Es ist wahrscheinlich, dass dem Unternehmen der künftige wirtschaftliche Nutzen, der diesem Vermögenswert zugeordnet werden kann, zufließt und
- er verlässlich bewertbar ist.

Zu immateriellen Vermögenswerten, die diese Ansatzkriterien nicht erfüllen, enthält der Standard eine Berichterstattungsempfehlung. Identifizierbar ist ein Vermögenswert dann, wenn er selbstständig verwertbar ist und das innewohnende Nutzungspotenzial vom Nutzungspotenzial anderer Ressourcen abgrenzbar ist. Zudem muss gewährleistet sein, dass der Vermögenswert auf andere Wirtschaftssubjekte durch Veräußerung, Tausch, entgeltliche Überlassung oder Lizenzierung übertragen werden kann. Des Weiteren muss er in der Verfügungsmacht des Unternehmens stehen. Dem Unternehmen fließt der wirtschaftliche Nutzen aus dem Vermögenswert zu und er muss zuverlässig bewertbar sein, d.h., er ist entgeltlich erworben. Außerdem muss es wahrscheinlich sein, dass dem Unternehmen der künftige wirtschaftliche Nutzen aus dem Vermögenswert zugeordnet werden kann und zufließt. Dabei kann sich das Nutzenpotenzial aus dem Verkauf von Produkten und Dienstleistungen aus Kosteneinsparungen oder aus anderen wirtschaftlichen Vorteilen der Verwertung des immateriellen Vermögenswertes ergeben. Als zentrale Kritik bleibt somit festzuhalten, dass die Nicht-Bilanzierung bestimmter immaterieller Vermögensgegenstände als entscheidende Wertfaktoren, bedingt durch das Aktivierungsverbot (§ 248 Abs. 2 HGB), unter Umständen zu einer erheblichen Verfälschung des Einblicks in die Vermögens-, Finanz- und Ertragslage (wie sie aus § 264 HGB gefordert wird) darstellt.

Der „Deutsche Rechnungslegungsrat" schlug daherin einer „De lege ferenda"-Empfehlung („Nach zu machendem Recht") vor, das Aktivierungsverbot nach § 248 Abs. 2 HGB ersatzlos zu streichen (vgl. Appendix A zu DRS Nr. 12). Ausdrücklich ausgenommen werden soll hier allerdings der selbst geschaffene Geschäfts- oder Firmenwert sein, da dieser nicht identifizierbar sei und somit die Eigenschaft eines immateriellen Vermögenswerts bereits vom Grundsatz her nicht gegeben ist. Strittig ist, ob es sich bei dem Geschäfts- oder Firmenwert um einen immateriellen Vermögensgegenstand (vgl. § 266 HGB), eine Bilanzierungshilfe oder einen Wert „besonderer Art" handelt. Unter dem Gesichtspunkt der Darstellung eines den tatsächlichen Verhältnissen entsprechenden Bildes der Vermögens-, Finanz- und Ertragslage und dem erfolgten Wandel von der Industrie- zur Dienstleistungsgesellschaft kommt den immateriellen Vermögenswerten eine so große wirtschaftliche Bedeutung zu, dass die Abschaffung des § 248 Abs. 2 HGB eine deutliche Verbesserung des „Value Reporting" mit sich bringen würde.

Zusammenfassend lässt sich feststellen, dass durch die vor dem BilMoG geltenden gesetzlichen Vorschriften (insbesondere die des § 248 Abs. 2 HGB) die Abbildung unternehmerischer Erfolgsfaktoren und Werttreiber nur begrenzt oder gar nicht dargestellt werden konnten. **Jedoch erreichen Unternehmen einen großen Teil ihrer Wertschöpfung im Bereich der immateriellen Vermögenswerte,** wie zum Beispiel durch die Nutzung von Rechten, Lizenzen oder Marken, die in vielen Fällen im Rahmen der traditionellen Rechnungslegung nicht erfasst werden durften oder zu komplexen Bilanzierungs- und Bewertungsproblemen führten. Für das „Value Reporting", aber auch für die externe Bilanzanalyse ergibt sich somit eine immer größere Diskrepanz zwischen Markt- und Buchwert des Unternehmens. Insofern sind die Unternehmen aufgefordert, die vorhandenen Mittel der Unternehmenspublizität auszunutzen und in den entsprechenden Jahresabschlussbestandteilen, dem Lagebericht oder auch im Geschäftsbericht, die immateriellen Werttreiber in die Berichtserstattung aufzunehmen.

Die Kritik bzw. die Anregung des DRSC hat dazu geführt, dass mit der Änderung des § 248 HGB nun auch der rechtlich bilanzielle Schritt den „Wandel in der Darstellung der Wertreiber" besser und transparenter (nach außen zu kommunizieren) vollzogen wurde. Die neue Regelung des § 248 Abs. 2 HGB lautet nun wie folgt: „Selbst geschaffene immaterielle Vermögensgegenstände des Anlagevermögens können als Aktivposten in die Bilanz aufgenommen werden. Nicht aufgenommen werden dürfen selbst geschaffene Marken, Drucktitel, Verlagsrechte, Kundenlisten oder vergleichbare immaterielle Vermögensgegenstände des Anlagevermögens." Das Ziel dieser Regelung ist, die immateriellen Vermögensgegenstände stärker als bisher in den Fokus der Abschlussadressaten zu rücken. Insbesondere innovative mittelständische Unternehmen sowie Unternehmen, die erst am Beginn ihrer wirtschaftlichen Entwicklung stehen („Start-up-Unternehmen"), erhalten so die Möglichkeit, ihre Außendarstellung zu verbessern. Somit scheint auch die Aktivierung von Aufwendungen in das Humankapital denkbar. Nach § 266 Abs. 2 A I HGB haben große und mittelgroße Kapitalgesellschaften (im Sinne des § 267 HGB) bei den immateriellen Vermögensgegenständen folgende Gruppen zu bilden:

1. selbst geschaffene gewerbliche Schutzrechte und ähnliche Rechte und Werte
2. entgeltlich erworbene Konzessionen, gewerbliche Schutzrechte und ähnliche Rechte und Werte, sowie Lizenzen an solchen Rechten und Werten
3. der Geschäfts- oder Firmenwert
4. geleistete Anzahlungen

Wie die übrigen Anlagevermögensgegenstände sind auch die aktivierten immateriellen Vermögensgegenstände dann in die Darstellung des Anlagespiegels miteinzubeziehen, z.B. Konzessionen und Patente, Lizenzen, Urheber-, Verlags-, Geschmacks- und Gebrauchsmuster, Handelsmarken sowie Warenzeichen. Ferner gehören hierzu alle ähnlichen Rechte wie zum Beispiel Nutzungs-, Nießbrauch und Nießbrauchsrechte, Vertriebsrechte, Optionsrechte zum Beteiligungs- und Aktienerwerb. Beispiele für ähnliche Werte sind Rezepte, Kundenkarteien, ungeschützte Erfindungen sowie vorhandener Nießbrauch. Als Geschäfts- oder Firmenwert ist hier der aktivierte Unterschiedsbetrag anzusetzen, um den die für die Übernahme eines Unternehmens bewirkte Gegenleistung den Wert der einzelnen Vermögensgegenstände des Unternehmens abzüglich der Schulden im Zeitpunkt der Übernahme übersteigt, sofern von dem handelsrechtlichen Aktivierungswahlrecht (vor BilMOG) gem. § 255 Abs.4 HGB Gebrauch gemacht wird. Dies wird dann, sofern ein entgeltlicher Erwerb vorliegt, als sogenannter „derivativer Firmenwert" bezeichnet. Ein nicht entgeltlich erworbener Firmenwert wird als „originärer Wert" bezeichnet und unterliegt einem Aktivierungsverbot. Als geleistete Anzahlungen sind nur Anzahlungen auf immaterielle Vermögensgegenstände zu subsumieren. Explizit erwähnt ist das Humankapital nicht. Insofern muss untersucht werden, welcher Ausweis am ehesten zutreffend ist. Tatsächlich kommt zunächst eine Zuordnung zu den ähnlichen Rechten und Werten in Betracht. Der Aspekt der Entgeltlicnach dem BilMoG hkeit spielt dabei keine Rolle mehr. Eine Zuordnung zum Anlagevermögen wird unterstellt, da ansonsten ja auch die Ansatzpflicht im Umlaufvermögen gelten würde. Nach IAS 38 ist ein immaterieller Vermögenswert (unabhängig, ob entgeltlich erworben oder nicht) dann zu aktivieren, wenn folgende Voraussetzungen kumulativ vorliegen:

- Identifizierbarkeit
- Verfügungsgewalt über eine Ressource
- Bestehen eines künftigen wirtschaftlichen Nutzens

Sofern die Identifizierbarkeit noch möglich sein sollte und auch das Bestehen eines künftigen wirtschaftlichen Nutzens bei der Investition in die Mitarbeiter zumindest als wahrscheinlich, z.B. durch bessere Dienstleistungen, Kosteneinsparungen oder andere Vorteile, anzusehen ist, wird die Verfügungsgewalt über eine „Ressource" die entscheidende Weichenstellung darstellen. „Wenn Werte geführt werden", dann werden diese Werte den Mitarbeitern zugänglich gemacht. Der Prozess der Wertevermittlung verursacht einen (vor allem auch materiellen) Aufwand. Diese Investition, z.B. in die Aus- und Weiterbildung, „fließt" somit in die Mitarbeiter ein. Die Ressource, über die also verfügt werden müsste, wäre der Mensch, der Arbeitnehmer, der „Geführte". Doch kann das Unternehmen an diesem Mitarbeiter tatsächlich die Verfügungsgewalt ausüben? TZ 13 zu IAS 38 führt dazu aus: „Ein Unternehmen hat Verfügungsgewalt über einen Vermögenswert, wenn es in der Lage ist, sich den künftigen wirtschaftlichen Nutzen, der aus der zugrunde liegenden Ressource zufließt, zu verschaffen, und es den Zugriff Dritter auf diesen Nutzen beschränken kann. Die Verfügungsgewalt eines Unternehmens über den zukünftigen wirtschaftlichen Nutzen aus einem immateriellen Vermögenswert basiert normalerweise auf juristisch durchsetzbaren Ansprüchen. Sind derartige Rechtsansprüche nicht vorhanden, gestaltet sich der Nachweis der Verfügungsgewalt schwieriger. Allerdings ist die juristische Durchsetzbarkeit eines Rechts keine notwendige Voraussetzung für Verfügungsgewalt, da ein Unternehmen in der Lage sein kann, auf andere Weise Verfügungsgewalt über den künftigen wirtschaftlichen Nutzen auszuüben."

Nach TZ 15 heißt es dann weiter: „Ein Unternehmen kann über ein Team von Fachkräften verfügen und in der Lage sein, zusätzliche Mitarbeiterfähigkeiten zu identifizieren, die aufgrund von Schulungsmaßnahmen zu einem künftigen wirtschaftlichen Nutzen führen. Das Unternehmen kann auch erwarten, dass die Arbeitnehmer ihre Fähigkeiten dem Unternehmen weiterhin zur Verfügung stellen werden. Für gewöhnlich hat ein Unternehmen jedoch keine hinreichende Verfügungsgewalt über den voraussichtlichen künftigen wirtschaftlichen Nutzen, der ihm durch ein Team von Fachkräften und die Weiterbildung erwächst, damit diese Werte die Definition eines immateriellen Vermögenswertes erfüllen. Aus einem ähnlichen Grund ist es unwahrscheinlich, dass eine bestimmte Management- oder fachliche Begabung die Definition eines immateriellen Vermögenswertes erfüllt, es sei denn, dass deren Nutzung und der Erhalt des von ihr zu erwartenden künftigen wirtschaftlichen Nutzens durch Rechtsansprüche geschützt sind und sie zudem die übrigen Definitionskriterien erfüllen."

Wenn man diesen Ausführungen von IAS 38 folgt, ist es wohl nur in den seltensten Fällen möglich, Aufwendungen in die Mitarbeiterentwicklung bzw. in das Humankapital als immateriellen Vermögenswert zu bezeichnen. Selbst eine zeitliche Bindung des Mitarbeiters an das Unternehmen, z.B. nach einer Schulungsmaßnahme, würde nichts an dem faktischen Aktivierungsverbot ändern, da auch dort der Mitarbeiter – wenn auch durch Vertragsbruch – sein Know-how nicht dem Unternehmen zur Verfügung stellen müsste. Abstandszahlungen oder ähnliche Konsequenzen ändern nichts an dem tatsächlichen Einfluss durch das Unternehmen. **Als Ergebnis ist festzuhalten, dass eine Aktivierung der Aufwendungen, welche in die Kompetenz- und Wissensvermittlung der Mitarbeiter investiert werden, nicht möglich ist.**

Neben der Aktivierung als immaterieller Vermögenswert käme auch eine „indirekte" Aktivierung über den Ansatz von Forschungs- und Entwicklungskosten oder über eine Aktivierung eines Firmen- bzw. Geschäftswertes in Betracht. Selbstverständlich verbessern Schulungs- und Fortbildungsmaßnahmen den Kenntnisstand der Mitarbeiter. Das dieser Kompetenz- und Wissenszuwachs sich am Ende auch in Forschungs- und Entwicklungsergebnissen widerspiegeln kann, erscheint plausibel. Da hier jedoch die Auswirkung und in der Folge die Messbarkeit konkreter einzelner Maßnahmen in die Weiterentwicklung der Mitarbeiter fokussiert werden, ist der Aspekt der Aktivierung von Forschungs- und Entwicklungsaufwand nicht zu vertiefen. Allgemein gilt jedoch, dass Forschungsaufwendungen einem Aktivierungsverbot unterliegen. Entwicklungsaufwendungen können (nach § 248 Abs. 2 HGB und IAS 38) unter bestimmten Voraussetzungen aktiviert werden. Da eine verlässliche Zuordnung der hier zu untersuchenden Aufwendungen als eine Komponente bei den Entwicklungsaufwendungen eher nicht oder nur sehr schwer möglich sein wird, soll der Aspekt der bilanziellen Behandlung von Investitionen in das Humankapital nicht über den „Umweg" Entwicklungsaufwand betrachtet werden.

Möglich wäre jedoch eine Aktivierung als Geschäfts- oder Firmenwert. Ein originärer, also selbst geschaffener Firmenwert darf nicht aktiviert werden, wogegen ein erworbener derivativer Firmenwert aktiviert werden kann. Nach § 246 Abs. 1 Satz 4 HGB gilt der Unterschiedsbetrag, um den die für die Übernahme eines Unternehmens bewirkte Gegenleistung den Wert der einzelnen Vermögensgegenstände des Unternehmens abzüglich der Schulden im Zeitpunkt der Übernahme übersteigt (entgeltlich erworbener Geschäfts- oder Firmenwert), als zeitlich begrenzt nutzbarer Vermögensgegenstand. Den Überpreis, der im Rahmen des Unternehmenskaufs bezahlt wird, nennt man auch „Good Will". Dies ist der Betrag, der übrig bleibt, wenn man alle – auch immaterielle – Vermögenswerte im Kaufpreis identifiziert, bewertet und vergütet hat. Der Restbetrag dieser „Kaufpreisallokation" ist dann der Wert, den man bereit ist für die Zukunftsaussichten zu bezahlen. Auch hier sind die Werte der Mitarbeiter enthalten. Zukünftige Umsätze und „Cashflows" hängen von dem „übernommenen" Mitarbeiter ab. Je besser dessen „Ausbildung", „Identifikation mit dem Unternehmen" und „Engagement für das Unternehmen", desto höher werden auch die positiven Wertbeiträge und damit der Gewinn ausfallen. Firmen- bzw. Geschäftswerte entstehen bei der gesamten Übernahme eines Betriebs oder eines Betriebsteils („Asset

Deal") oder dem vollständigen oder teilweisen Ankauf der Anteile an dem zu übernehmenden Unternehmen („Share Deal"). Im Ergebnis macht dies für die Aktivierung eines Geschäfts- oder Firmenwertes keinen Unterschied, da die Konzernrechnungslegungsvorschriften die spiegelbildliche Rechtsnorm bezüglich der bilanziellen Behandlung eines „Good Will" vorsehen (vgl. § 301 HGB i.V.m. § 309 HGB). Da die konkreten Aufwendungen in die Mitarbeiter aber auch hier nur indirekt durch den „Good Will" widergespiegelt werden, kann auf eine weitere Darstellung der Bilanzierung und damit Aktivierung eines Geschäfts- oder Firmenwertes verzichtet werden.

Sofern eine Aktivierung von Aufwendungen nicht vorgenommen werden kann oder aufgrund von Wahlrechten nicht vorgenommen werden soll, verbleiben die entsprechenden Aufwendungen gewinnmindernd in der Gewinn- und Verlustrechnung. Vereinfacht formuliert kann eine Aktivierung als Neutralisierung von Aufwendungen bezeichnet werden. Fehlt es somit an der Aktivierungsfähigkeit, verbleiben die entstanden Aufwendungen gewinnmindernd in der Gewinn- und Verlustrechnung. Allerdings darf nicht übersehen werden, dass auch dann, wenn einzelne Aufwendungen tatsächlich doch aktiviert werden sollten, diese in der Folge aufgrund des folgenden Wertverlustes abgeschrieben werden (müssen). Je nach Grad der Abnutzung oder des zeitlichen Ablaufs von Schutzrechten erfolgt die Abschreibung schneller oder – im Extremfall bei „unendlicher Nutzungsdauer" – eben „unendlich" lange. Damit wird ersichtlich, dass eine Aktivierung zunächst nur im Jahr der Aufwandsentstehung den Gewinn nicht mindert. In der Folge wird diese Gewinnminderung durch die Abschreibungen nachgeholt. Allerdings ist es für die Außendarstellung wesentlich leichter, bestimmte Maßnahmen in die Mitarbeiterentwicklung zu identifizieren, wenn diese als Vermögenswert zunächst ausgewiesen werden. Erfolgt nämlich keine Aktivierung, „verschwinden" die entstanden Aufwendungen in der Gewinn- und Verlustrechnung des allgemeinen Personalaufwands oder sonstigen Aufwandspositionen.

Um den Nachteil der verdichteten Daten aus der Bilanz und der Gewinn- und Verlustrechnung auszugleichen, sind für Kapitalgesellschaften und weitere Rechtsformen im Anhang bestimmte Pflicht- oder Wahlangaben zu machen. Der Anhang ist (gem. § 264 Abs. 1 HGB) neben der Bilanz und der Gewinn- und Verlustrechnung das dritte Abschlusselement des Jahresabschlusses. Im Rahmen der „Informationsfunktion" des Jahresabschlusses ist der Anhang von entscheidender Bedeutung, da er sowohl qualitative als auch quantitative Zusatzangaben enthält. Erst mit diesen zusätzlichen Informationen ist es möglich, dass die Bestands- und Stromgrößen aus Bilanz sowie Gewinn- und Verlustrechnung analysiert und entsprechend interpretiert werden können. Insofern hat der Anhang eine „Erläuterungs- bzw. Interpretationsfunktion". Um Bilanz sowie Gewinn- und Verlustrechnung nicht mit Informationen zu überfrachten, kommt dem Anhang auch eine „Entlastungsfunktion" zu, indem bestimmte Angaben verlagert werden und damit die Übersichtlichkeit insgesamt verbessert wird. Daneben wird dem Anhang noch eine „Korrekturfunktion" (z.B. korrigierende zusätzliche Angaben) bzw. eine „Ergänzungsfunktion" zugesprochen: Im Rahmen der „Ergänzungsfunktion“ werden beispielsweise Sachverhalte und Informationen bezüglich der Organe und des Personalbereichs des Unternehmens dargestellt (z.B. Anzahl der Beschäftigten, Organbesetzungen, Vergütungsansprüche der Organe, Haftungsverhältnisse). Neben den Pflichtangaben (gem. § 284 Abs. 2 und § 285 HGB) enthält der Anhang auch sogenannte „Wahlpflichtangaben“, also zusätzliche und freiwillige Angaben. Untersucht man die Anhangvorschriften konkret nach Informationen bezüglich des Humankapitals bzw. nach immateriellen Vermögensgegenständen, so werden nur wenige Sachverhalte explizit angesprochen. Allgemeine personenbezogene Informationen ergeben sich aus § 285 Nr. 7 HGB (durchschnittliche Zahl der während des Geschäftsjahres beschäftigten Arbeitnehmer, getrennt nach Gruppen; ähnlich so auch § 285 Nr. 8). Nach § 285 Nr. 9 HGB sind die Gesamtbezüge bestimmter Personengruppen (insbesondere Geschäftsführungsorgane) anzugeben. Konkreter ist § 285 Nr. 22 HGB. Danach sind im Anhang anzugeben: „Im Fall der Aktivierung nach § 248 Abs. 2 HGB der Gesamtbetrag der Forschungs- und Entwicklungskosten des Geschäftsjahres sowie der davon auf die selbst geschaffenen immateriellen Vermögensgegenstände des Anlagevermögens entfallende Betrag.“ Da die Aktivierung von selbst geschaffenen immateriellen Vermögensgegenständen des Anlagevermögens zu einem relativ unsicheren Vermögensausweis führt, ist die Aktivierung als Wahlrecht entgegen den IAS/IFRS nicht als Pflicht in das Gesetz aufgenommen worden. Zudem muss (nach § 268 Abs. 8 HGB) die Ausschüttungssperre berücksichtigt werden. Nach § 285 Nr. 28 HGB ist dieser Betrag im Anhang zusätzlich aufzugliedern. Als Ergebnis lässt sich somit festhalten, dass auch die Informationen im Anhang nicht wesentlich mehr **Transparenz bezüglich der Investitionen in das Kompetenz- und Wissensmanagement** liefern, jedoch eventuell verdichtete Zahlen der Bilanz sowie Gewinn- und Verlustrechnung etwas entzerren und zumindest in der Abgrenzung zum Firmen- bzw. Geschäftswert sowie zu den Forschungs- und Entwicklungsaufwendungen transparenter darstellen.

Angesichts der zunehmenden Bedeutung der Kapital- und Finanzmärkte und des damit verbundenen wachsenden Interesses der Öffentlichkeit an Unternehmensinformationen suchen Unternehmen nach **Möglichkeiten, im Rahmen ihrer Geschäftsberichterstattung ihre Wertsteigerungen zielorientiert zu vermitteln** und für den Adressaten transparent darzustellen. Die Bilanz, die Gewinn- und Verlustrechnung sowie der Anhang bieten hier nur sehr eingeschränkte Möglichkeiten. Oftmals wird dem Unternehmen bilanztechnisch nichts anderes übrig bleiben, als die **Investitionen in das Kompetenz- und Wissensmanagement in den Aufwendungen gewinnmindernd auszuweisen**. Gem. § 264 Abs. 1 HGB ist der Jahresabschluss, bestehend aus Bilanz, Gewinn- und Verlustrechnung und Anhang, um einen Lagebericht zu ergänzen, der formalrechtlich keinen Bestandteil des Jahresabschlusses darstellt, sondern diesen lediglich rechtlich und funktionell ergänzen soll. Der Lagebericht ist zwar gesetzlich kodifiziert, sein genauer Aufbau sowie seine exakte Ausgestaltung ist jedoch vom Gesetzgeber nicht festgelegt worden. Lediglich einzelne aufzunehmende Sachverhalte werden in der entsprechenden Vorschrift (des § 289 HGB) aufgezählt. Gemäß § 264 Abs. 1 Satz 3 HGB ist der Lagebericht nur von mittelgroßen und großen Kapitalgesellschaften aufzustellen. Formal zuständig für die Ausstellung des Lageberichtes ist das entsprechende Gremium, welches auch für die Erstellung des Jahresabschlusses verantwortlich ist: Somit entweder die Geschäftsführung oder der Vorstand. Inwieweit den entsprechenden Verantwortlichen alle Informationen zur Verfügung stehen, also insbesondere auch solche, die zu einer zielorientierten Darstellung der Werttreiber benötigt werden, ist für die Ausgestaltung des Lageberichts entscheidend. Da die äußere Gestaltung, der konkrete Aufbau sowie der Umfang des Lageberichtes gesetzlich nicht geregelt ist, besteht weitestgehend Gestaltungsfreiheit, wobei dem grundsätzlichen Gebot des § 264 HGB Rechnung getragen werden muss, dass auch der Lagebericht ein entsprechendes Bild der Vermögens-, Finanz- und Ertragslage des Unternehmens darzustellen hat. Somit unterliegt auch der Lagebericht den formalen Geboten der Vollständigkeit, der Klarheit und der Wahrheit.

Außer den (aus § 289 HGB geforderten) Pflichtangaben können im Lagebericht weitere Informationen aufgenommen werden, welche neben der zahlenmäßigen Aufbereitung von Geschäftsdaten im Wesentlichen Informationen in verbalisierter Form enthalten. Dies kann und sollte durch das Management genutzt werden, um eine möglichst positive Außendarstellung zu erreichen. Allerdings gelangt diese positive Darstellung dann an ihre rechtlichen Grenzen, wenn sie der Verschönerung der Lage oder ausschweifende werbliche Aussagen enthält. In allen anderen Bereichen ist die Ausnutzung der „Kommunikationsfunktion" des Lageberichts allerdings von großer Bedeutung. Auf der Grundlage dieser Informationsbereitstellung ist es den Kapital- und Finanzmarktteilnehmern oft erst möglich, a) das Wertsteigerungspotenzial des Unternehmens zu erkennen, b) die zukünftige Entwicklung abzuschätzen und dadurch c) eine eigenständige Analyse und Bewertung der Zukunftsaussichten des berichtenden Unternehmens vorzunehmen. Begrenzt wird die Darstellung der wertsteigernden Komponenten im Lagebericht durch den auch dort anzuwendenden „True and Fair View". Gemäß § 289 Abs. 1 HGB muss der Lagebericht einen den tatsächlichen Verhältnissen entsprechendes Bild des Unternehmens vermitteln und dies unter Berücksichtigung der Grundsätze für die Lageberichterstattung, d.h. Vollständigkeit, Richtigkeit, Klarheit und Übersichtlichkeit.

Zwischen der Darstellung des Geschäftsverlaufs des vergangenen Wirtschaftsjahres und der Lage des Unternehmens (im Sinne des § 289 Abs. 1 HGB) besteht insofern ein Zusammenhang, als (die im Rahmen des Geschäftsverlaufes darzustellenden) Ereignisse und Entwicklungen sich im Sinne einer Ursache-Wirkungs-Verbindung auf die Lage des Unternehmens auswirken. Da hier in der Praxis oft Schwierigkeiten bei der Abgrenzung bestehen, kann eine integrierte Darstellung vorgenommen werden. Gemäß § 289 Abs.1 HGB „sind der Geschäftsverlauf einschließlich des Geschäftsergebnisses und die Lage der Kapitalgesellschaft so darzustellen, dass ein den tatsächlichen Verhältnissen entsprechendes Bild der Gesellschaft vermittelt wird. Er hat eine ausgewogene und umfassende, dem Umfang und der Komplexität der Geschäftstätigkeit entsprechende Analyse des Geschäftsverlaufs und der Lage der Gesellschaft zu enthalten. In die Analyse sind die für die Geschäftstätigkeit bedeutsamen finanziellen Leistungsindikatoren einzubeziehen und unter Bezugnahme auf die im Jahresabschluss ausgewiesenen Beträge und Angaben zu erläutern.“ Damit ist es im Rahmen der Lageberichterstattung möglich, auch ausführliche Darstellungen hinsichtlich der Investitionen in das Humankapital und deren Ergebnisse – soweit überprüfbar – aufzunehmen. Konkret ist (nach § 289 Abs. 2 Nr. 3 HGB) auf den Bereich der Forschung und Entwicklung einzugehen sowie (nach § 289 Abs. 2 Nr. 5) auf die Grundsätze des Vergütungssystems des Unternehmens für die in § 285 Nr. 9 HGB (Anhang) genannten Gesamtbezüge. Im Rahmen der allgemeinen Lagedarstellung kann das Unternehmen u.a. auch zusätzlich über folgende Bereiche berichten:

- **Investitionen**
  Größere Investitionen, sofern wesentlich für die Entwicklung des Unternehmens, die Fertigstellung von begonnenen Investitionen oder aber auch die Wiederaufnahme von unterbrochenen Investitionen, sowie der Abbruch oder die Bedrohung laufender Investitionen sind darzustellen. Insbesondere hier bietet sich für den Bereich des „Wertmanagements“ die Möglichkeit, entsprechende Informationen zur Investition in nicht aktivierungsfähige (immaterielle) Wirtschaftsgüter darzustellen, sofern diese nicht im Rahmen der Berichterstattung zur Forschung und Entwicklung ausgeführt werden. Auch Investitionen im Bereich von Marketing, Mitarbeiterschulung oder sonstige wertsteigernde Faktoren können hier einen entsprechenden Umfang einnehmen.

- **Personal- und Sozialbereich**
  Die Berichterstattung umfasst hier Angaben zur Arbeitnehmerschaft, zu betrieblichen Sozialleistungen, zur Aus- und Fortbildung und weiteren Ereignissen mit besonderem Einfluss auf die Lage des Unternehmens, wie zum Beispiel Streik, Sanierungen oder Unternehmenszusammenschlüsse. Gerade in dem Bereich der Aus- und Fortbildung ist hier für ein Eingehen auf die wertsteigernden Faktoren für das Unternehmen durch die Bereitstellung und Angaben zur Höhe des zur Verfügung stehenden Budgets für die Aus- und Fortbildung der entsprechende Rahmen gegeben.

6.4 Zur Führung von Unternehmenswerten über Kennzahlen

Es wurde aufgezeigt, wie und wo Unternehmen (gesetzlich vorgeschrieben) die Pflichten oder Möglichkeiten einer Berichterstattung über immaterielle Vermögenswerte – insbesondere im Bereich Humankapital – haben. Im weiteren Verlauf ist darzustellen, wie sich diese Jahresabschlussdaten auf die Einschätzung, Bewertung oder allgemein auf ein „Rating“ des Unternehmens auswirken: **Beeinflussen die Erkenntnisse der bilanziellen Behandlung der Aufwendungen für das Kompetenz- und Wissensmanagement den Unterneh-**

menswert? Welches (positive) Gestaltungspotenzial lässt sich daraus ableiten? Führt die mögliche Bilanzierung zu einem positiveren Bild des Unternehmens, dann ist es die Aufgabe der Bilanzpolitik, dieses Bild zielorientiert zu gestalten.

Als Bilanzpolitik versteht man eine zweckorientierte Ausgestaltung des Jahresabschlusses, inklusive der ergänzenden Ausführungen im Rahmen des Lageberichtes. Bilanzpolitik umfasst dabei alle legalen Maßnahmen, die sich zur Beeinflussung des Jahresabschlusses und damit zur gewünschten Darstellung der Lage des Unternehmens einsetzen lassen. Die Bilanzpolitik bezieht sich nicht nur auf die Bilanz, sondern auch auf alle gesetzlich vorgeschriebenen oder freiwillig aufgestellten Bestandteile des Jahresabschlusses. So zum Beispiel – rechtsformabhängig – auch auf den Anhang, den Lagebericht, die Kapitalflussrechnung oder die Segmentberichterstattung. Die Interpretation der veröffentlichten Jahresabschlüsse erfolgt dann durch die Bilanzanalyse oder – exakter bezeichnet – die Jahresabschlussanalyse. Die Jahresabschlussanalyse ist ein systematisches Verfahren zur Erkennung des gesamten ausgenutzten Gestaltungspotenzials und zur Verarbeitung des Informationspotenzials von Bilanz, Gewinn- und Verlustrechnung, Anhang und Lagebericht, mit dem Ziel, Informationen, Erkenntnisse und Einblicke über die wirtschaftliche Lage und über die Zukunftsaussichten eines Unternehmens zu erlangen. Dabei werden auf der Basis von vergangenheitsorientierten Daten Informationen des aktuellen Jahresabschlusses aufbereitet und im Rahmen von (beispielsweise) Trendanalysen versucht, Erkenntnisse für die künftige Entwicklung des Unternehmens zu erlangen. Hierbei sind die Informationsbedürfnisse der verschiedenen Interessengruppen, wie beispielsweise der Kreditinstitute, der Analysten, der Kunden, der Lieferanten, der Arbeitnehmer, der Gewerkschaften und – nicht zuletzt – der Anteilseigner, zu berücksichtigen. Im Wesentlichen konzentriert sich die Bilanzanalyse auf die Betrachtung der gegenwärtigen Lage. Ziel ist, hieraus Prognosen über die Zukunft der Ertragskraft des Unternehmens zu gewinnen. Betrachtet wird also die Fähigkeit, Gewinne zu erzielen, diese in Liquidität umzuwandeln, um dann auch Rückschlüsse auf das Finanzierungsverhalten des Unternehmens zu erhalten. Hieraus können dann Erkenntnisse gewonnen werden, ob das Unternehmen seinen gegenwärtigen, aber auch seinen zukünftigen Zahlungsverpflichtungen nachkommen kann. Des Weiteren wird untersucht, ob das Unternehmen Möglichkeiten besitzt, seine Finanzierungsmaßnahmen zu prolongieren, sich an veränderte Bedingungen anzupassen oder auch anstehende Wachstumschancen weiter zu finanzieren. Zusammenfassend befasst sich die Bilanzanalyse mit der Aufstellung von Relationszahlen, Kennzahlen, Absolut-Zahlen und Prozentwerten, welche die Richtigkeit des präsentierten Zahlenmaterials unterstreichen. Sie liefert Erkenntnisse, ob der vorgelegte Jahresabschluss der Vermögens-, Finanz- und Ertragslage auch tatsächlich entspricht. **Mit Kennzahlen können dann auch die Investitionen in das Humankapital gemessen und schlussendlich einer Bewertung und einer Vergütung zugeführt werden.**

Kennzahlen sind verdichtete Maßgrößen, die in einer konzentrierten Form komplizierte Strukturen und Prozesse abbilden, um einem möglichst schnellen und umfassenden Überblick über die wirtschaftliche Lage des Unternehmens zu erlauben (vgl. REICHMANN 1990: 15). Sie sind zu verstehen als betriebswirtschaftlich relevante absolute Zahlen und Verhältniszahlen, die messbare betriebliche Tatbestände zusammengefasst wiedergeben. Ihr Wert liegt darin, dass sie a) Sachverhalte sichtbar machen, die anders nicht zu erkennen sind (z.B. die Rentabilität des betrachteten Unternehmens), b) Sachverhalte durch Verdichtung auf eine einzige Zahl komprimiert beschreiben, c) die Transparenz erhöhen und d) helfen, die Situation eines Unternehmens, auch im Vergleich zu anderen Unternehmen der Branche, zu beurteilen. Kennzahlen, die aus Jahresabschlüssen gewonnen werden, erlauben Feststellungen über die wirtschaftliche Lage und Entwicklung eines Unternehmens als Ganzes und liefern in komprimierter Form prägnante Einsichten in Teilbereiche des Unternehmens. Sie vermitteln ein Bild der Situation und decken Schwächen und Stärken des Unternehmens im Betriebs- und Zeitvergleich auf. Kennzahlen stellen faktisch eine Momentaufnahme dar, deren Aussagewert zeitgebunden ist. In der Zeit zwischen Bilanzstichtag und Bilanzbewertung können sie sich bereits verändert haben. Kennzahlen sind ein Mittel zur Untersuchung von Unternehmen und geeignet für den Entscheidungsbildungsprozess. Auswahl, Errechnung und Vergleich von Kennzahlen stellen den Kern der Bilanzanalyse dar. Sie wird ebenso als Kennzahlenrechnung bezeichnet, wenn auch die mithilfe von Kennzahlen gewonnenen Erkenntnisse durch andere zusätzliche Einsichten und Informationen (insbesondere durch die qualitative Analyse der Bilanzpolitik) ergänzt und abgerundet werden.

Ausgangspunkt einer jeden Bilanzuntersuchung ist die Betrachtung des Jahresabschusses. Es handelt sich um eine „statische Analyse", weil nur Größen einbezogen werden, die sich auf den gleichen Zeitpunkt oder auf die gleiche Zeitperiode beziehen. Diese Arbeit bildet die Vorstufe für alle weiteren Maßnahmen im Rahmen der Bilanzanalyse. Durch die Betrachtung nur eines einzelnen Abschlusses gelangt man noch nicht zu einem Urteil. Allenfalls kann man gewisse Auffälligkeiten herausstellen. Typische Auffälligkeiten sind etwa eine ungewöhnliche Höhe eines einzelnen Postens oder eine unübliche Zusammensetzung der Aktiva und Passiva. Besonderheiten lassen sich möglicherweise finden im Verhältnis des ordentlichen Betriebsergebnisses zum außerordentlichen Ergebnis, der Anlagezugänge zu den Abschreibungen, von langfristigem Kapital zum Gesamtkapital, des Bestandes an fertigen Erzeugnissen zum Umsatz. Eine solche statische Analyse bleibt jedoch unbefriedigend und reicht zur Urteilsfindung nicht aus. Beschränkt man sich auf nur einen einzelnen Abschluss, so können Veränderungen nicht erfasst werden. Damit fehlt eine wichtige Erkenntnisquelle. Es fehlt das Maß, an dem die Höhe der einzelnen Bilanzposten und die einzelnen Kennzahlen gemessen werden können. Zur Erlangung eines Urteils im Sinne von gut oder schlecht bzw. besser oder schlechter bedarf es eines Bezugspunktes, eines Vergleichs- bzw. Beurteilungsmaßstabes. Die Bilanzierung beinhaltet aber auch immer explizit oder implizit einen Vergleichsvorgang. Schon die Worte „auffällig" oder „Besonderheiten" deuten bereits auf grobe Normvorstellungen des Analytikers über die Zusammensetzung von Bilanzpositionen hin. Auf der Suche nach geeigneten Beurteilungsmaßstäben stößt man schnell auf die Möglichkeit des Vergleichs der aktuellen Werte mit denen der Vorjahre (Zeit- oder Entwicklungsvergleich). Eine weitere Möglichkeit der Bildung eines Urteils besteht darin, die Werte des Jahresabschlusses des betrachteten Unternehmens mit denen anderer ähnlicher Unternehmen oder mit Branchendurchschnitten zu vergleichen (Betriebs- oder Branchenvergleich bzw. „Benchmark").

Der Zeitvergleich wird durchgeführt, indem man Größen miteinander vergleicht, die sich auf unterschiedliche Zeitpunkte bzw. Zeitperioden beziehen. Mithilfe eines Zeitvergleichs wird versucht, die Entwicklung einer Unternehmung im abgelaufenen Geschäftsjahr oder über längere Zeiträume zu erkennen. Voraussetzung für den Periodenvergleich ist die Vergleichbarkeit der Abschlüsse. Daraus folgt: Das Datenmaterial der verschiedenen Zeiträume muss nach den gleichen Grundsätzen aufbereitet werden, bevor durch die Kombination von Einzeldaten Kennzahlen gebildet werden. Nur dann ist die Analyse der Veränderungen möglich und sinnvoll, weil nur dann die Kennzahlen wirklich vergleichbar sind. Die aus den Jahresabschlüssen gewonnenen Grunddaten für die verschiedenen Zeitpunkte müssen auch inhaltlich vergleichbar sein. Ist das nicht der Fall, können sich von Abschluss zu Abschluss Änderungen ergeben, die einen Kennzahlenvergleich mit früheren Perioden erschweren oder unmöglich machen. Bei einem Betriebsvergleich werden die aus den Daten der Jahresabschlüsse gewonnenen Kennziffern mit denen eines anderen Unternehmens verglichen. Wenn es gelingt, vergleichbare Unternehmen zu finden, kann ein solcher Betriebs- oder Unternehmungsvergleich zu wichtigen Erkenntnissen führen. Er kann dazu beitragen, betriebsspezifische Gründe von konjunkturellen, saisonalen oder allgemeinwirtschaftlichen Schwankungen zu unterscheiden. Bei einem Normenvergleich (Soll-Ist-Vergleich) wiederum bilden gewisse Soll- oder Normgrößen den Maßstab zur Beurteilung eines Unternehmens. Das Problem besteht darin, sinnvolle Richtwerte zu erlangen (Branchendurchschnittswerte). Unternehmen versuchen, möglichst viele unterschiedliche Maßstäbe heranzuziehen und in die Beurteilung und Würdigung der Kennzahlen einfließen zu lassen. Die Analyse ist dann aufschlussreicher und die Erkenntnisse sind umso fundierter, je länger der Beobachtungszeitraum ist.

Da es im Regelfall nach den obigen Ausführungen nur unter sehr eingeschränkten Bedingungen zu einer Aktivierung von Investitionen in das Kompetenz- und Wissensmanagement kommen wird, ist es sinnvoll, zunächst die Kennzahlen im Rahmen des in der Gewinn- und Verlustrechnung enthaltenen „Personalaufwands" zu untersuchen. Alle Daten sind aus der Gewinn- und Verlustrechnung bzw. dem Anhang zu entnehmen. Ausgewählte Kennzahlen sind auf ihre Zusammensetzung zu ermitteln und anschließend in ihrer Entwicklung zu beurteilen. Verbesserte Kennzahlen weisen auf eine positive Entwicklung hin. Die Veränderung der Kennzahlen kann dann auch als Basis von Vergütungsvereinbarungen herangezogen werden (unter Beachtung sämtlicher Restriktionen). Bei der Darstellung der Kennzahlen soll gleich die tendenzielle Wirkung des Investitionsaufwandes dargestellt werden:

a) Personalaufwandsquote = Personalaufwand/Umsatz (Leistung)

⇨ Quote verschlechtert sich

b) Personalaufwand pro Mitarbeiter = Personalaufwand/durchschnittlich Beschäftigte

⇨ Quote verschlechtert sich

c) Personalmanagementkosten je Mitarbeiter = Gesamtpersonalmanagementkosten/Anzahl der Mitarbeiter

⇨ Quote verschlechtert sich

d) Cashflow pro Mitarbeiter = Cashflow/durchschnittlich Beschäftigte

⇨ zunächst kein Einfluss auf die Quote, allerdings könnte in der Folge sich der Cashflow verbessern, was die Quote verbessert

e) Pro-Kopf-Umsatz (Produktivität) = Umsatzerlöse/durchschnittlich Beschäftigte

⇨ zunächst kein Einfluss auf die Quote, allerdings könnten sich in der Folge die Umsatzerlöse verbessern, was die Quote verbessert

f) Personalintensität = Personalaufwand/gesamte Aufwendungen x 100

⇨ Quote verschlechtert sich

g) Produktivität pro Mitarbeiter = Wertschöpfung/durchschnittlich Beschäftigte

⇨ zunächst kein Einfluss auf die Quote, allerdings könnte in der Folge sich der Cashflow verbessern, was die Quote verbessert

Allen Kennzahlen gemeinsam ist, dass diese aus den Daten der Gewinn- und Verlustrechnung entnommen werden können. Für alle Aufwands- und Kostenrelationen bedeutet ein hoher Wert durch gestiegenen Aufwand bzw. Kosten eine Verschlechterung der „Performance“. Insofern wirken sich z.B. Schulungs- und Fortbildungskosten negativ auf die Kennzahlenentwicklung aus. Neben den dargestellten Kennzahlen gibt es weitere Relationszahlen. Dazu gehören beispielsweise:

- **die durchschnittliche Betriebszugehörigkeit**
- **das Durchschnittsalter der Mitarbeiter**
- **die Fluktuationsquote**
- **die Fluktuationskosten**
- **die Krankenquote**
- **die Überstundenquote**
- **die Fehlzeitenquote**
- **der Mitarbeiterzufriedenheitsindex**
- **die Eigenkündigungsquote**

Da die notwendigen Daten hierfür nicht oder nicht verlässlich aus dem veröffentlichten Jahresabschluss entnommen werden können und hier nur die Daten der externen Berichterstattung untersucht werden, wird im Folgenden nicht weiter darauf eingegangen. Käme es hingegen zu einer Aktivierung der Aufwendungen, würde der laufende Aufwand der Periode nicht gewinnmindernd in der Gewinn- und Verlustrechnung ausgewiesen und würde somit auch nicht die oben genannten Kennzahlen negativ beeinflussen. Dafür würde die Anlagenintensität bzw. die Anlagevermögensquote steigen. Dies hätte einen positiven Einfluss auf die vertikalen Finanzierungsregeln der Aktiva. Da die Aktivierung dann nicht zu einem Aufwand führt, verbessert sich auch der Wert des Eigenkapitals (bzw. er verschlechtert sich nicht). Damit verbessert sich die Eigenkapitalquote, was der Kapitalmarkt und die Fremdkapitalgeber in der Regel sehr positiv aufnehmen. Allerdings verschlechtert dies die Wirkung des „Leverage-Effektes". Mehr Eigenkapital bedeutet höheres Schuldendeckungspotenzial und könnte damit auch die Kapitalkosten verringern, da der eingepreiste Risikozuschlag, z.B. nach dem „CAPM-Modell", geringer ausfallen wird. Allerdings darf nicht übersehen werden, dass der positive Effekt einer Aktivierung im Kostenentstehungsjahr in der Folge durch die vorzunehmenden Abschreibungen wieder ins Negative gedreht wird. Je nach Nutzungsdauer bzw. Abnutzungsgrad verschlechtert die vorzunehmende Abschreibung sämtliche Aufwandsquoten. Da der entsprechende Aufwand jedoch auf eine gewisse Zeitspanne verteilt wird, sind die Veränderungen nicht so signifikant und haben damit eventuell eine geringere Auswirkung auf das analysierte Gesamtbild des Unternehmens. Allerdings werden die Daten dann auf Abschreibungen und nicht konkret den Mitarbeitern zugeordnet und analysiert. Es erfolgt eine Verschiebung vom Mitarbeiteraufwand zum Abschreibungsaufwand.

Prinzipiell ergibt sich der Unternehmenswert nicht aus dem Wert des vorhandenen Vermögens abzüglich der Schulden, also dem Eigenkapital bzw. dem „analytischen Eigenkapital" („Substanzwert"), sondern aus einem zu ermittelnden Ertragswert. Dieser Ertragswert wird mithilfe der „Discounted Cashflow Methode" ermittelt (vgl. IDW S1 Standard). Der Wert eines Unternehmens setzt sich danach aus der Summe des in der Zukunft zu erwartenden „Free Cashflow" zusammen. Dies ist der „Cashflow", den das Unternehmen an Eigen- und Fremdkapitalgeber ausschütten kann unter Berücksichtigung der Abzinsung – basierend auf einem risikoadäquaten Kapitalkostenzinssatz. Je größer die abgezinsten „Cashflow–Ströme" sind, desto höher ist der Unternehmenswert. Alternativ kann der Unternehmenswert aber auch durch einen geringeren Kapitalkostenzinssatz bei gleichbleibenden Zahlungsströmen erhöht werden. Dieser Zusammenhang lässt sich je nach Rechenmodell wie folgt darstellen:

- „Entity-Verfahren" (Konzept der gewogenen Kapitalkosten)
- „Equity-Verfahren" (Konzept der direkten Ermittlung des Wertes des Eigenkapitals)
- „APV-Ansatz" (Konzept des angepassten Barwertes)

Allen Methoden gemeinsam ist, dass die zukünftigen „Cashflows" unmittelbar von den Aufwendungen in das Humankapital beeinflusst werden, sofern diesen Aufwendungen auch tatsächlich Liquiditätsabflüsse gegenüberstehen. Insofern müssen in der Folge die Gewinn-

und Liquiditätsveränderung nicht deckungsgleich sein. Zusätzlich wird eine exakte rechnerische Zuordnung und damit eine Entwicklungsanalyse dadurch erschwert, indem sich (hoffentlich) das verbesserte Kompetenz- und Wissensmanagement schlussendlich auch auf die generierten Umsatzerlöse auswirkt. Andererseits fehlen entsprechende „Cashflow"-Beträge für die Ausschüttung, wenn diese zuvor in die Mitarbeiter investiert wurden. Sollten allerdings die Daten auf Basis des Ertragswertes aus einer prognostizierten Plan-Gewinn- und Verlustrechnung abgeleitet werden, sind die Aufwendungen direkt in den Plandaten enthalten. Entweder in vollem Umfang oder in Raten über die einer Aktivierung folgende Abschreibung. Je nach Strategie kann hier der Wert beeinflusst werden.

6.5 Der Einfluss der immateriellen Unternehmenswerte auf die Vergütung

Nach der Betrachtung der immateriellen Unternehmenswerte aus der Perspektive des Rechnungswesens, des Jahresabschlusses und der externen Berichterstattung wird nun untersucht, ob und wie externe Unternehmensdaten aus dem Jahresabschluss oder weiteren Bestandteilen eines Geschäftsberichts die Möglichkeit eröffnen, Vergütungssysteme auf deren Basis zu implementieren: Inwieweit geht eine bessere Jahresabschlussbewertung auch in höhere, nachvollziehbare und damit akzeptable Vergütungsgrößen ein.

Als wesentliche Instrumente der wertorientierten Unternehmensführung haben sich **„Performance Measurement"-Systeme (PMS)** etabliert. Ziel dieser Systeme ist, die Unternehmensleistung messbar zu machen. Mit ihnen werden Unternehmen gesteuert und kontrolliert. Beispielsweise wird dies bei der Daimler AG u.a. über die Kennzahl RONA („Return on Net Assets") umgesetzt. Zusätzlich werden diese Systeme auch als Grundlage für leistungsabhängige Vergütungen genutzt. Somit lässt sich ein PMS als ein Mess- und Steuerungsmodell beschreiben, mit dessen Hilfe die Vergütung des Einzelnen objektiviert werden soll. Eine einheitliche Definition von PMS gibt es jedoch nicht. PMS ist in das „Performance Management" eingegliedert, wobei die Messung der Daten vergangenheitsorientiert ist, während das Management seinen Blick eher in die Zukunft richtet. PMS ist somit ein Teil des gesamten „Performance Management"-Prozesses. Allen Systemen unterliegt der Gedanke, dass die Unternehmensleistung anhand von Zahlen, besser Kennzahlen, gemessen werden kann. Wenn es möglich ist, diese Kennzahlen zu verändern (i. d. R zu verbessern), dann lassen sich auch Rückschlüsse auf Managementerfolge ziehen, welche schlussendlich in die Vergütung eingehen können. Es ist dabei entscheidend, den richtigen Kennzahlenmix zu finden und zu gewichten. **Doch wie kann man Leistung und Erfolg messen?** Es gibt zwar begrifflich eine „Kosten-/Leistungsrechnung", der Teil der Leistungsrechnung ist aber weitgehend unbekannt und unbearbeitet. Welche Dimensionen sollen für „Leistung" herangezogen werden? Geht es dabei nur um quantitative Messgrößen wie Zeit,

Menge oder Gewinn oder sind auch qualitative Größen wie Kundenzufriedenheit, Marktauftritt und Innovationsfähigkeit zu berücksichtigen? Wie steht es mit der Leistungserfassung im Umgang mit den Mitarbeitern? Kann es richtig sein, dass ein Arbeitnehmer, der nur nach seinen eigenen Umsätzen „schielt“ und sich weigert, seine Kollegen zu unterstützen, da er dadurch eigene abrechenbare (messbare) Zeit verliert, ein Vorbild als Leistungsträger für die Unternehmenskultur ist?

Nachvollziehbar ist die Integration eines PMS für den Bereich der klassischen Finanzkennzahlen. Insofern finden Kennzahlen wie Kosten, Aufwand, Umsatz, Gewinn, Rendite, EBIT, Cashflow rasch Eingang in ein PMS. Dabei können diese Kennzahlen nicht nur für das ganze Unternehmen gebildet werden. Als Ebenen zur Beobachtung der Unternehmensleistung können diverse Unternehmensbereiche, Prozesse, Gruppen bis hin zu einzelnen Mitarbeitern gebildet werden. Nachvollziehbar ist, dass sich die individuelle Messung eines angestellten Friseurs tendenziell leichter darstellen lässt als die eines Mitarbeiters in der Maschinenbauindustrie. Zwar lassen sich bei beiden die entsprechenden Kosten noch einigermaßen genau bestimmen, aber bereits beim Anteil am Leistungsprozess kommt es zu Zuordnungs- und Berechnungsproblemen. Diese können zwar durch „Cost oder Profit Center“ (beispielsweise mit internen Verrechnungspreisen) verkleinert werden, dennoch bleibt eine „Unexaktheit“ in der Gesamtberechnung übrig. Noch schwieriger ist die Kennzahlenfindung für den Bereich der nicht finanziellen Leistungsindikatoren. Dazu gehören neben Kunden-, Lieferanten- und Mitarbeiterzufriedenheit auch Marktanteil, Anzahl der Patentanmeldungen, aber auch Ausschussquoten, Krankheitstage und Durchlaufzeiten. Die Liste der Indikatoren (KPIs – „Key Performance Indicators“) lässt sich verlängern, nimmt aber in der Bedeutung für das Unternehmen in der Folge ab.

Der Zusammenhang von finanzorientierten und nicht finanzorientierten Kennzahlen lässt sich auch anhand der „Performance“-Messung von Mitarbeitern der Finanzbranche darstellen. Die Leistungsmessung mithilfe finanzieller Kennzahlen könnte hier durch die Anzahl der abgeschlossenen Verträge (Umsatzvolumen) ermittelt werden. Ebenso wichtig, weil häufig gerade Voraussetzung für den (finanziellen) Erfolg, wären aber auch nicht finanzielle Kennzahlen wie Kundenbesuche, Telefonkontakte, Kündigungsquote, Kundenbestand. Ein Vertreter bzw. dessen Vorgesetzter, der die nicht finanziellen Indikatoren außer Acht lässt, wird auch in der Folge schlechtere finanzielle Kennzahlen vorfinden. Daher muss zur Steuerung, Messung und Bewertung der gesamte Prozess der Leistungserstellung berücksichtigt werden. Nur so werden die Entscheidungsträger mit allen notwendigen Informationen versorgt, um dann in der Folge eine Verhaltensbeeinflussung bei den Mitarbeitern zu erreichen. Dies muss aber keineswegs nur als Kontrolle betrachtet werden. Vielmehr ist es dadurch möglich, Mitarbeiter mit messbaren Zielen (gerecht) zu vergüten. Nicht zuletzt kann es zu (gewünschten) Lernprozessen führen. Wer erkennt, dass es eine rechnerische Verbindung von Kundenbesuchen zu Vertragsabschlüssen gibt, wird sein Verhalten entsprechend anpassen. Aber nicht nur Mitarbeiter werden ihr Verhalten von dem PMS beeinflussen lassen. Auch Aktionäre und anderen „Stakeholdern“ signalisiert das Unternehmen, welche Ziele gesetzt wurden und ob diese dann auch messbar erreicht wurden. Wer die Aktienpreisbestimmung im Wesentlichen als eine Unterart der Unternehmensbewertung versteht (Aufteilung des Gesamtwertes in einzelne Aktien), der braucht nicht nur transparente, sondern auch belastbare Daten. Wenn gesetzte Ziele messbar erreicht oder verfehlt werden, hilft dies zur Vertrauensbildung und festigt das Engagement der Beteiligten. Entscheidungen auf sicheren (wenn auch negativen) Größen sind besser als solche, die auf bloßen Wünschen basieren und nicht verifiziert werden können. Insofern ist auch klargestellt, dass ein PMS und Kennzahlen keine synonymen Begriffe für den gleichen Vorgang sind. Während die Kennzahlensysteme i.d.R. eindimensional Informationen über Finanzkennzahlen liefern, sind PMS mehrdimensionale ganzheitliche Informationssysteme, die Informationen über finanzielle und nicht finanzielle Leistungsgrößen liefern.

Auf Basis der **Fragestellung, „ob Werte nicht nur führbar, sondern auch vergütbar“ sind,** soll die PM-Methode auf deren Anwendbarkeit überprüft werden. Zu beachten ist, dass hier (lediglich) untersucht wird, inwieweit externe, also allgemein zugängliche Daten aus der Offenlegung zu einer „Performance“-Messung herangezogen werden können. Systemimmanent wird insofern ein Betrachten der nicht finanziellen Kennzahlen eher von untergeordneter Bedeutung bleiben, sofern nicht einzelne Informationen aus den zusätzlichen (verbalen) Bestandteilen der Jahresabschlüsse und Geschäftsberichte Eingang in die Bewertung finden können. Hierbei sollen für das EVA-Modell nähere Ausführungen vorgenommen werden. Andere Ansätze, wie das „Qualitätsmanagement“, „Scorecard- oder prozessorientierte Ansätze“, bleiben hier unberücksichtigt. Aus diesen sind die verwendeten Kennzahlen in Bezug auf Investitionen in das Humankapital nur gering oder gar nicht aus dem Jahresabschluss ermittelbar, sodass aus der gewählten externen Sichtweise eines Bilanzanalysten nur wenige brauchbare Informationen entnommen werden können.

Für die Ermittlung des Unternehmensergebnisses steht die Arbeit mit Kennzahlen aus dem (veröffentlichten) Jahresabschluss im Vordergrund. Insbesondere die Ermittlung diverser Renditevarianten wird als Grundlage der Messung des Unternehmenserfolges herangezogen und schlussendlich auch zur Steuerung durch Optimierung der Kennzahlen eingesetzt. Besonders die Umsatzrentabilität bezogen auf das Betriebsergebnis und im Anschluss die Weiterentwicklung zu einem gesamten Kennzahlenbaum (z.B. ROI im Rahmen der „Du-Pont-Analyse“) kommen hier zum Einsatz. Im Rahmen der wertorientierten Unternehmensführung sollen die Nachteile der in ihrer Aussage eingeschränkten Kennzahlen aufgehoben und die Mess- und Steuerungstechniken verbessert werden. Das Betriebsergebnis kann zwar das Ergebnis von Ertrag und Aufwand in Abhängigkeit von den gewählten Bilanzierungsstandards und den angewandten Bilanzierungsspielräumen darstellen: Inwieweit auch der Mitteleinsatz tatsächlich effizient erfolgt, lässt sich daraus nicht ableiten. Dass der Ausweis im Konzernabschluss auch noch aggregiert erfolgt, tut ein Übriges für die Aussagekraft. Einzelne Tochterunternehmen oder auch einzelne Produktbereiche haben ganz eigene Umsätze, Gewinne und erfordern dafür auch ihren ganz eigenen Kapitaleinsatz. Wenn diese Bereiche vermischt werden, ist eine aussagekräftige Analyse nicht zu treffen. Nach außen kann damit zwar eine Umsatzrendite und deren Entwicklung kommuniziert werden, zur internen Steuerung hilft das jedoch wenig.

Eine wertorientierte Unternehmensführung zielt darauf ab, den Wert eines Unternehmens nachhaltig und permanent zu steigern. Damit ergibt sich das Ziel einer dauerhaften Erzeugung und Erhöhung des Wertes des Unternehmens für die Eigentümer. Da man unter einer wertorientierten Unternehmensführung die Gestaltungs- und Steuerungsfunktion der Prozesse in einem Unternehmen zur Koordination und zum zielgerichteten Ablauf versteht, ist die Frage darauf ausgerichtet, welche konkreten Instrumente hier zum Einsatz kommen können. Als anerkannte wertorientierte Steuerungskonzepte gelten der „Economic Value Added“ (EVA) und der „Cash Value Added“ (CVA). Beide Konzepte beruhen auf der Idee eines „Residualgewinns“. Während der EVA-Ansatz den Wertbeitrag einer Periode in Form von Überschuss des operativen Gewinns über die Kosten des Kapitals ermittelt, verwendet der CVA-Ansatz anstelle der Gewinngröße eine „Cashflow-Größe“. Nach STERN, SHIELY und ROSS (vgl. 2003) besagt EVA: “Residual income left over from operating profits after the cost of capital has been subtracted“. Dieses “Contribution-Modell“ geht von der Vorstellung aus, dass nur die über den Kapitalkosten liegende Rentabilität tatsächlich zusätzliche Werte schafft. EVA ermittelt als Wertbeitrag einer Periode den Überschuss des bereinigten operativen Gewinns („Net Operating Profit After Taxes“ = NOPAT) über die Kosten des bereinigten investierten Kapitals. Der Übergewinn bzw. Residualgewinn eines Unternehmens ist somit jener Gewinn, der sowohl die Fremd- als auch die Eigenkapitalkosten übersteigt. Die Grundidee des EVA-Modells ist, der Unternehmensführung Informationen darüber bereitzustellen, welche Strategien wertsteigernd bzw. wertvernichtend sind. Wertsteigernd sind die Strategien, deren Rendite die Kosten des dafür eingesetzten Kapitals übersteigt. Wertvernichtend sind dementsprechend alle Strategien, deren Rendite nicht kostendeckend ist. Damit ist auch sofort erkennbar, dass Investitionen in das Kompetenz- und Wissensmanagement Auswirkungen auf das EVA-Modell und damit die Wertentwicklung hat. Der EVA errechnet sich aus dem NOPAT abzüglich der Kapitalkosten auf das investierte betriebsnotwendige Kapital. Konkret erfolgt die Berechnung über zwei Arten:

a) Value Spread Method: EVA = (RONA – WACC) x Net Assets

Der „Value Spread“ (RONA – WACC) resultiert aus der Differenz zwischen Vermögensrendite und Kapitalkostensatz. Die Vermögensrendite (RONA) ergibt sich durch Multiplikation der Umsatzrentabilität mit der Kapitalumschlagshäufigkeit unter Berücksichtigung des Steuersatzes. Damit entspricht sie dem Quotienten aus betrieblichem Gewinn und eingesetztem Kapital (Vermögen). Nach der „Value Spread“-Methode kann die Profitabilität einer Investition oder eines gesamten Unternehmens abgeleitet werden. Demnach ist eine Investition immer vorteilhaft, wenn die Investitionsrückflüsse, repräsentiert durch die Vermögensrendite, hoch genug sind, um das Investitionsrisiko, repräsentiert durch die Kapitalkosten, zu kompensieren. Ist der EVA positiv, so ist die Investition wertschaffend, ist er hingegen negativ, so ist die Investition wertvernichtend. Bei einem EVA von null handelt es sich um eine Grenzinvestition.

b) Capital Charge Method: EVA = NOPAT – Capital Charge

Der „Capital Charge" errechnet sich aus der Multiplikation des eingesetzten Kapitals (Vermögen) mit dem Kapitalkostensatz: WACC x Net Assets = Capital Charge. Nach der „Capital Charge"-Methode entsteht ein Übergewinn erst in dem Moment, wenn auch die Finanzierungskosten des betrieblich eingesetzten Vermögens gedeckt sind.

Wesentlicher Bestandteil der EVA–Formel ist die Gewinngröße NOPAT. Der betriebliche Gewinn stellt somit eine Größe nach Abzug der adjustierten Steuern, aber vor Finanzierungskosten dar. Eine Berücksichtigung des ausgewiesenen Bilanzgewinns würde hier zu einer doppelten Berücksichtigung der Finanzierungskosten führen, da diese bereits im WACC erfasst sind. Nach dem „Operating Approach" kann der NOPAT ausgehend von den Umsatzerlösen nach Abzug sämtlicher operativen Aufwendungen ermittelt werden. Dagegen werden beim „Financing Approach" ausgehend vom Jahresüberschuss in einem ersten Schritt die aus dem Ansatz der „Equity Equivalents" resultierenden Auswirkungen auf den Gewinn berücksichtigt. Danach werden die steuerangepassten Zinszahlungen addiert. Als Schema zur NOPAT-Berechnung nach dem „Financing Approach" gilt:

Jahresüberschuss
+ Erhöhung der passiven latenten Steuern
+ Erhöhung der LIFO-Reserve (Delta zur FIFO-Methode)
+ Abschreibungen auf den derivativen Geschäfts- oder Firmenwert
= Angepasstes Betriebsergebnis
+ Zinsen für das Fremdkapital
+ fiktive Zinsen auf kapitalisierte Leasingaufwendungen
– Steuervorteil aus der Fremdfinanzierung (Zinsen)
= Net Operating Profit After Taxes (NOPAT).

Zur Bestimmung des betriebsnotwendigen (investierten) Kapitals („Net Operating Assests" = NOA) werden nach dem „Operating Approach" die Vermögenspositionen der Aktivseite herangezogen. Damit würden auch aktivierte immaterielle Werte berücksichtigt werden und den NOA erhöhen. Allerdings werden nur die notwendigen „Assets" berücksichtigt. Hier muss eine Trennung erfolgen. Es sind alle „Assets" anzusehen, die für den operativen Prozess auch tatsächlich notwendig sind. Ob und wann „Assets" nicht notwendig sind, hängt somit von deren Einsatz ab. Beispielsweise haben Wertpapiere des Umlaufvermögens und Anlagen im Bau hier eher keine Bedeutung, sodass diese nicht miteinbezogen werden. Auf der anderen Seite können auch Vermögenswerte miteinbezogen werden, die gar nicht aktiviert wurden, weil z.B. die entsprechende Rechnungslegung nicht von einer Aktivierung ausgeht. Zum Beispiel Objekte aus dem Leasingbereich („Finance Lease") nach deutschem Recht oder eben nicht aktivierte immaterielle Werte. Die Identifikation solcher Werte scheint allerdings schwierig. Die Anpassung dieser „Equity Equivalents" verändert die bilanziellen Größen in ökonomische Größen. Bei der Berechnung des Kapitals wird grundsätzlich der Kapitalbestand zu Beginn der Periode zugrunde gelegt, bei größeren Schwankungen kann auch ein Durchschnittswert angesetzt werden. Damit könnte sich das bereinigte Vermögen wie folgt zusammensetzen:

Bilanzsumme (Vermögen = Kapital)
– Wertpapiere des Umlaufvermögens
– Anlagen im Bau
+ kapitalisierte Leasingaufwendungen
+ Forschungs- und Entwicklungsaufwand
-/+ latente Steuern
+ Firmen- oder Geschäftswert
+/- andere nicht betriebsnotwendige Vermögensgegenstände
= Net Operating Assets (NOA)

Nach dem „Financing Approach" bildet das bilanzielle Eigenkapital die Basis für die Ermittlung des investierten Kapitals. Dem Eigenkapital werden sodann die „Equity Equivalents", die kapitalisierten Leasingraten und das zinstragende Fremdkapital hinzugerechnet. Der WACC („Weighted Average Cost of Capital") ist der gewichtete Kapitalkostensatz aus Eigen- und Fremdkapital unter Berücksichtigung des „Tax-Shield" (Steuervorteil der Fremdfinanzierung). Die Kapitalanteile werden zu deren Marktwerten bewertet (WACC = kEK EK/GK + (1-s) kEK x FK/GK).

EVA knüpft an bilanzielle Größen an und versucht, diese durch Anpassungen (Konversionen) in ökonomisch relevante Kennzahlen zu transformieren. Diese Anpassungen sind notwendig, da die bilanziellen Größen des Jahresabschlusses wenig geeignet sind, die tatsächliche „Performance" eines Unternehmens abzubilden. Um die (statischen) Daten aus dem Jahresabschluss zu dynamisieren, ist die bilanzielle Größe des NOPAT in eine zahlungsstromorientierte „Cashflow"-Größe zu transformieren. Dazu kommt, dass das investierte (bilanzielle) Vermögen näher an die Marktwerte zu „rechnen" ist. Dies wird als Konversion vom „Accounting Model" hin zum „Economic Model" bezeichnet. Dabei werden in der Regel vier Bereiche betrachtet:

- Operating Conversion
- Funding Conversion
- Tax Conversion
- Shareholder Conversion

Je genauer die Konversion durchgeführt wird, desto genauer ist auch der EVA-Wert. Dabei ist die Sicht des Informationsempfängers der entscheidende Blickwinkel. Die Qualität des EVA-Konzeptes hängt entscheidend von der Anzahl der vorgenommenen Konversionen ab. In Abhängigkeit von den Konversionen werden verschiedene EVA-Stufen zur „Performance"-Messung eingesetzt. Die erste Stufe beginnt bei dem „Basic EVA": Hier werden lediglich die unangepassten Daten des Jahresabschlusses verwendet. Unter Anwendung von ca. 12 Standardanpassungen entwickelt sich das System dann zum „Disclosed EVA". Beiden Varianten gemeinsam ist, dass sie auf die veröffentlichten Daten des Jahresabschlusses zurückgreifen. Für eine interne „Performance"-Messung sind aber weitere Daten zugänglich. Unter Berücksichtigung der internen Daten kann dann ein (theoretischer) „True EVA" ermittelt werden, da diese Daten detailgetreuer und belastbarer sind. In der Praxis wird aufgrund der Komplexität des zu verarbeitenden Datenmaterials ein unternehmensspezifischer „Tailored EVA" ermittelt, der immerhin ca. 60 bis 85 % der Veränderungen des „Market Value Added" erklären kann und damit in der qualitativen Aussage zwischen dem „Disclosed EVA" und dem „True EVA" liegt. Wichtig ist nunmehr, inwieweit die Aufwendungen in das Humankapital den EVA beeinflussen und welche Auswirkungen dies auf den Konversionsprozess hat. Konkret geht es um den Ansatz eines Geschäfts- und Firmenwertes sowie um die Behandlung der Forschungs- und Entwicklungsaufwendungen. Zu beachten ist aber weiterhin, dass die Analyse nur auf Basis externer Daten erfolgen soll, somit der Einfluss auf den „Disclosed EVA".

1) Geschäfts- und Firmenwert:

Der „derivative Firmenwert", in dem faktisch auch das „Bildungsniveau" der Mitarbeiter enthalten ist, kann (nach § 255 Abs. 4 HGB) aktiviert werden oder sofort als Aufwand gewinnmindernd verbucht werden. Bei einer Aktivierung wird dieser steuerlich auf eine Laufzeit von i.d.R. 15 Jahren und handelsrechtlich auf die betriebsgewöhnliche Laufzeit bis i.d.R. 4 bis 5 Jahre, abgeschrieben. International folgt einer Pflichtaktivierung eine Abschreibung lediglich nach dem „Impairment Test", wonach außerplanmäßige Abschreibungen nur dann vorzunehmen sind, wenn der aktuelle „Recoverable Amount" („Fair Value" bzw. „Value in Use") dem Buchwert nicht mehr entspricht. Insofern sind die planmäßigen jährlichen Abschreibungen nach HGB dem NOPAT dann wieder hinzuzurechnen, wobei die außerplanmäßigen Abschreibungen wegen tatsächlicher Wertminderung nicht korrigiert werden. Gleichzeitig werden die kumulierten Abschreibungen dem investierten Kapital wieder als „Equity Equivalents" hinzugerechnet. Faktisch erhöht sich somit der NOPAT–Wert.

2) Forschungs- und Entwicklungsaufwand:

Da die Forschungs- und Entwicklungskosten ein erhebliches Nutzungspotenzial haben, aber eine Aktivierung für Forschungskosten ausgeschlossen ist und die Anforderungen für die Aktivierung von Entwicklungskosten national wie international relativ hoch sind, vermindern diese Aufwendungen regelmäßig den NOPAT. Dieser Mangel wird im EVA-Ansatz „korrigiert", da nicht aktivierte Aufwendungen kapitalisiert und als „Equity Equivalents" aktiviert werden. Der Barwert der entstanden Aufwendungen wird somit dem NOPAT wieder hinzugerechnet, wobei nicht übersehen werden darf, dass dieser Barwert in den Folgejahren dann wiederum als Abschreibungen den NOPAT negativ beeinflussen.

Beispiel Storeserver AG

a) Daten aus dem veröffentlichten Jahresabschluss auf den 31.12.2008 (Rechtslage vor BilMoG)

Umsatz	400 TEUR
Zahlungswirksamer Aufwand	109 TEUR
Nicht zahlungswirksamer Aufwand	98 TEUR
Zinsaufwand	15 TEUR
Jahresüberschuss	**178 TEUR**

Die Aktivseite der Bilanz hat einen Wert von 350 (Aktiva = Passiva). Das Gesamtkapital von 350 ist mit 160 Eigenkapital und 190 Fremdkapital finanziert. Aus den Daten ergibt sich ein Zinssatz von 7,89 %. Der Cashflow beläuft sich auf 302; der Cashflow aus der betrieblichen Tätigkeit beträgt 287. (Die Daten zum Cashflow müssen selbst ermittelt werden oder – sofern vorhanden – aus der Kapitalflussrechnung entnommen werden. Alle anderen Daten ergeben sich aus der Bilanz und der Gewinn- und Verlustrechnung.) Die Unternehmensleitung überlegt, ob sie anstehende Entwicklungsinvestitionen selber übernehmen soll oder einer benachbarten Universität in Auftrag geben soll, um das Ergebnis dann von dieser zu erwerben. Dies vor dem Hintergrund, dass die selbst getragenen Aufwendungen den Gewinn schmälern würden und damit die Gesamtperformance des Unternehmens verschlechtern würden. Über drei Jahre hinweg ergeben sich zahlungswirksame Entwicklungsaufwendungen (Ausgaben) von jeweils pro Jahr 28. Unterstellt wird, dass die oben dargestellte Jahresüberschussentwicklung für die nächsten 3 Jahre konstant bleiben soll.

b) Berechnung nach HGB (ohne Aktivierung)

Das (unveränderte) Jahresergebnis aus 2008 mit 178 würde sich in den folgenden Jahren jeweils um 28 auf 150 verringern. Der Cashflow würde ebenfalls pro Jahr um 28 geringer ausfallen. Auf Basis der HGB Zahlen ermittelt sich der EVA nunmehr wie folgt:

2008: 178+15-0,08 x 350 = 165

2009: 150+15-0,08 x 350 = 137 (so auch 2010 und 2011)

c) Berechnung nach HGB mit BilMoG (mit Aktivierung; entspricht IFRS)

Zu beachten ist nunmehr, dass durch die Aktivierungen ab 2009 in der Folge Abschreibungen entstehen. Für das Jahr 2010 und 2011 belaufen sich diese auf 14 (28/2) und 28 (14+14). Die Abschreibungen sollen erst im Folgejahr der Investition beginnen. Die Laufzeit beläuft sich jeweils auf 2 Jahre. Auf Basis der HGB-Zahlen ermittelt sich der EVA nunmehr wie folgt:

- Jahresüberschuss 2009: 178
- Jahresüberschuss 2010: 164 (178-14)
- Jahresüberschuss 2011: 150 (178-14-14)

Der Cashflow aus der betrieblichen Tätigkeit beläuft sich weiterhin über alle Jahre auf 287. Das Vermögen entwickelt sich von 2009 mit 378 über 2010 mit 392 auf (gleichbleibend) 392 ab 2011. Insofern ergeben sich folgende EVA-Werte:

- 2009: 178+15-0,08 x 350 = 165
- 2010: 164+15-0,08 x 392 = 148
- 2011: 150+15-0,08 x 392 = 134

Im Zeitablauf vermindert sich die Kennzahl und damit die Performance bei einer Aktivierung der Entwicklungsaufwendungen von 165 über 148 auf 134. Sollten die Aufwendungen jedoch sofort als Aufwand berücksichtigt werden, beläuft sich die Kennzahl nach 165 in der Folge unverändert auf 137. Damit wird ersichtlich, welche konkrete Auswirkung die Bilanzierung der Entwicklungsaufwendungen auf die Kennzahl EVA und damit in der Folge auf die Performance-Messung und die Vergütungssysteme hat oder haben könnte. Als Ergebnis lässt sich feststellen, dass die geänderten Möglichkeiten bei der Aktivierung von Geschäfts- oder Firmenwerten sowie den Forschungs- und Entwicklungskosten grundsätzlich keine Änderung bei der technischen Ermittlung der EVA-Größe bewirken. Entscheidend ist aber, dass im Rahmen des Konversionsprozesses externe Bilanzadressaten nunmehr einfacher an Daten für die Konversion gelangen, da diese durch die mögliche Aktivierung transparenter im Jahresabschluss enthalten sind. Dies gilt insbesondere dann, wenn die bisherigen Anhänge und Lageberichte nicht die entsprechenden Größen adäquat vermitteln konnten oder sollten.

Die Bedeutung des EVA-Ansatzes auf die Managementvergütung bzw. auf die Anreizsysteme ist vielschichtig. Positiv betrachtet wird der direkte Einfluss des Managements auf die verwendeten Basisdaten. Boni oder Provisionszahlungen orientieren sich am „erwirtschafteten“ EVA. Sie unterliegen damit keiner Höchstgrenze mehr. Insofern ist die Grundausrichtung ähnlich dem „Shareholder Value“-Prinzip ein Modell zur Lösung des „Principle Agent“-Konflikts.

Allerdings werden die erwirtschaften Leistungsvergütungen nicht nach jeder Periode ausbezahlt, da sich ansonsten Verwerfungen über die Zeitachse ergeben könnten. Zunächst werden die Boni bzw. Leistungsvergütungen auf einer „Bonus-Bank“ gutgeschrieben. Die Auszahlung erfolgt dann erst in den Folgeperioden nach vorher bestimmten, festen Prozentsetzen. Durch diese Vorgehensweise sollen Gestaltungs- bzw. Manipulationsmöglichkeiten weitestgehend eliminiert werden, wie dies z.B. durch die Verlagerung einzelner (verlustträchtiger) Geschäfte in andere Abrechnungsperioden versucht werden könnte. Damit soll eine nachhaltige Unternehmensstrategie erreicht werden, was wiederum ein Beitrag zur wertorientierten Unternehmensführung darstellen würde.

Resümee

Die Bilanzierung von immateriellen Unternehmenswerten repräsentiert einen tiefgreifenden Wandel im Management von Unternehmen.

Reichten früher finanzwirtschaftliche „Zahlen und Daten" zur Unternehmensbewertung aus, so spielen heute „Selbstvermarktungs-Qualitäten" über Unternehmensberichte, zu The-men wie Marke (Brand), Qualität, Kunden, Mitarbeiterproduktivität, Innovations-/ Technologieführerschaft, Nachhaltigkeit oder Marktpenetration, eine zunehmend wichtigere Rolle.

Dies hat zum einen Auswirkungen auf die „Leadership-Roadmaps" der Führungskräfte, die genau diesen Zwängen bzw. Bewertungsbereichen folgen (müssen). Zum anderen bewirkt dies auch, dass Unternehmen immer stärker einzigartige und herausragende, insgesamt innovative Marketing-, Qualitäts-, Nachhaltigkeits-, Marktstrategien zu entwickeln haben. Unternehmen müssen sich mit Zukunfts- und Veränderungsvorhaben in Richtung ihrer immateriellen Unternehmenswerte noch stärker als bisher auseinandersetzen, um eine von außen „aufgezwungene" positive Bewertung zu erhalten bzw. ihre Unternehmensbewertung kontinuierlich zu maximieren.

Management und Unternehmer, Führungskräfte und Mitarbeiter sind somit getrieben von der „Macht" der materiellen, aber zunehmend auch der immateriellen Unternehmenswerte, ihrer Darstellbarkeit gegenüber Dritten und ihrer Bewertbarkeit durch Dritte.

Wenn dem Einfluss der immateriellen Unternehmenswerte auf die Führungsstrategien zunehmend ein höherer Stellenwert zugemessen wird, dann werden die Innovationsleistungen der Führungskräfte ebenfalls stärker in den Fokus der wissenschaftlichen Betrachtungen geraten: **Da die meisten Führungskräfte jedoch eher verwaltungsorientiert als entwicklungsorientiert agieren (müssen), werden die meisten Projekte weiterhin scheitern und die Kapitalvernichtung bei bestimmten immateriellen Unternehmenswerten wird weiter zunehmen.**

Literatur

ARGYRIS, Chris 1990: Overcoming Organizational Defenses – Facilitating Organizational Learning. Upper Saddle River.

BAETGE, Jörg; HEUMANN, Rainer 2006: Wertorientierte Berichterstattung – Anforderungen des Kapitalmarktes und Umsetzung in der Konzernlageberichterstattung. In: Der Betrieb, Nr. 7, S. 345–350.

BANZHAF, Jürgen 2006: Wertorientierte Berichterstattung (Value Reporting): Analyse der Relevanz wertorientierter Informationen für Stakeholder unter besonderer Berücksichtigung von Mitarbeitern, Kunden und Lieferanten. Frankfurt.

BARLOW, Janelle; MAUL, Dianna 2000: Emotional Value – Creating Strong Bonds with Your Customers. San Francisco.

BECKER, Dieter 2005: Intangible Assets in der Unternehmenssteuerung. Wie Sie welche Vermögenswerte quantifizieren und aktiv managen. Wiesbaden.

BECKER, Fred G.; KRAMARSCH, Michael H. 2006: Leistungs- und erfolgsorientierte Vergütung für Führungskräfte. Göttingen.

BECK-TEXTE IM DTV (Hrsg.) 2010: Handelsgesetzbuch: HGB. 50. Auflage. München.

BELZ, Christian; BIEGER, Thomas 2006: Customer Value: Kundenvorteile schaffen Unternehmensvorteile. 2. Auflage, Landsberg am Lech.

BIEG, Hartmut; KUSSMAUL, Heinz; PETERSEN, Karl; WASCHBUSCH, Gerd; ZWIRNER, Christian 2009. Bilanzrechtsmodernisierungsgesetz: Bilanzierung, Berichterstattung und Prüfung nach dem BilMoG. München.

BINNEY, George; WILLIAMS, Colin 1997: Leaning into the Future – Changing the Way People Change Organisations. London

BLACK, Andrew; WRIGHT, Philipp; BACHMAN, John E. 1998: Shareholder Value für Manager: Konzepte und Methoden zur Steigerung des Unternehmenswertes. Frankfurt.

BODDY, David 2008: Management – An Introduction. 4th Edition. Essex.

BOLTANSKI, Luc; CHIAPELLO, Eve 2003: Der neue Geist des Kapitalismus. Konstanz.

BURKE, Warner W. 2008: Organization Change – Theory and Practice. 2nd Edition. Thousand Oaks.

CAMERON, Kim S.; QUINN, Robert E.; DEGRAFF, Jeff; THAKOR, Anjan V. 2006: Competing Leadership Values – Creating Value in Organizations. Cheltenham.

CHAHED, Yasmine; MÜLLER, Hans-Erich 2006: Unternehmenserfolg und Managervergütung – Ein internationaler Vergleich. München.

CHARAN, Ram 2005: Boards That Deliver – Advancing Corporate Governance from Compliance to Competitive Advantage. San Francisco.

CHITWOOD, Stephen R. 1997: Managing with Teams – When to use them? How to develop them? How to manage them? Training Presentation, October 9–10. Washington, D.C.

COPELAND, Tom; KOLLER, Tim; MURRIN, Jack 2000: Unternehmenswert – Methoden und Strategien für eine wertorientierte Unternehmensführung. 3. Auflage, Frankfurt.

COVEY, Stephen 2010: Become the Leader of Your Boss. In: http://www. Stephencovey. com /blog/?p=3. o.O.

C 4 CONSULTING GmbH 2007: Veränderungen erfolgreich gestalten – Repräsentative Untersuchung über Erfolg und Misserfolg im Veränderungsmanagement. Düsseldorf

DEUTSCHES INSTITUT FÜR WIRTSCHAFTSFORSCHUNG 2010: Polarisierung der Einkommen – die Mittelschicht verliert. In: *Wochenbericht*, Nr. 24, S. 2–8.

DEUTSCHES RECHNUNGSLEGUNGS STANDARDS COMMITEE e.V. DRSC (Hrsg.) 2010: *DRS*. Von DRS 15 Lageberichterstattung. o.O.

DIPIAZZA, Samuel A.; ECCLES, Robert G. 2002: Vertrauen durch Transparenz – Die Zukunft der Unternehmensberichterstattung. Weinheim.

DÜRNDORFER, Martina; NINK, Marco; WOOD, Gerald 2005: Human-Capital-Management in deutschen Unternehmen. Hamburg.

DÜRNDORFER, Martina; FRIEDRICHS, Peter (Hrsg.) 2004: Human Capital Leadership – Strategien und Instrumente zur Wertsteigerung der wichtigsten Ressource von Unternehmen. Hamburg.

ECCLES, Robert G.; HERZ, Robert H.; KEEGAN, E. Mary; PHILLIPS, David M.H. 2002: Die ValueReporting Revolution – Neue Wege in der kapitalmarktorientierten Unternehmensberichterstattung. Weinheim.

EUROPEAN COMMISSION – DIRECTORATE-GENERAL FOR EMPLOYMENT, SOCIAL AFFAIRS AND EQUAL OPPORTUNITIES 2007: Employment in Europe 2007. Brussels.

EUSTACE, CLARK; EUROPEAN COMMUNITIES 2001: The Intangible Economy Impact and Policy Issues. Report of the High-Level Expert Group on the Intangible Economy. Brussels.

EDVINSSON, Leif; MALONE, Michael S.: Intellectual Capital – The Proven Way to Establish Your Company's Real Value by Measuring Its Hidden Brainpower. o.O.

FEDERMANN, RUDOLF (2000): Bilanzierung nach Handelsrecht und Steuerrecht. 11. Auflage, Berlin.

GÜNTER, Bernd; HELM, Sabrina (Hrsg.) 2001: Kundenwert: Grundlagen – Innovative Konzepte – Praktische Umsetzungen. Wiesbaden.

HABELT, Wolfgang D. 2009: Leistungsbewertung Erfolgreich Führen – Leitfaden zur Umsetzung von Leistungsbewertungen für Führungskräfte. In: *Forum Betriebswirtschaft München,* Nr. 1, S. 46–65.

HACKMAN, J. Richard 2002: Leading Teams – Setting the Stages for Great Performances. Boston, MA.

HANDY, Charles 1995: Die Fortschrittsfalle – Der Zukunft neuen Sinn geben. Wiesbaden.

HASEBROOK, Joachim; ZAWACKI-RICHTER, Olaf 2004: Das wirkliche Vermögen steht in der Kompetenzbilanz. In: *Personalwirtschaft,* Nr. 11, S. 34–36.

HESKETT, James L; SASSER W. Earl; SCHLESINGER, Leonard A. 2003: The Value Profit Chain – Treat Employees Like Customers and Customers Like Employees. New York.

HESKETT, James L; SASSER W. Earl; SCHLESINGER, Leonard A. 1997: The Service Profit Chain – How Leading Companies Link Profit and Growth to Loyalty, Satisfaction, and Value. New York.

HOAG, Bruce; COOPER, Cary L. 2006: Managing Value-Based Organizations: It's Not What You Think. Cheltenham.

JAQUES, Elliott; CLEMENT, Stephen D. 1991: Executive Leadership – A Practical Guide to Managing Complexity. Arlington, VA.

JONES, Gareth, R.; BOUNCKEN, Ricarda B. 2008: Organisation – Theorie, Design und Wandel. München.

KAPLAN, Robert S.; NORTON David P. 2004b: Strategy Maps – Der Weg von immateriellen Werten zum materiellen Erfolg. Stuttgart.

KATZENBACH, Jon, R.; SMITH, Douglas K. 1993: Teams – Der Schlüssel zur Hochleistungsorganisation. Wien.

KENIS, Patrick; JANOWICZ-PANJAITAN, Martyna; CAMBRÉ, Bart (Hrsg.) 2009: Temporary Organizations – Prevalence; Logic and Effectiveness. Cheltenham.

KNIGHTS, David; WILLMOTT, Hugh 2007: Introducing Organizational Behaviour and Management. London.

KOTTER, John P. 1996: Leading Change. Boston.

KOUZES, James M.; POSNER, Barry Z. 2007: The Leadership Challenge. 4th Edition. San Francisco.

KPMG DEUTSCHE TREUHAND-GESELLSCHAFT 2008: Patente, Marken, Verträge, Kundenbeziehungen – Werttreiber des 21. Jahrhunderts. Köln/München.

MARTIN, John; FELLENZ, Martin 2010: Organizational Behaviour & Management. 4th Edition. South-Western.

MÜLLER, Michael; LEVEN, Franz-Josef 1998 (Hrsg.): Shareholder Value Reporting – Veränderte Anforderungen an die Berichterstattung börsenorientierter Unternehmen. Wien.

NADLER, David A.; BEHAN, Beverly A.; NADLER, Mark B. (Hrsg.) 2006: Building Better Boards – A Blueprint for Effective Governance. San Francisco.

PETER PRIBILLA FOUNDATION 2009 (Hrsg.): Making Organizations Work – Vision, Culture and Open Leadership.

PRICEWATERHOUSECOOPERS, GÜNTHER, Thomas; BEYER, Dirk 2003: Immaterielle Werte und andere weiche Faktoren in der Unternehmensberichterstattung – eine Bestandsaufnahme. Frankfurt.

QUICK, James Campbell; NELSON, Debra L. 2011: Principles of Organizational Behavior – Realities and Challenges. 7th Edition. South-Western.

REICHMANN, Thomas 1990. Controlling mit Kennzahlen und Management-Tools. München.

ROGERS, Everett M. 2003: Diffusions of Innovations. 5th Edition. New York.

RUßLER, Benjamin 2006: Value Reporting – Wesentlicher Beitrag zum Value Management. Saarbrücken.

SCHÄFER, Henry; LINDENMAYER, Philipp 2005: Externe Rechnungslegung und Bewertung von Humankapital. Düsseldorf.

SCHMALENBACH-GESELLSCHAFT FÜR BETRIEBSWIRTSCHAFT E.V. (Hrsg.) 2001: Immaterielle Werte. In: http://www.schmalenabch.org/index.php/component/ docman/ doc_download/ 13-ak-immaterielle-werte-2001

SCHMEISSER, Wilhelm; CLAUSEN, Lydia 2007a: Weiterentwicklung der Balanced Scorecard Finanzperspektive mittels Kapitalflussrechnung und Working-Capital-Management (Teil I). In: *DStR* 21/07, S. 917–922.

SCHMEISSER, Wilhelm; CLAUSEN, Lydia 2007b: Weiterentwicklung der Balanced Sco recard Finanzperspektive mittels Kapitalflussrechnung und Working-Capital-Management (Teil II). In: *DStR* 21/07, S. 964–967.

SCHMID, Michael; KUHNLE, Helmut; SONNABEND, Michael 2005: Value Reporting – Optimieren Sie Ihre materielle Corporate Governance. München.

SCHOLZ, Christian; STEIN, Volker; BECHTEL, Roman 2004: Human Capital Management – Wege aus der Unverbindlichkeit. München.

SENGE, Peter M. 1990: The Fifth Discipline – The Art and Practice of the Learning Or - ganization. New York.

SENGE, Peter M.; KLEINER, Art; SMITH, Bryan J.; ROBERTS, Charlotte & BOSS, Richard B. 1996: Das Fieldbook zur Fünften Disziplin. Stuttgart.

SENNETT, Richard 1999: Der flexible Mensch – Die Kultur des neuen Kapitalismus. 9. Auflage. Berlin.

SONNABEND, Michael; RAAB, Hermann 2009: Kapitalflussrechnung nach IFRS. München.

STERN, Joel M.; SHIELY, John S.; ROSS, Irwin 2003: The EVA Challenge – Implementing Value-Added Change in an Organizations. San Francisco.

STIEFL, Jürgen; von WESTERHOLT, Kolja 2008: Wertorientiertes Management – Wieder Unternehmenswert gesteigert werden kann. München.

WALL, Friedericke; SCHRÖDER, Regina W. (Hrsg.) 2009: Controlling zwischen Shareholder Value und Stakeholder Value: Neue Anforderungen, Konzepte und Instrumente. München.

WICKHAM, Philip; WICKHAM, Louise 2008: Management Consulting – Delivering an Effective Project. 3rd Edition. Essex.

YUKL, Gary 2010: Leadership in Organizations. 7th Edition. Upper Saddle River.

Glossar

BALANCED SCORECARD: A review process that takes a holistic view of success and measures several factors related to performance.

BUSINESS PLAN: A formal document that states the nature of business and its goals and outlines how the business will succeed.

CHANGE: To alter, adjust, modify, or transform someone or something

CENTRALISATION: The degree to which decision making is concentrated at an higher hierarchy in an organization.

COALITIONS: Groups of managers (or others) whose views of organizational goals and relative problem importance are aligned at least temporarily. They emerge as a result of differing individual (and/or group) Interests and because of the level of uncertainty present in an organization.

COMPETENCIES: Capabilities ort abilities that include both intent and action, and that can be directly linked to how well a person performs on a task or in a job.

COURAGE: The willingness and ability to face fear, danger, uncertainty, or pain without giving up whatever course of action one believes is necessary and right.

CULTURE "The way we do things around here". Culture is the collection of overt and covert and formal and informal rules, values, beliefs, assumptions, and principles that guide the behavior of organizational members and that have been strongly influenced by history, custom and practices.

DOUBLE-LOOP LEARNING: A process that focuses on changing underlying beliefs as well as behaviors.

EFFICIENCY ("doing things right") is a measure of output divided by the inputs needed to produce the output (e.g. input can be measured by the costs of acquiring and transforming resources into the output).

EFFECTIVENESS ("doing the right things") is a measure of how well an activity contributes to achieving organizational goals.

JOB ENLARGEMENT Sometimes called horizontal job enlargement, this seeks to build up a job by adding more (but similar-level) tasks into it to form a larger job.

JOB ENRICHMENT Sometimes called vertical job enlargement, this approach to job design incorporates more complex tasks and increased levels of responsibilities into the design of a job.

JOB ROTATION This involves the combination of two (or more) simplified jobs into a rotating pattern of work.

LEADER: A person who is out in front, influencing people and inspiring them to follow.

LEADERSHIP The behavior of managers and supervisors designed to set direction and context for the work of non-managers, to foster the willing cooperation of staff with one another and with management, and to engender commitment of staff to their individual work and the work of the organization, Leadership, engaging in those behaviors that obtain the willing compliance of staff of carrying out their duties and responsibilities, is an inherent responsibility in the role of all leaders and managers.

MANAGEMENT is the activity (guidance and control) of getting things done with the aid of people and other resources.

MANAGER: Is an individual who makes plans, organizes and controls people, production and services, and who regulates or deploys resources.

MOTIVATION Refers to the set of internal forces that initiate, direct and sustain deliberate behavior.

MANAGEMENT PRACTICES What managers do in the normal course of events to use the human and material resources at their disposal to carry out the organization's strategy. These include e.g. planning, organizing, controlling and evaluating organizational endeavors, problem-solving, decision-making, group and meeting facilitation. It includes standardized policies, procedures, and mechanism that are designed to facilitate work.

NETWORK ORGANIZATION Organizations which are not structured hierarchically but which make lateral connections, and connections across functions.

ORGANIZATION An organization is a social arrangement for achieving controlled performance towards goals that create value.

ORGANIZATIONAL STRUCTURE: The way in which the division of labor, communication, and the movement of resources among the parts (hierarchies, divisions) of an organization are coordinated to accomplish tasks and goals.

OUTPUT is usually a poor measure for performance, as it represents the products or services produced.

OUTCOME concerns the effects and changes that are a result of the outputs. Increasingly activities are assessed on what they achieve (outcome) rather than what they produce (output).

PERFORMANCE The extent to which a task or work is completed successfully.

REWARD POWER: The ability to influence others by giving or withholding rewards such as pay, promotions, time off, attractive projects, learning experiences.

SHAREHOLDER VALUE Associated with the idea that the first responsibility of firms is to deliver value to shareholders. Therefore sustainability and the interests of employees, consumers and communities are secondary.

SINGLE-LOOP LEARNING: A process that results in taking in feedback and changing behavior, but not changing underlying beliefs about one's self, others, or the environment.

STAKEHOLDER ANALYSIS: An audit of all stakeholders and an analysis how each stakeholder will be affected by an organization's decisions, and / or how the stakeholder can affect the organization.

STRATEGIC PLANNING: The process of examining an organization's internal and external environments and determining major goals that will help the company realize its mission and move toward its vision.

STRATEGY refers to how the organization intends to achieve its mission over an extended time.

STRUCTURE The arrangement of functions and people into specific areas and levels of duties and responsibilities, decision-making authority, and relationships. Structure should be designed to assure effective and efficient implementation of the organization's mission and strategy.

SUSTAINABILITY: The process of meeting present needs without compromising the ability of future generation to meet their (social, ecological, economic) needs.

SWOT ANALYSIS: A technique that examines strengths, weakness, opportunities, and threats that may affect achievement of strategic mission and vision

TEAM: A small "group" (ideally 6 to 10 individuals) whose members share a common purpose, hold themselves individually and collectively responsible for goals, and have complementary skills and agreed-on processes for working together

VALUES can be defined as broad preferences concerning appropriate courses of action or outcome.

VISION: A description of what an organization wants to become – its future identity – which can be realized through the successful accomplishment of its mission.